大学计算机基础项目式教程
——Windows 7＋Office 2010(第 2 版)

主　审　骆耀祖

主　编　马焕坚　许丽娟

副主编　吴宪传　刘晓璐　李丽霞

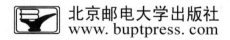

北京邮电大学出版社

www.buptpress.com

内 容 简 介

本书编者均为多年从事大学计算机应用基础一线教学、具有丰富教学经验和实践经验的教师。为满足普通高等院校计算机公共基础课程"强调应用，强调实践"的培养目标，本书以"模块—项目任务"的方式进行编写，每个任务按照"任务描述"、"任务分析"、"知识链接"和"任务设计"等环节展开，内容包括初识计算机、操作系统 Windows 7、文档处理 Word 2010、电子表格 Excel 2010、演示文稿制作 PowerPoint 2010、计算机等级考试实训等内容。每个模块都配有相应的习题和上机实训，充分体现"例中学，做中学"的自主学习理念。

本书内容丰富翔实、语言通俗易懂，注重理论与实际案例相结合，力求通过任务驱动的方式，重点培养学生对计算机的基本操作、网络应用、办公应用等方面的技能。本书可作为高等院校、高职高专院校应用型和技能型人才培养的计算机基础课程教材，也可供办公应用方面的培训和初学者参考。

图书在版编目（CIP）数据

大学计算机基础项目式教程：Windows 7＋Office 2010 / 马焕坚，许丽娟主编. --2 版. -- 北京：北京邮电大学出版社，2015.8（2019.8 重印）

ISBN 978-7-5635-4465-3

Ⅰ. ①大… Ⅱ. ①马…②许… Ⅲ. ①Windows 操作系统－高等学校－教材②办公自动化－应用软件－高等学校－教材 Ⅳ. ①TP316.7②TP317.1

中国版本图书馆 CIP 数据核字（2015）第 181501 号

书　　　　名：大学计算机基础项目式教程——Windows 7＋Office 2010（第 2 版）
著作责任者：马焕坚　许丽娟　主编
责 任 编 辑：付兆华
出 版 发 行：北京邮电大学出版社
社　　　　址：北京市海淀区西土城路 10 号（邮编：100876）
发 行 部：电话：010-62282185　传真：010-62283578
E-mail：publish@bupt.edu.cn
经　　　　销：各地新华书店
印　　　　刷：北京玺诚印务有限公司
开　　　　本：787 mm×1 092 mm　1/16
印　　　　张：15.5
字　　　　数：386 千字
版　　　　次：2013 年 1 月第 1 版　2015 年 8 月第 2 版　2019 年 8 月第 13 次印刷

ISBN 978-7-5635-4465-3　　　　　　　　　　　　　　　　　定　价：36.00 元

前　言

　　本书第 1 版《大学计算机基础项目式教程——Windows 7＋Office 2010》，2013 年 1 月由北京邮电大学出版社有限公司出版后，得到了广大读者的好评和赞誉。由于学校课程改革的需要，编者对第 1 版的整体内容做了进一步梳理、修订和补充，以"项目导向，任务驱动，案例教学"为出发点，以"模块-项目任务"的方式进行重新编写，每个任务按照"任务描述"、"任务分析"、"知识链接"和"任务设计"等环节展开，使本书质量有了一个"与时俱进"的全面提升，这就是现在呈现在读者面前的第 2 版。

　　本书由具有丰富教学和等级考试辅导经验、长期从事计算机应用基础教学的一线教师编写，是针对非计算机专业的计算机基础教育，专门为在校大学生及那些希望通过自学掌握计算机实用操作技能的广大学员编写的教材。本书通过"任务描述"以启发式的方式引出学习目标，从而调动学生学习的积极性，通过"任务分析"引导学习由浅入深的学习，通过"知识链接"将理论知识穿插到任务中，通过"任务设计"给出与理论相结合的案例。力求内容精炼、系统，由浅入深、由简到繁、循序渐进。书中每一个案例都进行了精心设计，具有实用性和代表性，案例操作步骤详细，方便教学和自学。即使是从未接触过计算机的人，参照书中的操作步骤也可以轻松入门，进而熟练掌握。本书每章配有综合练习和上机实训，提升读者理论应用于实践的能力；本书后面还集成了三套试题，可以帮助读者综合地巩固整本书的内容，以便更好地通过计算机应用等级考试。

　　全书分为初识计算机(包括计算机基础知识、计算机网络与因特网、计算机安全与维护)、操作系统 Windows 7、文档处理 Word 2010、电子表格 Excel 2010、演示文稿制作 PowerPoint 2010、计算机等级考试实训等共 6 个模块。模块一、模块二由马焕坚编写，模块三由吴宪传编写，模块四由许丽娟编写，模块五由刘晓璐编写，模块六由李丽霞编写。最后由骆耀祖统稿和审核。

　　选用本书的教师可登录北京邮电大学出版社网站(http://www.buptpress.com/)免费下载电子课件、案例素材、上机实训和计算机等级考试实训素材、习题参考答案、教学大纲等配套教学资源，也可发邮件至 171732125@qq.com 与编辑联系。

　　本书在编写过程中得到了广东财经大学华商学院信息工程系各位同仁给予的大力支持和帮助，在此向他们表示深深的谢意。由于编者水平有限，书中难免有疏忽、错漏之处，恳请广大读者和专家批评、指正。

作　者

目　　录

模块一 初识计算机

 学习目标

- 掌握计算机硬件的组成及相关理论知识。
- 掌握 FTP 的应用方法。
- 了解小型局域网的组建方法及远程桌面的连接方法。
- 熟悉计算机病毒概念及其防治方法。
- 了解系统的备份及还原方法。

当今社会已经迈入了信息时代。随着计算机技术的不断发展,计算机以快速、高效、准确的特性,成为人们日常生活与工作的最佳帮手。因此,应该了解计算机基础知识,为进一步学习和使用计算机打下基础。

项目一 组装计算机

对于较少接触计算机的人来说,可能会觉得"装机"是一件难度很大、很神秘的事情。要想顺利组装一台计算机,不但要掌握相应的理论知识,还得将理论与实践有机结合在一起。通过对本项目的理解及实践,"装机"将变得清晰、简单。

任务一 计算机硬件组装

📖 **任务描述**

根据统计,市面上销售的组装机与品牌机的比率约为 2:8,这是一个较高的比率。品牌机的价格普遍都很高,但配置不高,而相对组装机来说,组装机的性价比就明显高出了。但是,怎样组装一台理想的计算机呢?

📖 **任务分析**

计算机一般包括以下部件:主板、CPU、内存、显卡、硬盘、光驱、显示器、键盘、鼠标、电源和机箱。要想顺利组装一台计算机,必须先了解各部件和其安装方法及注意事项。

📖 **知识链接**

计算机系统由硬件系统和软件系统两大部分组成。硬件(Hardware)是构成计算机的物理装置,是看得见、摸得着的一些实实在在的有形实体;软件(Software)是指使计算机运行需要的程序、数据和有关的技术文档资料。计算机系统的组成如图 1-1 所示。

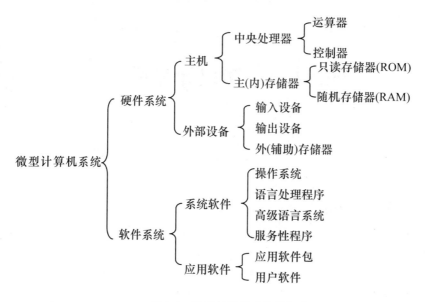

图 1-1 微型计算机系统的组成

1．主板

主板，又叫主机板（main board）、系统板（system board）和母板（mother board），它安装在机箱内，是微型计算机最基本的也是最重要的部件之一。可以说，主板的类型和档次决定着整个微型计算机系统的类型和档次，主板的性能影响着整个微型计算机系统的性能。计算机的各个组成部分都是通过一定的方式连接到主板上的，主板结构如图 1-2 所示。

图 1-2 主板

构成主板的主要部件有：CPU 插座、BIOS 芯片、内存插槽、扩展槽、芯片组和各种接口等。

① CPU 插座：是 CPU 与主板的接口。

② BIOS 芯片：BIOS（BASIC INPUT/OUTPUT SYSTEM）基本输入输出系统是一块装入了启动和自检程序的 EPROM 或 EEPROM 集成块。实际上它是被固化在计算机

ROM(只读存储器)芯片上的一组程序,为计算机提供最低级的、最直接的硬件控制与支持。

③ 内存插槽:随着内存扩展板的标准化,主板给内存预留专用插槽,只要购买所需数量及与主板插槽匹配的内存条,就可以实现内存的扩充。

④ 扩展槽:扩展插槽是主板上用于固定扩展卡并将其连接到系统总线上的插槽,也叫扩展槽、扩充插槽。扩展槽是一种添加或增强计算机特性及功能的方法。目前扩展插槽的种类主要有 ISA、PCI、AGP、CNR、AMR、ACR 和 PCI Express。

⑤ 芯片组:芯片组(Chipset)是主板的核心组成部分,如果说中央处理器(CPU)是整个计算机系统的心脏,那么芯片组将是整个身体的躯干。它在一定程度上决定主板的性能和级别。

⑥ 各种接口:接口是微处理器与外部设备的连接部件,是 CPU 与外部设备进行信息交换的中转站。主板上的标准接口有键盘与显示器接口、并行接口(一般用来连接打印机、扫描仪等)、串行接口(一般用来连接鼠标和外置 Modem 及老式摄像头和写字板等设备)、USB(可以连接鼠标、键盘、打印机、扫描仪、摄像头、闪存盘、手机、数码相机、移动硬盘等几乎所有的外部设备)和 PS/2 接口(鼠标和键盘的专用接口)等。

2. 中央处理器

中央处理器(Central Processing Unit ,CPU)是整个计算机的核心,计算机的运算处理功能主要由它来完成。同时,它还控制计算机的其他零部件,从而使计算机的各部件协调工作,CPU 的外形如图 1-3 所示。

图 1-3 CPU 的正面和反面

中央处理器主要由运算器和控制器组成。

运算器是用来进行算术运算和逻辑运算的部件,是计算机对信息进行加工的场所。运算器由累加器、寄存器和算术逻辑单元(Arithmetic Logic Unit)组成。其核心是算术逻辑单元,所以运算器又称算术逻辑单元 ALU。

控制器是计算机系统的指挥中心,由一些时序逻辑元件组成,指挥计算机的各个零部件进行工作。可以说,控制器是统一指挥和控制计算机各部件进行工作的“神经中枢”。

CPU 有很多重要的参数,表示 CPU 的性能。

(1)主频

主频即 CPU 内部时钟频率,用来表示 CPU 的运算速度。主频和实际的运算速度有关,是体现 CPU 性能的一个重要因素。

(2)外频

CPU 的速度提高得如此之快,以至于主板的速度无法与之同步。为了解决这一问题,

CPU 制造商采用了分频技术。让 CPU 内部指令（如 CPU 内部数据交换）以较快的速度运行，而 CPU 外部指令（如 CPU 与内存交换数据）则以较慢的速度运行，以适应主板的速度。所以外频就是外部时钟频率，它是 CPU 与主板之间同步运行的速度。外频决定着整块主板的运行速度。

（3）缓存

CPU 缓存是位于 CPU 与内存之间的临时存储器，出于成本考虑，它的容量都很小，但交换速度快。用来存储 CPU 常用的数据和代码。缓存可分为 L1 Cache（一级缓存）、L2 Cache（二级缓存）、L3 Cache（三级缓存）。

（4）字长

CPU 在一次操作中能够处理的最大二进制数的位数称为字长。例如，计算机字长为 64 位，即表示计算机一次可以并行处理 64 位二进制数。

（5）多核心

多核心是指单芯片多处理器。理论上，如果得以软件的支持，n 核处理器的速度可达到单核处理器的 n 倍。

3. 存储器

存储器是具有记忆和暂存功能的部件，是计算机存储信息的仓库。执行程序时，由控制器将程序从存储器中逐条取出，执行指令。按照存储器与中央处理器的关系，可以把存储器分为内存储器（简称内存）和外存储器（简称外存）两大类。

存储器的容量是指存储器中能存储信息的总字节数。8 位二进制位（bit，b）称为一个字节（Byte，B），字节是个很小的单位，更大的存储单位是 KB、MB、GB、TB 和 PB 等单位。1 KB=1 024 B，1 MB=1 024 KB，1 GB=1 024 MB，1 TB=1 024 GB。

（1）内存储器

内存主要用来存放当前计算机运行时所需要的程序和数据，外形如图 1-4 所示。目前多采用半导体存储器，其特点是体积小，存取速度快，但容量较小，价格较贵。内存的大小是衡量计算机性能的主要指标之一。

内存根据作用的不同又可分为只读存储器和随机存储器两种。只读存储器（ROM）中所存储的信息是由制造厂家一次性写入的，并永久保存下来。当掉电或死机时，其中的信息仍能保留。随机存储器（RAM）的信息可以被读出，也可以向其写入新的信息。开机时，系统程序、应用程序及用户数据都临时装入 RAM 中，关机或断电时，其中的信息将随之消失。

常说的某台计算机的内存通常指的就是 RAM 的容量。通常，计算机的内存越大，运行速度就越快。

（2）外存储器

外存储器也称辅助存储器，简称外存或辅存。外存主要指那些容量比主存大、读取速度较慢、通常用来存放需要永久保存的或相对来说暂时不用的各种程序和数据的存储器。常见的外储存器有硬盘、光盘和 U 盘等。

硬盘存储器：硬盘存储器（HDD）是一种涂有磁性物质的金属圆盘，通常由若干片硬盘片、驱动器和控制器等部分封装在一起，如图 1-5 所示。由于硬盘的读写磁头和硬盘片距离很近，在使用的过程中应注意防止剧烈震动。此外，硬盘还包括固态硬盘（SSD）和混合硬盘（HHD）两种，固态硬盘是基于闪存类的，其读写速度更快，并且无噪音；混合硬盘是把磁性硬盘和闪存集成到一起的一种硬盘。

图 1-4　内存条外形图　　　　　　　图 1-5　硬盘外形

光盘存储器：光盘（Compact Disc，CD）是激光技术在计算机领域中的一种应用，它具有容量大、寿命长、成本低的优点。光盘是利用金属盘片表面凹凸不平的特征，通过光的反射强度来记录和识别二进制的 0、1 信息。

4. 输入设备

输入设备是计算机接受外来信息的设备，人们用它来输入程序、数据和命令。在传送过程中，它先把各种信息转化为计算机所能识别的电信号，然后传入计算机。常用的输入装置有键盘、鼠标、摄像头、扫描仪、光笔、手写输入板、游戏杆、语音输入装置等。

5. 输出设备

输出设备与输入设备相反，是从计算机中将有关数据、处理结果等信息输出的设备。常见的有显示器、打印机、绘图仪、影像输出系统、语音输出系统、磁记录设备等。

（1）显卡和显示器

显卡又称显示器适配卡，是连接主机与显示器的接口卡。其作用是将主机的输出信息转换成字符、图形和颜色等信息，传送到显示器上显示。

显示器（Display）又称监视器，是实现人机对话的主要工具。它既可以显示键盘输入的命令或数据，也可以显示计算机数据处理的结果，具体如图 1-6 所示。

(a)CRT显示器　　　　(b)LCD显示器　　　(c)厚度只有7mmLED显示器

图 1-6　显示器

（2）声卡

声卡（Sound Card）：声卡是多媒体技术中最基本的组成部分，是实现模拟信号/数字信号（A/D）相互转换的一种硬件。声卡的基本功能是把来自话筒、磁带、光盘的原始声音信号加以转换,输出到耳机、扬声器、扩音机、录音机等声响设备,或通过音乐设备数字接口(MIDI)使乐器发出美妙的声音。

6. 总线

总线是系统部件之间传送信息的通道,是计算机中各种信号联线的总称,大致分为三种:数据总线、地址总线和控制总线。

① 数据总线用于传送数据和代码,一般为双向三态形式的总线,可以进行双向数据传送。数据总线的位数是微型计算机的一个重要指标,通常与微处理的字长相一致。例如,64位的 CPU 芯片,其数据总线为 64 位。

② 地址总线用于传送 CPU 发出的地址信息,以便选择需要访问的存储单元或输入/输出接口电路。

③ 控制总线用来传送控制信号和时序信号,包括 CPU 到存储器或外设接口的控制信号和外设到 CPU 的各种信号等。

📖 任务设计

学习完计算机的基础知识,下面开始组装个人计算机。需要注意的是:第一,无论安装什么配件,切记不能接通系统电源;第二,装机前要释放人体上的静电,以免在组装计算机的时候击穿配件,可以在装机前洗手或摸一下金属物或戴上防静电手套;第三,不要将配件插错或者插反,任何配件都能轻松插入插槽中,如果不能,请注意配件的缺口是否对应上插槽的缺口。

1. 观察主板布局

组装硬件之前要查看主板布局并设置相关的主板跳线。主板布局如图 1-7 所示。

图 1-7　主板布局

2. 安装 CPU

CPU 的安装方法可归纳为看、放、压、黏、扣、插六个步骤。

看:观察 CPU 引脚面上缺针的位置和 Socket 插座上缺孔的位置。

放:将插座旁的锁杆扳柄向外拨开,使之与插座脱钩;向上抬起扳柄,使之与插座呈 90°角;CPU 缺针处对准插座缺孔处,将 CPU 平稳放入插座中,如图 1-8 所示。

压:将扳柄下压并锁杆,如图 1-9 所示。

黏：在 CPU DIE 面上均匀涂抹少量硅脂，将散热器摆正位置后放在 CPU 上，左右扭动散热器，让硅脂分布更加均匀，接触更加完全。

扣：将没有扶手的散热器一侧扣具先钩在插座旁的塑料钩上，然后用手指，或尖嘴钳，或螺丝刀将扣具另一头下压扣入塑料钩，如图 1-10 所示。

插：将 CPU 风扇的电源插头插接到主板上 Socket 插座旁 3 针 CPU 风扇电源插座上。

图 1-8　放　　　　　　　　　图 1-9　压　　　　　　　　图 1-10　扣

3. 安装内存条

① 用手指将内存插槽两侧的卡齿左右扳开，如图 1-11 所示。

② 内存条金手指上的凹槽对准插槽凸起，将内存条垂直放入插槽，如图 1-12 所示。

③ 两手拇指同时用力将内存条下压，直至插槽两侧的卡齿自动弹起并卡住内存条两侧的缺口为止。

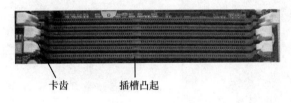　　　　　　　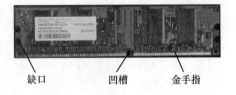

卡齿　　　插槽凸起　　　　　　　　　缺口　　　凹槽　　　金手指

图 1-11　内存插槽　　　　　　　　　图 1-12　内存条

4. 光驱与硬盘数据线的接入

先在机箱内相应的位置固定好各驱动器，然后将 IDE 数据线的一端插入光驱或硬盘的数据线接口中，另一端分别在 IDE1 和 IDE2 插座上插接 40 针数据线。

注：硬盘的数据线接口有两种，一种为以前的老式的 IDE 接口，另一种为新型的 SATA 接口。

5. 固定主板

将主板 I/O 接口区对齐机箱后面板预留孔、主板螺孔对准机箱底板螺栓，拧紧各个螺钉。

6. 机箱内电源线的连接

① 将主电源线的 24 针接口接到主板的电源插槽上。

② 从主电源线上选择离光驱较近的一个 D 形插头插入光驱的电源接口中。目前光驱所采用的电源插头是通用的 D 形插头，采用了防反插的设计。

③ 以前老式的 IDE 硬盘电源接法与光驱电源接法是相同的，如果硬盘为 SATA 硬盘，就需要从主电源线中找出 SATA 硬盘的专用电源插头。

④ 将主机电源提供的 4 针 CPU 电源插头插接到主板相应插座上。

7. 安装并固定主机电源

在装机前，为了不妨碍其他部件的安插，通常先将主机电源从机箱内部卸下，搁置一旁。待

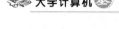

主板电源插头插好后,不影响其他部件安装时,再将电源安装并固定到机箱的电源托架上,如图 1-14所示。

8. 连接信号线

信号控制线能够帮助用户及时了解主机的运行状况。信号控制线主要有以下几方面。

① POWERE 控制线:用来连接主板电源开头按钮。

② RESET:用来连接主板电源复位按钮。

③ POWER LED 控制线:用来连接机箱电源工作指示灯。

④ H. D. D LED 控制线:用来连接机箱面板上硬盘工作指示灯。

⑤ SPEAKER 控制线:用来连接主机蜂鸣器。

⑥ 前置 USB 接口线:根据主板上的标志,将前置的 USB 线依次接入主板接口上,注意不要接反,否则很有可能烧坏 U 盘。

最后,查阅主板上关于信号控制线接口位置与标注的说明,把信号线连接到面板插针位置。

9. 在主板上安插并固定 I/O 扩展卡

① 用螺丝刀卸下主板插槽对应的机箱后面板内侧金属挡板,如图 1-15 所示。

② 将显卡、声卡、网卡等 I/O 扩展卡对准相应插槽分别插到主板上,并用螺钉固定,如图 1-16 所示。

图 1-13　电源托架　　图 1-14　固定电源　　图 1-15　拆卸挡板　　图 1-16　固定 I/O 扩展卡

10. 机箱背面接口说明

主机组装好后,需要连接上输入、输出设备,方能与人产生交互。

由于各种设备接口的大小或者颜色都会有所不同,较为容易连接上,在这里不做介绍。

任务二　计算机软件配置

📖 任务描述

软件是计算机的灵魂,是发挥计算机功能的关键。有了软件,人们可以不必过多地去了解机器本身的结构与原理,可以方便灵活地使用计算机。软件屏蔽了下层的具体计算机硬件,在用户和计算机(硬件)之间架起了桥梁。可以这么说,离开了软件,计算机就成了废铜烂铁。那么,组装好计算机硬件之后,怎样才能使计算机运作起来呢?

📖 任务分析

组装好计算机之后,接下来的任务就是设置 CMOS 参数、初始化硬盘(包括硬盘分区和每个分区的高级格式化)、安装和配置软件系统(包括操作系统、设备驱动程序和应用软件等)。

📖 知识链接

计算机软件按其功能大致可以分为两类:系统软件和应用软件。

1. 系统软件

系统软件是用来支持计算机硬件,使计算机发挥效能的各种程序的总称。系统软件是为了计算机能正常、高效工作所配备的各种管理、监控和维护系统的程序及其有关资料。系统软件主要包括如下几个方面。

① 操作系统软件,这是软件的核心。

② 各种语言的解释程序和编译程序(如 BASIC 语言解释程序等)。

③ 各种服务性程序(如机器的调试、故障检查和诊断程序等)。

2. 应用软件

应用软件是为解决各种实际问题而编制的计算机应用程序及其有关资料。应用软件往往都是针对用户的需要,利用计算机来解决某方面的数学计算软件包、统计软件包、有限元计算软件包、各种数据库管理系统(如 FoxPro 等)。事务管理方面的软件如工资系统、人事档案系统和财务系统等。

📖 **任务设计**

本任务将会使用 Partition Magic(PQ 分区魔术师)软件对硬盘进行分区,并为计算机安装上 Windows 7 操作系统。

1. 硬盘分区

按照习惯,系统一般安装在 C 盘,而重要信息文件则放在其他盘,以免在系统崩溃后带来不必要的损失。所以在装上系统之前必须把硬盘划分成若干个区域。

一般的做法:将系统光碟放进光驱(系统光碟一般自带分区工具),从光盘启动计算机,在光碟引导界面选择"PQ 分区工具",按向导完成。这里为了方便解说,从系统启动 Partition Magic 来阐述分区的一般方法。

① 启动 Partition Magic 程序后,主界面如图 1-17 所示。

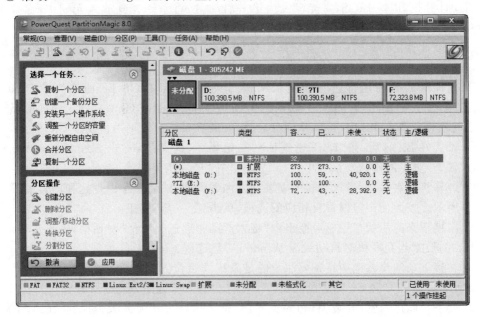

图 1-17 Partition Magic 主界面

② 右击灰色磁盘部分(未分配),在弹出的快捷菜单中选择"创建"命令来创建一个新的

分区。各参数的设置请参考图1-18。

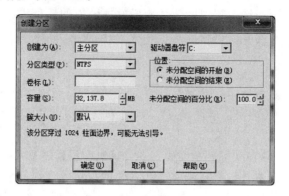

图1-18　创建主分区

③ 创建好主分区之后，再创建一个扩展分区。方法和创建主分区基本一样，不同的是将"主分区"更改为"扩展分区"。

④ 在创建好的扩展分区中再创建逻辑分区，操作方法和创建扩展分区基本类似，不同的是将"扩展分区"更改为"逻辑分区"。

⑤ 所有分区创建好后，还需要将主分区设置为活动分区，这样才能加载操作系统的启动信息，并引导启动操作系统。方法：右击主分区区域块，在弹出的快捷菜单中选择"高级"→"设置激活"命令，单击"确定"按钮。

⑥ 刚才的创建操作并没有立即执行，而是先被记录下来。因此在设置完后，还需要单击主界面右下角的"应用"按钮，跟随向导重启计算机即可。

2. 操作系统 Windows 7 的安装

启动计算机，进入BIOS，将光盘设为第一启动盘，将系统光碟放入光驱中，保存BIOS设置并重启计算机，就能根据加载界面的提示完成系统的安装。

① 启动计算机开始时，在黑屏底部出现"Press Del to enter setup"（有时可能是"Press Del to run setup"）时立即按键盘上的"Delete"键，就可以进入设置画面。

② 在加载的界面用键盘方向键依次选择"Advanced BIOS Features"→"First Boot Device"，按"Enter"键后，将第一启动项改为"CDROM"，然后按"Enter"键。同样的做法，将第二启动项设置为"Hard Disk"，从硬盘启动，安装好系统后就不用再设置BIOS了。

③ 设置好BIOS后，按"ESC"键返回到初始界面，选择"Save & Exit Setup"命令后按"Enter"键，在弹出的确认对话框中选择"Yes"并按"Enter"键。

④ 计算机重启后，就进入到初始安装文件加载界面，然后就会出现选择语言的界面，如图1-19所示。按照使用习惯设置相应的选项，单击"下一步"按钮。

⑤ 在接下来的步骤当中有可能出现"键入产品密匙进行激活"对话框，输入正确的产品序列号，并选中"当我联机时自动激活 Windows"复选框。

⑥ 在接下来的步骤当中特别要注意的是系统安装位置的选择。如图1-20所示。这里选择的就是硬盘的C盘，不要选择错误，否则，将会丢失被选中分区的所有资料。

⑦ 接下来就进入到"安装 Windows"界面，整个执行过程无需人为控制，在自动执行期间可能会多次重启。

⑧ 在安装成功开启计算机之后，第一件事情就是安装驱动程序。在安装驱动程序时随意安装可能会导致驱动程序安装的失败，应依次安装主板驱动、显卡驱动、声卡/网卡驱动，

最后是外围设备的驱动。

图 1-19 选择安装语言图

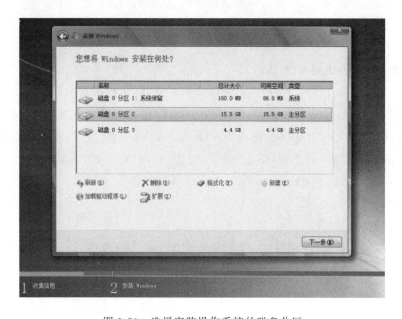

图 1-20 选择安装操作系统的磁盘分区

项 目 二 Internet 的 应 用

Internet(因特网)是一组全球信息资源的总汇,是符合 TCP/IP 协议的由多个计算机网络组成的一个覆盖全球的网络。人们可以通过 Internet 搜索资料,下载或上传图文、音像文件,收发电子邮件,以及在网络上与朋友即时聊天、传递信息等。Internet 正以其强大的魅力席卷全球，走进人们的日常生活。

任务一　FTP 的应用

📖　任务描述

通过 FTP，用户可以把个人计算机与世界各地所有运行 FTP 协议的服务器相连，从而能访问、下载服务器上的大量程序和信息文件。本任务要求读者登录 FTP 远程站点并下载文件。

📖　任务分析

首先，需要在客户端计算机安装 FTP 应用程序；其次，需要注意的是在访问该服务器时，需要输入的用户名通常是 anonymous 这个固定的用户名，对于一些收费或会员服务的需要预先申请账户才能使用。由于权限的设置，匿名用户一般只能进行文件的下载操作。

📖　知识链接

1. 文件传送服务

文件传送服务（File Transfer Protocol，FTP）主要提供两台主机之间传输文件的服务。FTP 允许用户在计算机之间传送文件，并且文件的类型不限，可以是文本文件也可以是二进制可执行文件、声音文件、图像文件和数据压缩文件等。FTP 是一种实时的联机服务，在进行工作前必须首先登录到对方的计算机上，登录后才能进行文件的搜索和文件传送的有关操作。

2. 用资源管理器访问 FTP 站点

访问 FTP 站点除了能用 FTP 应用程序访问之外，还能直接用资源管理器打开 FTP 站点，但在访问的功能性和方便性方面，较 FTP 应用程序有所减弱。方法：启动 IE7 或 IE8，在菜单栏选择"工具"→"Internet 选项"→"高级"命令，勾选"启用 FTP 文件夹视图（在 Internet Explorer 之外）"复选框，单击"确定"按钮；打开"计算机"或者"资源管理器"，在地址栏直接输入 ftp 地址，如：ftp://ftp.cuteftp.com/，并按"Enter"键。

📖　任务设计

1. 下载 FTP 软件

启动 Internet Explorer 浏览器，用百度搜索"CuteFTP XP V5.0.2"（CuteFTP 版本很多，本实验以 CuteFTP XP V5.0.2 为操作软件介绍 FTP 软件的使用），下载文件到本地计算机并安装。

2. 访问 FTP 服务器并下载文件

① 运行 CuteFTP，选择"文件"→"站点管理器"命令，弹出的界面如图 1-21 所示。

② 选择其中的一个站点，单击"连接"按钮，连接后的界面如图 1-22 所示，右边窗格就是远程服务器的资源。

③ 在 D 盘创建名为"ftp"文件夹，将其作为下载文件夹的保存位置，如图 1-22 左边窗口所示。

④ 右击要下载的文件，在弹出的菜单中选择"下载"命令，将文件保存到本地计算机"ftp"文件夹里面。

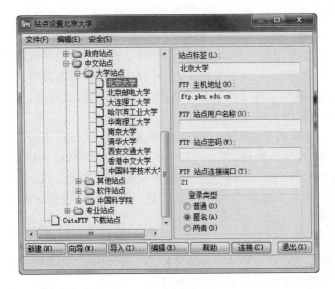

图 1-21　站点管理器

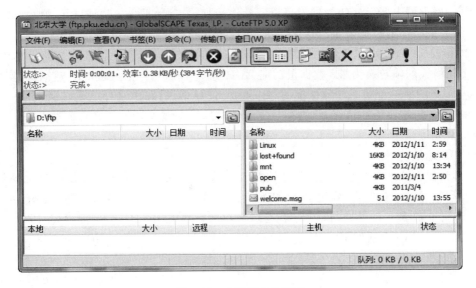

图 1-22　查看和文件下载

任务二　小型局域网组建

📖　任务描述

小型办公局域网的主要作用是实施网络通信和共享网络资源。组成小型局域网以后，可以共享文件，共享打印机、扫描仪等办公设备，还可以用同一台 Modem 上网，共享 Internet 资源。如何组建一个小型局域网？

📖　任务分析

本任务是关于家庭小型局域网络的组建，采用星型拓扑结构布局，简单易用，重点是配备一个路由器或集线器。小型局域网可分为有线局域网和无线局域网，较为简单的是无线局域网的组建，省去了布线的工作，但要配备无线网卡。

📖 **知识链接**

1. 计算机网络

计算机网络是指将分布在不同地理位置上的具有独立功能的多台计算机通过通信设备和通信线路连接起来，在网络软件的支持下，实现数据通信和资源共享的系统。计算机网络系统具有丰富的功能，其中最重要的三个功能是：数据通信、资源共享、分布处理。

2. 计算机网络的类型

计算机网络的分类标准很多，按照不同的分类原则，可以得到各种不同类型的计算机网络。按地理覆盖范围（或通信距离）可分为局域网、城域网和广域网；按照拓扑结构的不同，可以将网络分为总线型网络、环型网络、星型网络三种基本类型；按通信介质可分为双绞线网、同轴电缆网、光纤网和卫星网等；按网络的用途可分为公用网和专业网；按通信传播方式可分为广播网和交换网。

3. TCP/IP 协议

TCP/IP 协议是 Internet 中用于计算机通信的一组协议。由美国国防部所制定的通信协议，它包括传输控制协议（TCP）和网际协议（IP）。

TCP（Transmission Control Protocol）叫作传输控制协议，该协议向应用层提供面向连接的服务，确保网上所发送的数据报可以完整地接收，一旦数据报丢失或破坏，则由 TCP 负责将被丢失或破坏的数据报重新传输一次，实现数据的可靠传输。

IP（Internet Protocol）叫作网际协议，主要将不同格式的物理地址转换为统一的 IP 地址，将不同格式的帧转换为"IP 数据报"，向 TCP 协议所在的传输层提供 IP 数据报，实现数据报传送；IP 的另一个功能是数据报的路由选择，简单地说，路由选择就是在网上从一端点到另一端点的传输路径的选择，将数据从一地传输到另一地。

4. IP 地址

（1）IP 地址的表示方法

IP 地址提供统一的地址格式，用 32 比特（4 个字节）表示。由于二进制使用起来不方便、难记忆，采用"点分十进制"方式表示，将 IP 地址共分 4 段（8 位 1 段），用 3 个圆点隔开，每段用一个十进制整数表示。可见，每段的十进制整数的范围是 0～255。例如，192.168.0.1 和 202.102.128.50 都是合法的 IP 地址。

（2）IP 地址的类型

由于网络中 IP 地址很多，根据不同的取值范围，把 IP 地址中的前 5 位用于标识 IP 地址的类别，共分为 5 类，常用的有 3 类，即 A 类地址、B 类地址和 C 类地址，如图 1-23 所示。

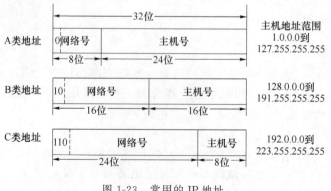

图 1-23　常用的 IP 地址

📖 **任务设计**

1．安装网卡

计算机一般自带网卡，如果没有网卡，在 PCI 插槽插入网卡，并上好螺钉。

2．布线

确定集线器和每台计算机之间的距离，分别截取相应长度的双绞线（配备 RJ45 水晶头），要注意的是双绞线的长度不得超过 100 米，否则就得加装中继器来放大信号。完成布线后，将网线一头插在网卡接头处，另外一头插在集线器上。

3．配制网络

安装好网卡驱动程序之后，右击"网络"桌面图标，在弹出的快捷菜单中选择"属性"命令，打开"网络和共享中心"窗口，在窗口中单击"更改适配器设置"链接，打开"网络连接"窗口，在窗口中右击"本地连接"图标，在弹出的菜单中选择"属性"命令，弹出的对话框如图 1-24 所示，双击"Internet 协议版本 4（TCP/IPv4）"选项，进入如图 1-25 所示的界面。

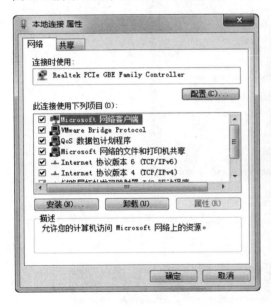
图 1-24　"本地连接 属性"对话框

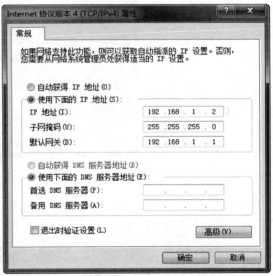
图 1-25　设置 IP 地址

设置 IP 地址如图 1-25 所示，IP 地址的第 4 组数据一般输入数字 2～254 之间（最好在 101～199 之间）；一般由于路由器作为默认网关，所以在"默认网关"一栏输入路由器地址 192.168.1.1；如需获取 DNS 服务器地址则需要用座机拨打 10000 号，询问当地的电信公司。

任务三　远程桌面的应用

📖 **任务描述**

当某台计算机开启了远程桌面连接功能后，就可以在网络的另一端通过远程桌面功能实时的操作这台计算机，所有的一切都好像是直接在该计算机上操作一样。这就是远程桌面的最大功能。通过该功能，可以在家中安全地控制单位的计算机进行工作了。下面来实现远程桌面的连接。

📖 **任务分析**

要在计算机之间应用远程桌面，首先要在远程计算机开通远程桌面功能，设置用来登录远程桌面的账户和密码，本地计算机才能通过远程计算机用户名及密码连接到远程计算机。

　　📖　**任务设计**

1．设置远程计算机

　　右击"计算机"图标选择"属性"命令，在打开的"系统"窗口中单击"远程设置"链接，在弹出的"系统属性"对话框中选择"远程"选项卡，勾选"允许运行任意版本远程桌面的计算机连接"单选框，如图 1-26 所示，单击"确定"按钮开通远程桌面功能。

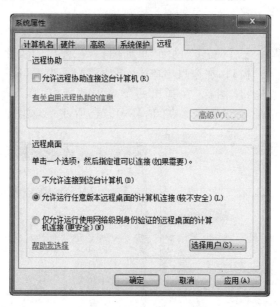

图 1-26　"系统属性"对话框

　　选择"开始"菜单→"控制面板"命令，在"控制面板"窗口中，进入"用户账户和家庭安全"窗口，设置账户及密码。设置过程请参照图 1-27。

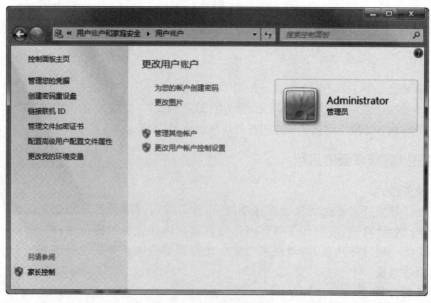

图 1-27　"用户账户"窗口

2. 设置本地计算机

远程计算机设置完毕之后，在本地计算机选择"开始"菜单→"所有程序"→"附件"→"远程桌面连接"命令，在打开"远程桌面连接"对话框中的"计算机"一栏中，输入远程计算机的IP 地址，单击"连接"按钮，弹出"Windows 安全"对话框，输入远程计算机密码，单击"确定"按钮。

完成了以上操作，计算机显示器上将会出现远程计算机的桌面，远程桌面连接成功。

项目三　计算机系统安全与维护

网络技术的应用，使得在空间、时间上原先分散，独立的信息，形成为庞大的信息资源系统。网络资源的共享，无可估量地提高了信息系统中信息的有效使用价值。而 Internet 的跨国性、无主管性、缺乏法律约束性的特点，在为世界各国带来发展机遇的同时，也带来了风险。计算机网络安全问题已经在许多国家引起了普遍关注，成为当今网络技术的一个重要研究课题。

任务一　计算机病毒的防治

📖 任务描述

同学们经常提及"计算机的文件无法打开""计算机慢了很多""U 盘文件不见了"等问题，这都是感染了计算机病毒的症状，病毒很可能已经入侵到计算机。所以要求用户在应用计算机的同时进行好病毒的防治工作，使个人计算机运行在一个相对安全的环境当中。

📖 任务分析

当计算机感染病毒之后，应该使用杀毒软件进行病毒治疗。但病毒治疗是一个被动的过程，只有在发现病毒并对其进行研究以后，才可以找到相应的治疗方法，所以，病毒的防治重点应该放在预防上。

📖 知识链接

1. 计算机病毒的定义

计算机病毒英文名字 Computer Virus，简称 CV。它是一种特殊的程序，由病毒引发的问题属于软件故障。这种程序能将自身传染给其他的程序，并能破坏计算机系统的正常工作，如系统不能正常引导，程序不能正确执行，文件莫明其妙地丢失，干扰打印机正常工作等。《中华人民共和国计算机信息系统安全保护条例》对病毒的定义为："计算机病毒是指编制或者在计算机程序中插入的破坏计算机功能或者数据，影响计算机使用，并且能够自我复制的一组计算机指令或者程序代码"。也就是说计算机病毒实质上是一种能通过某种途径侵入并潜伏在计算机程序或存储介质中，对计算机资源具有破坏作用的小程序或者指令段。计算机病毒的概念借用了生物病毒概念，因此计算机具有传染性、破坏性、隐蔽性、寄生性和潜伏性等特性。

2. 计算机感染病毒后的症状

计算机在感染病毒后，通常可能出现以下异常现象。

① 程序运行速度明显下降。

② 屏幕显示异常、产生异常画面或字符串和混乱等。

③ 用户没有访问的设备出现工作信号。

④ 磁盘出现莫名其妙的文件和坏块，卷标发生变化。

⑤ 磁盘引导失败。

⑥ 丢失数据或程序，文件长度发生变化。

⑦ 内存空间、磁盘空间减小。

⑧ 操作失灵，异常死机。

⑨ 异常要求用户输入口令等。

3. 防火墙

防火墙是指隔离在本地网络与外界网络之间的一道防御系统，是这一类防范措施的总称。在互联网上，防火墙是一种非常有效的网络安全模型，通过它可以隔离风险区域与安全区域的连接，同时不会妨碍人们对风险区域的访问。

📖 **任务设计**

1. 建立良好的安全习惯

例如，对一些来历不明的邮件及附件不要打开、不轻易使用来历不明的软件、定期对所使用的磁盘进行病毒检测工作、对外来文件先杀毒后使用等。

2. 关闭或删除系统中不需要的服务

默认情况下，许多操作系统会安装一些辅助服务，如 FTP 客户端、Telnet 和 Web 服务器。这些服务为攻击者提供了方便，如果用不到这些服务就删除它们，能大大减少被攻击的可能性。

3. 迅速隔离受感染的计算机

当在计算机中发现病毒或异常时应立刻将其断网，以防止计算机受到更多的感染，并对系统进行查毒、杀毒工作。

4. 使用复杂的密码并定期修改密码

有许多网络病毒就是通过猜测简单密码的方式攻击系统的，因此使用复杂的密码并定期对其进行修改，将会大大提高计算机的安全系数。

方法：选择"开始"菜单→"控制面板"命令，在打开"控制面板"窗口之后依次单击"用户和家庭安全""更改 Windows 密码"，完成密码的设置及更改。

5. 安装专业的杀毒软件、个人防火墙

在安装了反病毒软件之后，应该经常对其升级、打开主要监控（如邮件监控、内存监控等）。

6. 经常升级安全补丁

据统计，有 80% 的网络病毒是通过系统安全漏洞进行传播的，如蠕虫王、冲击波和震荡波等，系统应该处于可自动更新的状态。

方法：选择"开始"菜单→"控制面板"命令，在打开"控制面板"窗口之后依次单击"用户和家庭安全""系统和安全""Windows Update"，打开的"Windows Update"窗口如图 1-28 所示。单击"更改设置"，在"更改设置"窗口中完成系统自己更新安装设置。

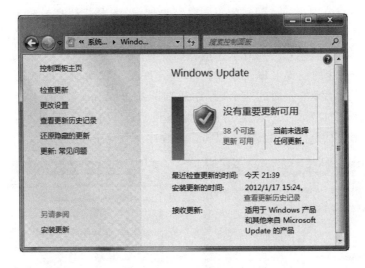

图 1-28 "Windows Update"窗口

7. 使用 Windows 防火墙

Windows 防火墙可以阻止未授权的用户通过 Internet 或网络访问用户的计算机来帮助保护计算机。

（1）使用规则

如果用户经常使用无线网络或其他公共网络的，对于系统的安全保护当属严格级别；而如果是从来都不使用公共网络，在家中或是办公室使用的，可以将防火墙设置为较低防御级别，以免给自己带来不必要的麻烦。

（2）使用方法

① 选择"开始"菜单→"控制面板"命令，在打开"控制面板"窗口之后依次单击"用户和家庭安全""系统和安全""Windows 防火墙"，打开"Windows 防火墙"窗口，如图 1-29 所示。

图 1-29 Windows 防火墙

② 单击"打开或关闭 Windows 防火墙"打开"自定义设置"窗口，如图 1-30 所示。在这

个窗口中,用户可以分别对局域网和公用网进行设置,设置参数请参考图1-30。其中"阻止所有传入连接"在某些情况下是非常实用的,当用户进入到一个不太安全的网络环境时,可以暂时选中这个勾选框,禁止一切外部连接,这就为计算机提供了较高级别的保护。

③ 防火墙个性化的设置可以帮助用户单独允许某个程序通过防火墙进行网络通信。单击"Windows 防火墙"主界面的"允许程序或功能通过 Windows 防火墙"进入设置窗口中,如图1-31所示。如果要某一款应用程序能顺利通过 Windows 防火墙,单击"允许运行另一程序"按钮来进行添加;反之,也可以将应用程序从列表中删除。

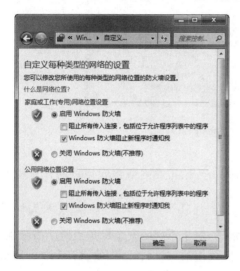
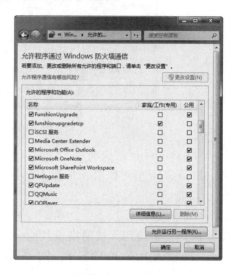

图 1-30 "自定义设置"窗口   图 1-31 允许的程序

任务二 计算机日常维护

📖 **任务描述**

计算机是人们日常使用的智能化工具,如果操作不当、系统参数设置不对、人为干扰(如计算机病毒)及客观环境干扰(如掉电、电压不稳)等则会造成计算机不能正常工作。为了提高计算机使用效率和延长计算机使用寿命,经常对其进行维护是必要的。

📖 **任务分析**

计算机维护主要体现在两个方面:一是硬件的维护;二是软件的维护。

📖 **知识链接**

1. 磁盘碎片整理程序

用户保存文件时,字节数较大的文件常常被分段存放在磁盘不同位置。较长时间地执行文件的写入、删除等操作后,许多文件分段分布在磁盘不同的位置,就形成了所谓的磁盘"碎片"。碎片的增加,直接影响了大文件的存取速度,也必定降低了机器的整体运行速度。磁盘碎片整理程序的作用是,重新安排磁盘中的文件和磁盘自由空间,使文件尽可能存储在连续的单元中,并使磁盘空闲的自由空间形成连续的块。

2. 磁盘清理程序

该工具可以辨别硬盘上的一些无用的文件,并征得用户许可后删除这些文件,以便释放一些硬盘空间。

任务设计

1. 计算机的硬件维护

硬件维护是指在硬件方面对计算机进行的维护,它包括计算机使用环境、各种器件的日常维护和工作时的注意事项等。对计算机硬件的维护主要有以下几点。

(1) 做好防静电措施

静电有可能造成计算机芯片的损坏,为防止静电对计算机造成损害,在打开计算机机箱前应当用手接触水管等可以放电的物体,将身体的静电释放后再接触计算机的配件;另外在安放计算机时将机壳用导线接地,可以起到很好的防静电效果。

(2) 主机的维护

要定期用吸尘器或无水酒精为设备除尘;经常检查各部件间的电源是否连接牢固。没有维护能力的用户不要随便拆卸零件。

(3) 硬盘的维护

在硬盘工作时,严禁振动机器;不要轻易将硬盘低级格式化或硬盘分区;要做好硬盘重要信息的备份工作,以免硬盘发生故障时造成重要信息的丢失。

(4) 键盘的维护

击键要轻快,不要用力太猛或按键时间过长;保持键盘清洁,防止水或杂物进入键盘。

2. 计算机的软件维护

对计算机软件的维护主要有以下几点。

对所有的系统软件要做备份,当遇到异常情况或某种偶然原因时,可能会破坏系统软件,此时就需要重新安装软件系统,如果没有备份系统软件,将使计算机难以恢复工作;对重要的应用程序和数据也应该做备份;定期对硬盘进行碎片整理和垃圾文件清理,以有效地利用磁盘空间;避免进行非法的软件复制;经常检测,防止计算机染上病毒。

(1) 整理计算机磁盘碎片

① 选择"开始"菜单→"所有程序"→"附件"→"系统工具"→"磁盘碎片整理程序"命令,启动程序,主界面如图 1-32 所示。

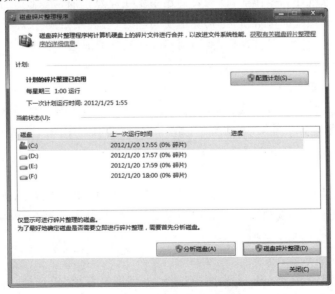

图 1-32 磁盘碎片整理程序

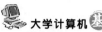
② 启动程序后，在弹出的对话框中选定要整理的一个驱动器，单击"磁盘碎片整理"按钮，开始整理。

图 1-33 磁盘清理

③ 整理完成，可再选择另一驱动器进行碎片整理。

（2）清理计算机磁盘里的无用文件

① 启动磁盘清理程序可以在"计算机"或"Windows 资源管理器"的窗口中进行，右击待清理的驱动器，从弹出的快捷菜单中选择"属性"命令，在"属性"对话框的"常规"选项卡中，如图 1-33 所示，单击"磁盘清理"按钮，即执行对该驱动器的清理。

② 清理完毕，将报告清理后可能释放的磁盘空间，列出可被删除的目标文件类型和每个目标文件类型的说明，并可以进一步详细查看某种文件类型中的所有目标文件列表。选定要删除的文件类型后，单击"确定"按钮。

任务三 系统备份及还原

📖 **任务描述**

在使用 Windows 7 的过程中，如果遇到病毒侵袭或突然断电的情况，有可能使计算机中的系统文件遭到破坏，通过系统备份及还原的方法可以改变这一情况。

📖 **任务分析**

用户在使用系统还原操作前，首先要创建系统还原点。所谓系统还原点就是在系统遭到破坏之前对整个系统进行备份，当系统出现问题时，可利用系统还原的功能，让系统恢复到创建还原点时的参数设置。这里，将用到 Ghost 软件完成这一任务。

📖 **任务设计**

1. 安装 Ghost 软件

Ghost 软件版本很多，本任务采用 Ghost 11.0.2 版本，操作方法基本一样。上网下载 Ghost 软件到本地计算机并安装，选择"开始"菜单→"所有程序"→"一键 GHOST"→"一键 GHOST"命令，启动 GHOST 程序，主界面如图 1-34 所示。

2. 备份

在 Ghost 主界面中选择"一键备份系统"单选框，单击"备份"按钮，弹出备份确认对话框，在确认之前要将其他窗口关闭，最后单击"确定"按钮，计算机将会自动执行备份程序，如图 1-35 所示。

3. 还原

打开 Ghost 程序，在 Ghost 主界面中选择"一键恢复系统"单选框，单击"恢复"按钮并确定重启计算机，计算机将会自动执行恢复程序。

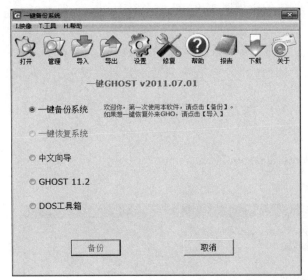

图 1-34 Ghost 主界面

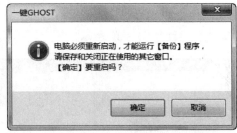

图 1-35 备份确认

图 1-36 恢复系统

如果计算机不能正常启动,可以选择"Ghost"启动选项来引导启动(启动项默认为"Windows 7");或进入"安全模式"来启动计算机,在计算机启动时按下"F8"功能键,在启动模式菜单中选择"安全模式",进入安全模式以后就可以像上述还原法那样进行还原。

任务四 系统优化

📖 任务描述

在使用 Windows 7 的过程中,随着时间的推移,临时文件夹中的临时文件和注册表里的垃圾文件会越来越多,导致系统运行速度越来越慢。使用 Windows 优化大师可以对系统进行优化和整理内存等操作,从而提高计算机的运行速度。

📖 **任务分析**

Windows 优化大师提供了全面有效且简便安全的系统检测、系统优化、系统清理、系统维护四大功能模块,是一款功能强大的系统辅助软件。本任务只要求读者完成系统的优化操作。

📖 **任务设计**

1. 安装 Windows 优化软件

登录优化大师官方网"http://www.youhua.com"下载 Windows 优化大师并安装。系统优化界面如图 1-37 所示。

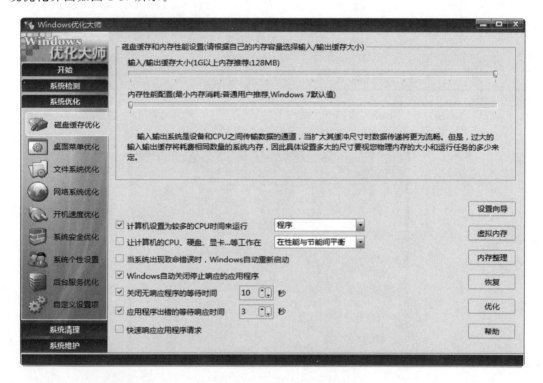

图 1-37 系统优化界面

2. 开机速度优化

Windows 优化大师提供了"启动项管理"功能,将没必要的启动项或可疑的程序去除以提高计算机的运行速度。将软件切换到"开机速度优化"子面板,在列表中列出了所有跟随计算机启动的程序,展开程序,这样就可以实时查阅到关于该进程的类型、安装位置、使用的命令行、进程名称、发行厂商、进程版本、进程描述等所有详细信息。对于一些可疑进程,可根据"建议"进行相应操作,如图 1-38 所示。

3. 系统安全优化

通过"系统安全优化"功能,可以进行包括自动扫描木马程序、自动扫描蠕虫病毒、常见病毒免疫、自动抵御 SYN、ICMP、SNMP 攻击、启用 AFD. SYS 保护、禁止建立空连接、禁止系统自动启用服务器共享、禁止自动登录和禁止光盘、U 盘自动运行等在内的数十项重要安全防范设置。可见,优化大师提供了重要安全防范设置。

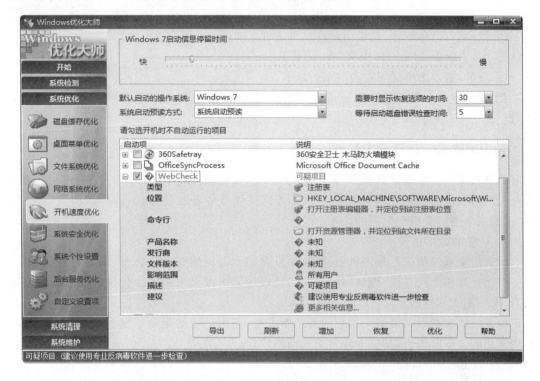

图 1-38　开机速度优化

"Windows 优化大师"作为一款功能非常全面且知名度极高的老牌系统优化软件,以上只是它在优化运行环境和防范各种病毒及木马程序方面的一个基础功能展示,其他选项,读者自行设置并体会,如果对优化结果不满意可以执行"一键恢复"还原设置。

 知识拓展

知识拓展一　电子邮件

电子邮件作为 Internet 最基本、最重要的服务之一,为世界各地的 Internet 用户提供了一种快速、简单和经济的通信和交换信息的方法。它可以传送包括文字、图像、声音、动画等多种媒体信息。

1. 电子邮件系统的工作过程

电子邮件系统是用于传输和处理电子邮件的设备和软件,它的工作过程遵循客户端—服务器模式。每封电子邮件的发送都要涉及到发送方与接收方,发送方构成客户端,而接收方构成服务器,服务器含有众多用户的电子信箱。发送方通过电子邮件传输协议(SMTP),将编辑好的电子邮件向邮局服务器(SMTP 服务器)发送。邮局服务器通过邮局协议(POP3)识别接收者的地址,并向管理该地址的邮件服务器(POP3 服务器)发送消息。邮件服务器将消息存放在接收者的电子信箱内,并告知接收者有新邮件到来。接收者通过邮件客户程序连接到服务器后,就会看到服务器的通知,进而打开自己的电子信箱来查收邮件。

2. E-mail 地址

E-mail 地址采用了基于 DNS 所用的分层的命名方法,其格式为:用户名@域名。

① 用户名:也称账号,就是用户在站点主机上使用的登录名。

② @:表示英文"at",即中文"在"的意思。

③ 域名:通常为申请邮箱的网站的域名。

例如:"dxjsuanj2015@sina.com"表示用户名"dxjsuanj2015"在新浪网上的电子邮箱的地址。

知识拓展二　计算机中数据的表示

计算机从它诞生之日起就作为信息的处理工具,随着人类社会的发展,它的作用就越加明显。计算机能"读懂"怎样的数据形式? 人们又怎样将各种信息让计算机"读懂"呢? 下面,一起来学习计算机中数据的表示。

1. 信息的数字化表示

计算机要处理的信息是多种多样的,如日常的十进制数、文字、符号、图形、图像和语言等。但是计算机无法直接"理解"这些信息,所以计算机需要采用数字化编码的形式对信息进行存储、加工和传送。

信息的数字化表示就是采用一定的基本符号,使用一定的组合规则来表示信息。计算机中采用的二进制编码,其基本符号是"0"和"1"。

（1）数值数据的表示

在普通数字中,用"＋"或"－"符号在数的绝对值之前来区分数的正负。在计算机中有符号数包含三种表示方法:原码、反码、补码。

① 原码表示法:用机器数的最高位代表符号位,其余各位是数的绝对值。符号位若为 0 则表示正数,若为 1 则表示负数。

② 反码表示法:正数的反码和原码相同,负数的反码是对原码除符号位外各位取反。

③ 补码表示法:正数的补码和原码相同,负数的补码是该数的反码加 1。

（2）字符数据的表示

① 字符的表示:在计算机处理信息的过程中,要处理数值数据和字符数据,因此需要将数字、运算符、字母、标点符号等字符用二进制编码来表示、存储和处理。目前通用的是美国国家标准学会规定的 ASCII 码,即美国标准信息交换代码(参见附录 ASCII 码对照表)。每个字符用 7 位二进制数来表示,共有 128 种状态,这 128 种状态表示了 128 种字符,包括大小字母、0～9、其他符号及控制符。

② 汉字表示:汉字交换码是指不同的具有汉字处理功能的计算机系统之间在交换汉字信息时所使用的代码标准。自国家标准 GB2312-1980 公布以来,我国一直延用该标准所规定的国标码作为统一的汉字信息交换码。

（3）其他非数值的数据表示

要表示其他非数值的数据,首先要进行信息的数字化。

① 图像信息的数字化。一幅图像可以看作是由一个个像素点构成,图像的信息化,就是对每个像素用若干个二进制数码进行编码。图像文件的后缀名有 bmp、gif、jpg 等。

② 声音信息的数字化。自然界的声音是一种连续变化的模拟信息,可以采用 A/D 转换器对声音信息进行数字化。声音文件的后缀名有 wav、mp3 等。

③ 视频信息的数字化。视频信息可以看成是由连续变换的多幅图像构成,播放视频信息,每秒需传输和处理 25 幅以上的图像。视频信息数字化后的存储量相当大,所以需要进行压缩处理。视频文件后缀名有 avi、mpg 等。

2. 进位计数制

进位计数制是利用符号来计数的方法。根据不同的进位原则,可以得到不同的进位制。在计算机中最常使用的是十进制、二进制、八进制和十六进制。不同数制的常见书写方法有下标法、后缀法和前缀法 3 种。

下标法直接将数制作为下标,可用下标 2、8、10、16 分别表示这个数是二进制数、八进制数、十进制数和十六进制数,如 $(190)_{10}$、$(72)_8$、$(1101)_2$、$(AF06)_{16}$。

后缀法是使用后缀表示数制,在数值后面加字母 D、B、O、H 分别表示该数是 10、2、8、16 进制数,如 190D、72O、1101B、AF06H。

前缀法则常用于十六进制数的表示,如 0xAF06、0xFF0000。

(1) 几种常见进制数的表示方法

① 十进制(Decimal)记数法。十进制记数法采用 10 个不同的数码 $0,1,2,\cdots,9$ 基数是 10,进位规则是"逢十进一"。

【例 1】 用 10 的幂表示 435.86。

$$435.86 = 4 \times 10^2 + 3 \times 10^1 + 5 \times 10^0 + 8 \times 10^{-1} + 6 \times 10^{-2}$$

上式左边称为位置记数法,右边称为多项式表示法或按权展开法。

一般,对于任何一个十进制数 N,都可以用位置记数法和多项式表示法写为

$$D = \sum_{i=-m}^{n-1} k_i \times 10^i$$

式中,n 代表整数位数,m 代表小数位数,$k_i (-m \leqslant i \leqslant n-1)$ 表示第 i 位数码,它可以是 $0、1、2、3\cdots\cdots9$ 中的任意一个,10^i 为第 i 位数码的权值。

上述十进制数的表示方法也可以推广到任意进制数。对于一个基数为 N 的 N 进制计数制,可以写为

$$D = \sum_{i=-m}^{n-1} k_i \times N^i$$

② 二进制(Binary)记数法。在计算机中,广泛采用的是只有"0"和"1"两个基本符号组成的二进制数,而不使用人们习惯的十进制数,原因如下。

- 二进制数在物理上最容易实现。在数字电路中利用一个具有两个稳定状态且能相互转换的开关器件就可以表示一位二进制数,电路容易实现,且工作稳定可靠。
- 二进制数用来表示的二进制数的编码、计数、加减运算规则简单。
- 二进制数的两个符号"1"和"0"正好与逻辑命题的两个值"是"和"否"或称"真"和"假"相对应,为计算机实现逻辑运算和程序中的逻辑判断提供了便利的条件。

二进制数的进位规则是"逢二进一",基数 $N=2$,每位数码的取值只能是 0 或 1,每位的权是 2 的幂,采用逢二进一的原则计数。

【例 2】 将二进制数 $(10110.11)_2$ 转换成十进制数。

$$(10110.11)_2 = 1 \times 2^4 + 0 \times 2^3 + 1 \times 2^2 + 1 \times 2^1 + 0 \times 2^0 + 1 \times 2^{-1} + 1 \times 2^{-2} = (22.75)_{10}$$

由于二进制数书写冗长、易错、难记,而且十进制数与二进制数之间的转换过程复杂,所以一般用十六进制数或八进制数作为二进制数的缩写。

③ 八进制（Octal）记数法。八进制数的进位规则是"逢八进一"，其基数 $N=8$，采用的数码是 0、1、2、3、4、5、6、7，每位的权是 8 的幂。

【例3】 将八进制数(376.4)₈转换成十进制数。
$$(376.4)_8 = 3\times 8^2 + 7\times 8^1 + 6\times 8^0 + 4\times 8^{-1} = (254.5)_{10}$$

④ 十六进制（Hexadecimal）记数法。十六进制数采用的 16 个数码为 0、1、2……9、A、B、C、D、E、F。符号 A～F 分别代表十进制数的 10～15。进位规则是"逢十六进一"，基数 $N=16$，每位的权是 16 的幂。

【例4】 将十六进制数(3AB.11)₁₆转换成十进制数。
$$(3AB.11)_{16} = 3\times 16^2 + 10\times 16^1 + 11\times 16^0 + 1\times 16^{-1} + 1\times 16^{-2} = (939.0664)_{10}$$

（2）几种常见进制数之间的转换

① 任意进位制转换为十进制数。将不同进位制表示的数按权展开，再按十进位制把各项数值相加，就可以转换为十进位制数。前面章节已经阐明，这里不再赘述。

② 十进位制数转换为任意 J 进位制数。将整数部分和小数部分分别转换。整数部分的转换：除 J 取余法。用 J 除后取余，逆序排列（第一个余数为最低位）。小数部分的转换：乘 J 取整法。用 J 乘后取整，顺序排列（第一个整数为最高位）。最后将两部分合在一起得转换结果。

【例5】 将(123.6875)₁₀转换为二进制数。

整数部分：　　　　　　　　　　　　　　　小数部分：

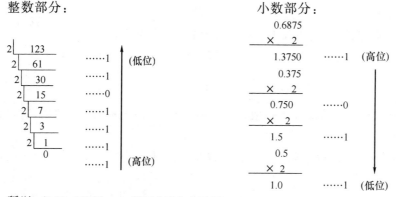

所以，(123.6875)₁₀ = (1111011.1011)₂。

【例6】 将(3952)₁₀转换为十六进位制数。

整数部分：

3952÷16＝247……余数 0

247 ÷16＝15…… 余数 7

15 ÷16＝0………余数 15＝F

所以，(3952)₁₀ = (F70)₁₆。

利用上述方法可以将十进制数转化为任意进制数，如常用的八进制和十六进制，但是由于除以这些数比较麻烦，所以通常利用二进制做中间转换，因为二进制转换为八进制和十六进制比较容易。

③ 二进位制与八进位制数之间的转换。因为 $2^3=8$，即三位二进位制数恰好对应一位八进位制数。所以，要将二进位制数转换为八进位制数，从二进位制数的小数点开始分别向左、向右两个方向，将二进制数按每三位一组分组，不足以零补足，然后写出每一组等值的八进制数。

【例7】 求(10101011.1011)₂ 的等值八进制数。

二进制：010　101　011.101　100

八进制：2　　5　　3　.　5　　4

所以，$(10101011.1011)_2 = (253.54)_8$。

要将八进位制数转换为二进位制数，可将每位八进位制数写成对应的三位二进位数。

【说明】分好组后，可以不通过查表 1-1 即可得到每一组所对应的八进制数。方法：421 法则。上题可以这样做：010 对应的八进制数为 $2(0 \times 4 + 1 \times 2 + 0 \times 1)$；101 对应的八进制数为 $5(1 \times 4 + 0 \times 2 + 1 \times 1)$；011 对应的八进制数为 $3(0 \times 4 + 1 \times 2 + 1 \times 1)$；100 对应的八进制数为 $4(1 \times 4 + 0 \times 2 + 0 \times 1)$。

④ 二进位数与十六进数之间的转换。因为 $2^4 = 16$，即四位二进位制数恰好对应一位十六进位制数。所以，要将二进位制数转换为十六进位制数，从二进位制数的小数点开始向两个方向以四位二进位制数字分组，不足以零补足，用它的十六进制等值代替这样的组。

【例 8】　将 $(110101011.10111)_2$ 转换为十六进位制数。

二进制：0001　1010　1011.1011　1000

十六进制：1　　A　　B　.　B　　B

所以，$(110101011.10111)_2 = (1AB.B8)_{16}$。

要将十六进制数转换为二进制数，可将每位十六进制数写成对应的四位二进制数。

同样道理，分好组后，也可以不通过查表得到每一组所对应的十六进制数。方法如下：8421 法则，如上题可以这样做——0001 对应的八进制数为 $1(0 \times 8 + 0 \times 4 + 0 \times 2 + 1 \times 1)$；1010 对应的八进制数为 $10(1 \times 8 + 0 \times 4 + 1 \times 2 + 0 \times 1)$，即数码 A；1011 对应的八进制数为 $11(1 \times 8 + 0 \times 4 + 1 \times 2 + 1 \times 1)$，即数码 B；1000 对应的八进制数为 $8(1 \times 8 + 0 \times 4 + 0 \times 2 + 0 \times 1)$。

表 1-1　常用的几种进位计数制对照表

十进制	二进制	八进制	十六进制	十进制	二进制	八进制	十六进制
0	0	0	0	9	1001	11	9
1	1	1	1	10	1010	12	A
2	10	2	2	11	1011	13	B
3	11	3	3	12	1100	14	C
4	100	4	4	13	1101	15	D
5	101	5	5	14	1110	16	E
6	110	6	6	15	1111	17	F
7	111	7	7	16	10000	20	10
8	1000	10	8	17	10001	21	11

练 习 一

一、选择题

1. 在微机中，1 MB 准确等于（　　）。

　　A. 1 024×1 024 个字　　　　　　B. 1 024×1 024 个字节

　　C. 1 000×1 000 个字节　　　　　D. 1 000×1 000 个字

2. 计算机内部，一切信息均表示为（　　）。

　　A. 二进制数　　　B. 十进制数　　　　C. 十六进制数　　　D. ASCII

3. 一个完整的计算机应系统包括（　　）。

    A. 硬件系统和软件系统　　　　　　　　B. 主机和外部设备

    C. 运算器、控制器和存储器　　　　　　D. 主机和实用程序

4. 计算机中的 CPU 是由（　　　）组成。

    A. 控制器与运算器　　　　　　　　　　B. 存储器与控制器

    C. 存储器与运算器　　　　　　　　　　D. 输入设备与输出设备

5. 断电会使原存储器信息丢失的是（　　　）。

    A. RAM　　　　　B. 硬盘　　　　　　　C. ROM　　　　　　　D. 软盘

6. 下列存储器中，存储速度最快的是（　　　）。

    A. CD-ROM　　　B. 内存　　　　　　　C. 软盘　　　　　　　D. 硬盘

7. "32 位微型计算机"中的 32 指的是（　　　）。

    A. 微型计算机型号　　　　　　　　　　B. 机器字长

    C. 内存容量　　　　　　　　　　　　　D. 存储单位

8. 计算机性能主要取决于（　　　）。

    A. 字长、主频、存储容量

    B. 磁盘容量、显示器分辨率、打印机的配置

    C. 所配置的操作系统、外部设备、软盘容量

    D. 机器的价格、所配置的操作系统、磁盘类型

9. 在给别人发送电子邮件时，（　　　）不能为空。

    A. 收件人地址　　　　　　　　　　　　B. 抄送人地址

    C. 主题　　　　　　　　　　　　　　　D. 附件

10. 在 IPv4 中，（　　　）类 IP 地址的前 16 位表示的网络号，后 16 位表示的是主机号。

    A. A 类地址　　　B. B 类地址　　　　　C. C 类地址　　　　D. D 类地址

11. 接入 Internet 的每一台主机都有一个唯一的可识别地址，称作（　　　）。

    A. URL　　　　　B. TCP 地址　　　　　C. IP 地址　　　　　D. 域名

12. Internet 实现了分布在世界各地的各类网络的互联，其最基础和核心的协议是（　　　）。

    A. TCP/IP　　　　B. HTML　　　　　　C. FTP　　　　　　　D. HTTP

13. 电子邮件是 Internet 应用最广泛的服务项目，通常采用的传输协议是（　　　）。

    A. TCP/IP　　　　B. CDMA/CD　　　　C. SMTP　　　　　　D. IPX/SPX

14. 计算机病毒是一种（　　　），它好像微生物病毒一样，能进行繁殖和扩散，并产生危害。

    A. 计算机命令　B. 计算机程序　　　　C. 人体病毒　　　　D. 外部设备

15. 计算机杀毒软件的作用是（　　　）。

    A. 查出并消除任何的病毒　　　　　　　B. 查出任何已感染的病毒

    C. 消除已感染的任何病毒　　　　　　　D. 查出并消除已知名的病毒

16. 以下关于防火墙的说法不正确的是（　　　）。

    A. 可以限制他人进入内部网络，过滤掉不安全服务和非法用户

    B. 限定用户访问特殊站点

    C. 可防止一切非法入侵

    D. 为监视 Internet 安全提供方便

17. 计算机病毒的传播途径可以是（　　　）。

    A. 计算机网络　B. 空气　　　　　　　C. 打印机　　　　　D. 键盘

18. 计算机病毒的特别不包括（　　　）。

    A. 传染性　　　B. 潜伏性　　　　C. 易读性　　　　D. 破坏性

19. 十进制整数 100.5 化为二进制数是（　　　）。

    A. 1100100.10　B. 1101000.11　　C. 1100010.01　　D. 1110100.111

20. 下列几个数中,最大的数是（　　　）。

    A. 二进制数 100000110　　　　B. 八进制数 411

    C. 十进制数 263　　　　　　　D. 十六进制数 108

二、上机实训

实训一　组装机的选购

📖　**实训目的**

通过对组装机的选购,使同学们进一步了解计算机硬件部件及其相关信息。

📖　**实训内容**

根据自己使用计算机的目的,上网找出计算机的相关配件,并列出各配件的的型号、参数及时价。

📖　**实训结果**

如配置一台既方便学习,又能运行 3D 游戏的计算机,清单如下。

配件	型号	参数	时价(元)
主板	黑潮 BI-810	5 相电路;Inter H61 芯片组等	398
CPU	Pentium G620/盒装	2.6 GHz 主频;双核	395
内存	KVR1333D3N9/4G	DDR3;4G 内存	130
硬盘	希捷 ST3500410AS	500 G 容量;7 200 rpm 转速;16 M 缓存	560
显卡	GTS450-512D5 雷霆版	512 M 显存;783 MHz 显存频率;256 bit 核心位宽	699
电源	VP450P		299
机箱	大水牛 A1011(空箱)		159
显示器	AOC E2251Fw	21.5 英寸;WLED 背光类型	899
键、鼠	富勒 U79		79
			3 618

2012 年 2 月 18 日

实训二　检测硬件

📖　**实训目的**

通过对计算机硬件的检测,使同学清楚计算机各配件的信息和“健康”状况。

📖　**实训内容**

应用鲁大师软件对计算机进行检测,获取计算机硬件的相关信息。

📖　**实训结果**

鲁大师的运行界面如图 1-39 所示,显示了计算机硬件概览和各配件温度。

实训三　U 盘专杀工具的使用

📖　**实训目的**

随着 U 盘等移动存储设备的普及,U 盘病毒也泛滥起来。要求同学们掌握快速清除 U

盘病毒的方法。

📖 **实训内容**

应用 U 盘病毒专杀工具扫描自己的移动存储设备。

📖 **实训结果**

USBCleaner 6.0 的运行界面如图 1-40 所示。

图 1-39　鲁大师

图 1-40　USBCleaner 6.0

模块二 操作系统 Windows 7

 学习目标

- 了解个性化操作环境的设置。
- 掌握桌面和窗口的操作。
- 熟练文件的管理操作。
- 了解"开始"菜单的应用。
- 了解用户账户的管理。

操作系统是应用程序软件的支撑平台,所有其他软件都必须在操作系统的支持下才能使用。简单地说,操作系统就是一套具有特殊功能的软件,它在用户和计算机之间搭起一座沟通的桥梁。操作系统一方面管理计算机,命令其做各种各样的操作;另一方面提供给用户一个友好的界面并接受用户的各种命令。没有操作系统,用户就不能对计算机进行操作。所以掌握操作系统的常用操作是使用计算机的基本技能。

项目一 个性化计算机

Windows 7 是目前主流的新一代操作系统,不仅继承了 Windows 家族的传统优点,而且给用户带来了全新的体验。其新颖的个性化设置,带来了丰富多变的视觉效果。

任务一 个性化桌面

任务描述
Windows 7 作为微软新一代操作系统,不仅有着优越的性能,还拥有绚丽的界面效果。此任务主要是通过改造桌面元素,使桌面更加美观、更加个性化。

任务分析
桌面元素主要有桌面图标、"开始"按钮、任务栏和桌面背景等。要顺利完成任务,必须先熟悉各部分的组成及设置操作。

知识链接
1. 桌面
启动 Windows 以后,会出现如图 2-1 所示的 Windows 7 界面,这就是通常所说的桌面。
2. 任务栏
任务栏是显示在桌面底部的水平长条,主要由 4 部分组成:快速启动区、程序按钮区、语言栏和通知区域，如图2-2所示，主要用于显示程序的快速启动和当前运行的所有任务。

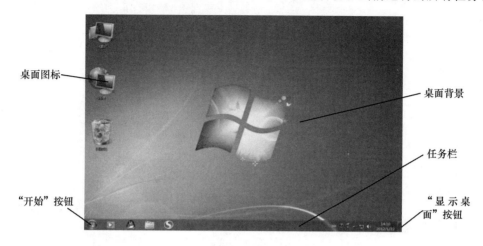

图 2-1　桌面

图 2-2　任务栏

① 快速启动区：可以把常用的应用程序启动图标拖到该栏中，直接单击就可启动对应的应用程序。

② 程序按钮区：主要功能是实现多个应用程序之间的切换。一般，当启动一个应用程序，在任务栏上就会出现一个与之对应的任务按钮。在多个运行程序中，只有一个程序能够响应用户操作，称为前台程序，其他运行的程序称为后台程序。

③ 语言栏：是一个浮动的工具栏，在默认的情况下位于任务栏的上方，最小化后位于任务栏通知区域的左侧。

④ 通知区域：包括一组正在运行程序的图标和"显示桌面"按钮。为了减少混乱，如果程序图标不经常活动就会被自动隐藏在通知区域中，如图2-3所示。如果要把被隐藏的图标显示出来，单击"自定义"按钮，在"通知区域图标"窗口中勾选"始终在任务栏上显示所有图标和通知（A）"复选框，确定设置即可；相反，如果要打开"通知区域图标"窗口中隐藏的图标和通知，右击"任务栏"空白处，在弹出的快捷菜单中选择"属性"命令，然后在弹出的对话框中单击"自定义"按钮即可进行设置。"显示桌面"按钮即为图2-1所示的右下角区域。

3. "开始"按钮

通过"开始"菜单，一般可以启动已安装的应用程序或调出系统程序。可以通过单击"开始"按钮或按键盘上的 Windows 键——"⊞"打开"开始"菜单。

"开始"菜单是由"固定程序"列表、"常用程序"列表、"所有程序"列表、搜索框、"启动"菜单和"关闭选项"按钮区组成的，如图2-4所示。

图 2-3 被隐藏的图标

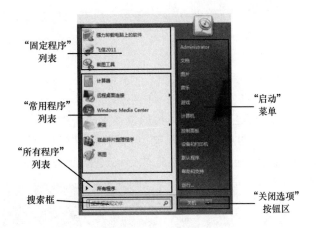

图 2-4 "开始"菜单

📖 任务设计

1. 添加、隐藏系统图标

右击桌面空白处,在弹出的快捷菜单中选择"个性化"命令,在弹出的窗口中单击"更改桌面图标"链接,弹出"桌面图标设置"对话框,如图 2-5 所示。设置复选框以添加或隐藏系统图标,最后单击"确定"按钮完成设置。

2. 桌面背景个性化

Windows 操作系统中自带了很多个性化的桌面背景,包括图片、纯色或带有颜色框架的图片等。用户还可以用自己收集的图片作为桌面背景,也可以将多张图片以幻灯片的形式在桌面显示。

(1)设置桌面背景

右击桌面空白处,在弹出的快捷菜单中选择"个性化"命令,打开"个性化"窗口,单击"桌面背景"链接打开"桌面背景"窗口,如图 2-6 所示。在这里,除了可以设置图片源位置和图片在桌面的位置,还能选择多张图片以幻灯片定时切换的方式作为桌面背景。例如,在图 2-6 中,就选择了两张图片,图片更换时间为"30 分钟",有序播放。

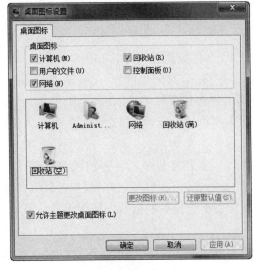

图 2-5 "桌面图标设置"对话框

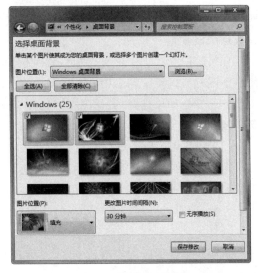

图 2-6 设置桌面背景

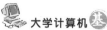

完成背景设置,单击"保存修改"按钮,返回"个性化"窗口,可以选择保存自定义的主题,方便以后再次应用该主题。

（2）添加桌面小工具

Windows 7 操作系统中自带有一些小工具,如 CPU 仪表盘、日历、时钟、货币换算和天气预报等,用户可以根据需要调出相应的小工具。

右击桌面空白处,在弹出的快捷菜单中选择"小工具"命令,打开"小工具库"窗口,如图 2-7 所示。右击要调出的小工具,在弹出的快捷菜单中选择"添加"命令;或双击小工具图标;或将选中的小工具直接拖放到桌面上,上述三种方法都可完成桌面小工具的添加。

图 2-7　小工具库

3. 任务栏个性化

（1）任务栏属性设置

右击任务栏空白处,在弹出的快捷菜单中选择"属性"命令,就会出现"任务栏和「开始」菜单属性"对话框,如图 2-8 所示。在"任务栏"选项卡中,通过"屏幕上的任务栏位置"列表可以设置任务栏的位置;通过"任务栏按钮"列表可以设置运行任务在任务栏中的显示方式;通过对"通知区域"的自定义设置来选择任务栏上显示的图标和通知,下面重点来说明如何完成这一设置。

在"任务栏"选项卡中单击"自定义"按钮,打开"通知区域图标"窗口,如图 2-9 所示。在每一个图标右侧下拉列表中有三种显示方式可供选择:显示图标和通知、仅显示通知、隐藏图标和通知。如果选择"显示图标和通知",图标则出现在任务栏中,否则将会被隐藏在"隐藏区域"中。此时用户可根据个人需要对每一个任务图标进行设置,并观察其效果。

（2）调整任务栏大小

用户除了可以设置任务栏的以上属性外,还可以根据任务栏显示任务的数量调整任务栏的大小。右击任务栏,在弹出的快捷菜单中取消勾选"锁定任务栏",移动鼠标指针到任务栏上边处,此时鼠标指针形状变为"↕",然后按住鼠标左键将任务栏拖至合适大小释放即可。

（3）设置任务栏中的跳转列表

跳转列表就是最近使用列表,通过跳转列表可以快速访问历史记录。这里以设置记事本的跳转列表为例。

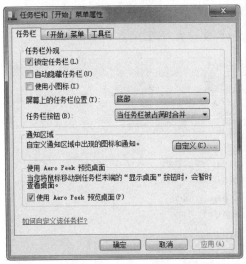

图 2-8 设置任务栏属性图

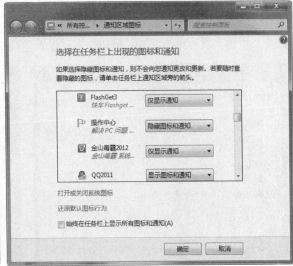

图 2-9 "通知区域图标"窗口

① 将记事本程序锁定到任务栏。打开"开始"菜单,在"附件"文件里右击"记事本",在弹出的快捷菜单中选择"锁定到任务栏"命令,此时"记事本"图标已附加到任务栏快速启动区。

② 显示记事本历史记录。在任务栏的记事本程序上右击或按住鼠标往上拖拉,就会弹出记事本的最近使用记录,如图 2-10 所示。旧历史记录会随着新历史记录数量的增多而被隐藏,如果想将某历史记录一直留在任务栏的跳转菜单中,可以右击此历史记录,从弹出的快捷菜单中选择"锁定到此列表"命令,如图 2-11 所示。

图 2-10 最近历史记录

图 2-11 锁定历史记录

(4)时间格式设置

在 Windows 7 系统中,要更改系统时钟的设置是很简单的操作,右击任务栏右端时间区域,在弹出的快捷菜单中选择"调整日期/时间"命令以打开"日期和时间"对话框,单击"更改日期和时间"按钮,弹出"日期和时间设置"对话框,在对话框中单击"更改日历设置"链接,打开"自定义格式"对话框,如图 2-12 所示。此时就可以按照需求个性化时间格式。

① 改用 12 小时制，并且带有"上午"和"下午"字符。打开"自定义格式"对话框，切换到"时间"选项卡，将"短时间"的时间格式改为"tt：h：mm"，"长时间"一栏改为"tt：h：mm：ss"，如图 2-13 所示。然后单击"确定"按钮以保存设置。符号的含义请查看图 2-13。

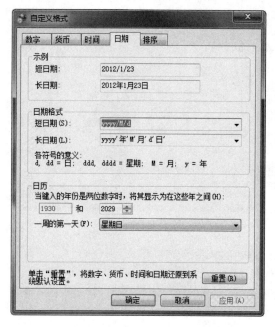

图 2-12 "自定义格式"对话框

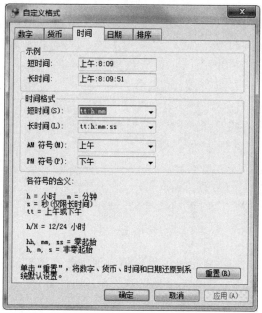

图 2-13 "时间"选项卡

② 显示"星期几"。打开"自定义格式"对话框，切换到"日期"选项卡，将"短时期"的日期格式改为"dddd/yyyy/m/d"，然后单击"确定"按钮以保存设置。用户可以试着把"dddd"改为"ddd"，观察其效果，并总结日期时间格式的"短"和"长"之区别。

4. "开始"菜单个性化

（1）"固定程序"列表个性化

从"固定程序"列表中，用户可以快速地打开其中的应用程序，也可以将自己常用的程序添加到"固定程序"列表中。例如，将"计算器程序"添加到"固定程序"列表中，其操作方法是：选择"开始"菜单→"所有程序"→"附件"命令，在"附件"菜单中右击"计算器"，从弹出的快捷菜单中选择"附到「开始」菜单"命令，就完成了固定程序的添加。

如果要把程序从"固定程序"列表中清除，可以在"固定程序"列表中右击该程序，在弹出的快捷菜单中选择"从「开始」菜单解锁"命令即可。

（2）"常用程序"列表个性化

"常用程序"列表中列出了一些常用程序，系统默认列出 10 个最常用的程序，当然用户可以更改显示数目和删除列表中的程序。

① 更改常用程序的显示数目。右击"开始"按钮，选择"属性"命令打开"任务栏和「开始」菜单属性"对话框，在"「开始」菜单"选项卡中，单击"自定义"按钮，在弹出的对话框中就可以对"要显示的最近打开过的程序的数目"进行设置。

② 隐藏"常用程序"列表。可以通过下列两种方法实现：将"任务栏和「开始」菜单属性"对话框中的"要显示的最近打开过的程序的数目"设为"0"；或在"「开始」菜单"选项卡中取

消勾选"存储并显示最近在「开始」菜单中打开的程序"复选框。

③ 删除在"常用程序"列表中的程序。在"常用程序"列表中右击程序，从弹出的快捷菜单中选择"从列表中删除"命令。

（3）"启动"菜单个性化

在"启动"菜单中，用户可以单击"启动项"打开对应的窗口进行各项操作，也可以显示或隐藏某些链接并定义其外观。下面以更改"控制面板"为例，"启动"菜单在更改前如图2-4所示。

右击"开始"按钮，选择"属性"命令打开"任务栏和「开始」菜单属性"对话框，在对话框的"「开始」菜单"选项卡，单击"自定义"按钮，打开如图2-14所示的"自定义「开始」菜单"对话框。在该对话框中选中"控制面板"下方的"显示为菜单"单选框，单击"确定"按钮。改变后的"启动"菜单如图2-15所示。

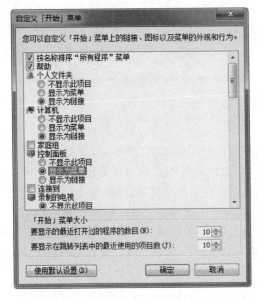

图2-14 "自定义「开始」菜单"对话框　　　图2-15 "控制面板"的变化

在图2-15中，可以看到"控制面板"出现了级联菜单，这是因为将"显示为链接"更改为"显示为菜单"的原因。如果在"开始"菜单中不想显示"控制面板"选项，只要在"自定义「开始」菜单"对话框中勾选"不显示此项目"单选框即可。

任务二　其他个性化

任务描述

在Windows 7系统中，不但可以对桌面背景、任务栏和"开始"菜单进行个性化设置，还可以根据个人的喜好、习惯进行更多的个性化设置。本任务将带领用户完成鼠标、键盘和字体的个性化设置操作。

任务分析

鼠标、键盘和字体都是用户比较常用的，对它们的设置进行调整，使其更加符合个人的使用习惯。它们的设置入口都可以在"控制面板"找到。

任务设计

选择"开始"菜单→"控制面板"命令，打开"控制面板"窗口，在右上角"查看方式"下拉列表中选择"小图标"命令，所有的控制面板项都会显示在该窗口中，如图 2-16 所示。对"鼠标"、"键盘"和"字体"进行设置的链接入口也在其中。

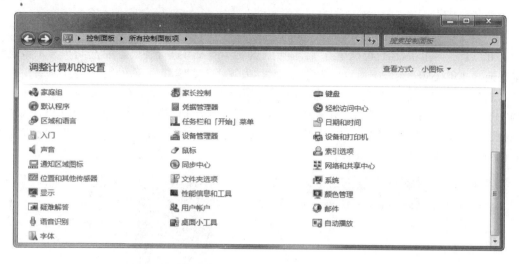

图 2-16 "所有控制面板项"窗口

1. 鼠标个性化

在"所有控制面板项"窗口中单击"鼠标"链接，打开"鼠标属性"对话框，如图 2-17 所示。

① 鼠标键设置。为了方便习惯用左手的用户，鼠标左键和右键的功能是可以切换的，方法是勾选"切换主要和次要的按钮"复选框，此时起主要作用的按钮就变成了右键；另一个人性化的设置：鼠标的双击速度。在此处，可以根据个人的双击鼠标的灵敏度调整双击的速度。

② 切换到"指针"选项卡，如图 2-18 所示。在"方案"下拉列表中，选择不同的鼠标指针方案，在"自定义"列表中就会显示该方案的一系列鼠标指针形状。在此处，用户可以了解每一种鼠标形状所包含的意义。

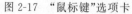

图 2-17 "鼠标键"选项卡

图 2-18 "指针"选项卡

③ 切换到"指针选项"选项卡，如图 2-19 所示。在"移动"组合框中，拖动滑块可以调整

指针移动的速度。通常情况下勾选"提高指针精确度"复选框,以提高指针精确度。在"可见性"组合框中,勾选"显示指针轨迹"复选框以显示指针的运动轨迹。

④ 切换到"滑轮"选项卡,如图 2-20 所示。如果想加快鼠标的滚动速度,可以调整"一次滚动下列行数"数目,甚至可以勾选"一次滚动一个屏幕"单选按钮,达到滚动一个滑轮齿格就滚动一个屏幕的目的。

图 2-19　"指针选项"选项卡　　　　　　　图 2-20　"滑轮"选项卡

2. 键盘个性化

在"控制面板"中打开"键盘属性"对话框。在"速度"选项卡中,可以根据个人打字的速度、灵敏度来调整"重复延迟"的时间间隔。用户可以自行体会,找到适合自己的敲击键盘的速度。

3. 字体个性化

在 Windows 7 系统中可以对字体进行设置,如添加字体、更改字体大小等。

① 字体设置。在"控制面板"中打开"字体"窗口,在左侧窗格中单击"字体设置"链接,打开"字体设置"窗口。勾选"根据语言设置隐藏字体"复选框,程序中仅列出适用于语言设置的字体;勾选"允许使用快捷方式安装字体(高级)"复选框,在添加字体时可以只安装快捷方式,以节省系统盘的空间。

② 添加字体。添加字体有下列几种方法。

- 将字体文件直接复制到"字体"文件夹中。
- 右击字体安装包,在弹出的快捷菜单中选择"安装"命令。
- 在激活"允许使用快捷方式安装字体"功能之后,找到安装所需要的字库文件夹,选中并右击文件安装包,在弹出的快捷菜单中选择"作为快捷方式安装"命令。

项目二　窗口的基本操作

窗口是 Windows 7 最基本的用户界面,所有的应用程序都是以窗口的形式出现的。启动一个应用程序,该应用程序窗口就会出现在桌面上。所有窗口的组成基本相同,且在运行时都始终在桌面显示。

📖 **任务描述**

认识 Windows 7 窗口及掌握窗口的基本操作，为完成后面的任务打下基础。

📖 **任务分析**

窗口可以分为文件夹窗口和程序窗口；窗口的操作主要包括移动、排列、缩放及切换等。

📖 **知识链接**

1. 窗口类型

窗口可以分为两种：一种是文件夹窗口，用于显示文件夹和文件，如"计算机"窗口；另一种是应用程序窗口，如 Office 文档窗口。

2. 应用程序窗口的组成

应用程序窗口的组成一般包括标题栏、工作区和状态栏等。

① 控制按钮：位于窗口的左上角，与图标和该窗口所对应的应用程序有关。用鼠标单击控制按钮，在窗口上会出现控制菜单，利用其中的菜单项，可以改变窗口的大小，移动、放大、缩小和关闭窗口。

② 标题栏：位于窗口的顶部第一行，用来显示应用程序名或文档名。将鼠标指向标题栏，然后按下鼠标拖动，可以移动窗口的位置。

③ 菜单栏：位于标题栏之下。菜单栏中包含了所有可执行的命令。每一个菜单项都是一个命令或操作，供用户选择。

④ 滚动条：当窗口中的内容太多而无法在窗口的一个屏幕中全部显示出来时，窗口的右部或底部会自动出现水平滚动条和垂直滚动条。用户用鼠标拖动滚动条上的滑块，可以查看那些未显示在当前窗口的内容。

⑤ "最小化"、"最大化/还原"和"关闭"按钮：这些按钮位于窗口的右上角，对应于控制菜单中的"最小化"、"最大化/还原"、"关闭"命令。单击"最小化"按钮时，隐藏应用程序窗口，在任务栏中显示该应用程序的按钮；单击最大化按钮时，窗口扩大到整个桌面，同时最大化按钮变为还原按钮；单击关闭按钮时，可以快速关闭或结束应用程序。

⑥ 状态栏：位于窗口的底部。主要显示当前的系统状态或操作状态。

⑦ 工作区：主要用来显示和处理工作对象的信息。

⑧ 边框：窗口的边界，当用户将鼠标指向边框时，可以拖动改变窗口的大小。

"记事本"应用程序的窗口如图 2-21 所示。

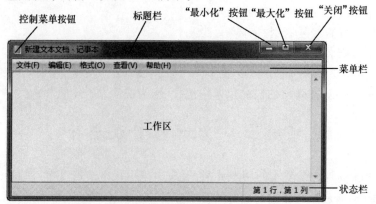

图 2-21 "记事本"窗口

📖 **任务设计**

打开"计算机"、"网络"和"回收站"等多个窗口,完成以下操作。

1. 移动窗口

移动窗口可以单独用鼠标或键盘完成。

① 用鼠标操作是一般的操作方法,主要通过鼠标指向窗口标题栏进行拖动来实现。

② 脱离鼠标也可以实现窗口的移动。按下"Alt+Space"快捷键打开窗口的控制菜单,如图 2-22 所示。用键盘的方向键进行菜单的选取和窗口的移动,按"Enter"键确定执行。控制菜单里还包括窗口的"还原"、"大小"、"最小化"、"最大化"和"关闭"操作,此处用户自行体验。

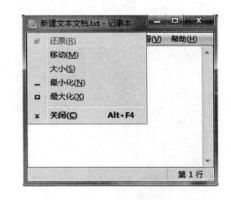

图 2-22 控制菜单

2. 排列窗口

当打开多个窗口后,为了便于窗口之间的操作,可对这些窗口进行排列。窗口的排列主要有三种方法:层叠窗口、堆叠显示窗口、并排显示窗口。要排列窗口,首先要将这些窗口非最小化,然后在任务栏的程序按钮区空白处右击打开快捷菜单,进行相关设置。其中,并排显示窗口如图 2-23 所示。

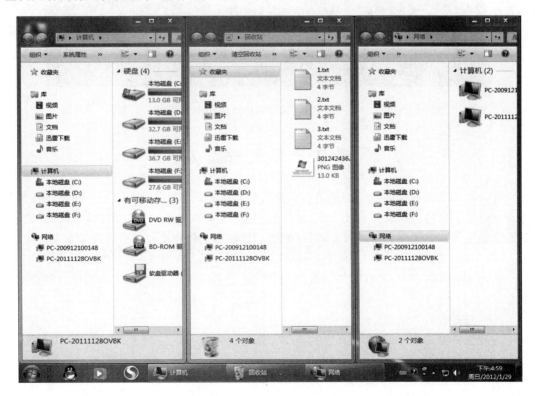

图 2-23 并排显示窗口

3. 切换窗口

在 Windows 系统中当前只能有一个窗口是运行的,其余相当于是在后台运行,可以通过单击在任务栏的任务按钮进行多个应用程序的切换;也可以用"Alt+Tab"快捷键实现多个窗口之间的切换,方法:先按住"Alt"键,再按"Tab"键可以在打开的窗口之间进行循环切换,当切换到所需窗口时,松开"Alt"键即可。

在 Windows 7 系统中可以使用 Aero 三维窗口切换,按 Windows 键和"Tab"键来实现,操作方法跟上方法基本相同。切换效果如图 2-24 所示。

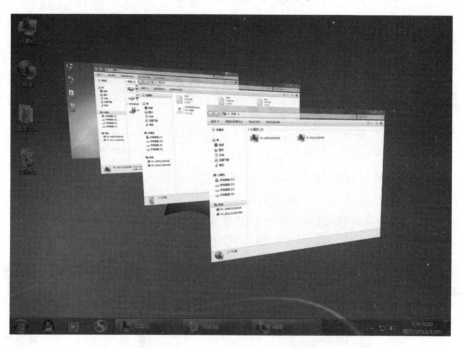

图 2-24　窗口切换三维效果

项目三　文件管理

在计算机系统中计算机的信息是以文件的形式保存的,用户所做的工作都是围绕文件展开的。这些文件包括操作系统文件、应用程序文件、文本文件等,它们根据不同的类别存储在磁盘上不同的文件夹中。因此,对这些类型繁多的文件和文件夹管理是非常重要的。

任务描述

通过本任务的学习,掌握文件的新建、删除、选定、移动、复制、显示方式的更改和查找等操作。

任务分析

管理文件很简单,但要熟练其中的操作方法还得依靠平时的积累,并注意操作的技巧,方可不断地提高工作效率。

知识链接

1. 文件

文件是指存储在存储介质中,具有一定的关联性并按某种逻辑方式组织在一起的信息的集合。为了方便识别和管理文件,采用"文件名"来进行标识。

文件名的命名具有一定的规则。在 Windows 中,文件名的命名规则如下。

① 文件名由主文件名和扩展名组成。主文件名和扩展名中间用符号"."分隔。文件名的格式为:主文件名. 扩展名。例如,记事本可执行程序文件名为"Notepad. exe"。

② 文件名由 1~255 个字符组成,而扩展名一般由 1~3 个字符组成。

③ 文件名可以使用汉字、英文字符、数字及部分符号命名。但是不能使用以下 9 个字符"/、\、|、:、*、?、"、<、>"。因为这些字符在系统中另有用途。

④ 文件名命名不区分大小写。例如,文件为"ABC. TXT"和"abc. txt"被视为是同一个文件。

一般来说,文件名主要体现文件的内容,扩展名则代表文件的性质和类型。不同类型的文件一般都具有不同的扩展名。表 2-1 列出了常见的文件类型对应的扩展名。

表 2-1 常见的文件类型

扩展名	文件类型	扩展名	文件类型
. com	命令程序文件	. mp3	音乐文件
. exe	可执行文件	. avi	视频文件
. txt	文本文件	. jpg	图片文件
. docx	Word 文件	. bmp	位图文件
. doc	Word 97-2003 文件	. hlp	帮助文件
. xlsx	Excel 文件	. zip 或. rar	压缩文件

2. 文件夹

文件夹是组织文件的一种方式,可以把同一类型的文件保存在一个文件夹中,也可以根据用途将不同的文件保存在一个文件夹中。

3. 资源管理器

"资源管理器"是 Windows 系统提供的资源管理工具,用户可以通过它查看本地计算机的所有资源,特别是它提供的树形文件系统结构,使我们更清楚、更直观地认识计算机的文件和文件夹。打开资源管理器有几种方法:右击"开始"按钮,在弹出的快捷菜单中选择"打开 Windows 资源管理器"命令;从"附件"打开;单击"快速启动区"的"文件夹"按钮。

4. 库

为了使文件管理更为方便,在 Windows 7 中引进了"库",可以把本地或局域网中的文件添加到"库"中,只要单击库中的链接,就能快速打开添加到库中的文件,而不管它们原来所保存的位置。另外,它们都会随着原始文件夹的变化而自动更新,并且能以同名的形式存在于文件库中。

5. 窗口的组成

为了顺利完成任务,下面介绍一个典型的窗口及其各部分的用途。

打开文档库里面的一个文件夹,如图 2-25 所示。这种窗口主要由"后退"和"前进"按钮、地址栏、搜索框、工具栏、导航窗格、库窗格、文件列表和"详细信息"窗格组成。

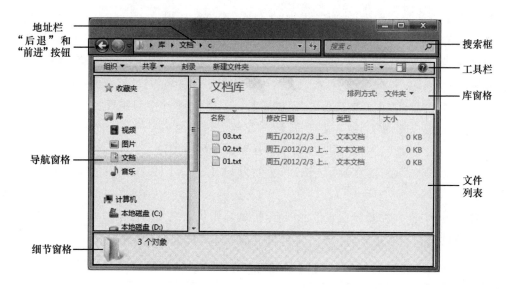

图 2-25　窗口的组成

（1）"后退"和"前进"按钮

使用"后退"和"前进"按钮 可以导航至打开过的其他文件夹或库。这些按钮可以与地址栏一起使用。例如，使用地址栏更改文件夹位置后，可以使用"后退"按钮返回到前一个打开过的文件夹。

（2）地址栏

使用地址栏可以导航至不同的文件夹或库，或返回上一文件夹或库。

（3）搜索框

在搜索框中键入词或短语可查找当前文件夹或库中的文件。

（4）工具栏

使用工具栏可以执行一些常见任务，如更改文件和文件夹的显示方式、将文件刻录到光碟、启动数字图片的幻灯片放映等。值得注意的是，工具栏会根据不同的任务显示不同的按钮。

（5）导航窗格

使用导航窗格可以访问库、文件夹、保存的搜索结果，甚至可以访问整个硬盘。

（6）库窗格

当打开某个库时，库窗格才会出现。使用库窗格可自定义库或按不同的属性排列文件。

（7）文件列表

文件列表显示当前文件夹或库中内容的位置。在"详细信息"视图中，文件列表就会出现"列标题"一栏，通过"列标题"可以更改文件列表中文件的整理方式。

（8）细节窗格

使用细节窗格可以查看与选定文件关联的最常见属性。文件属性是关于文件的信息，如作者、上一次更改文件的日期，以及可能已添加到文件的所有描述性标记。

6．文件的查找

（1）使用"开始"菜单

使用"开始"菜单上的"搜索框"查找存储在计算机上的文件和文件夹，只需在"开始"菜单的"搜索框"中键入要搜索文件名的某个字词即可。

（2）使用窗口的搜索框

如果知道文件位于特定文件夹或库中，请使用该窗口的搜索框，以缩短查找时间。

📖 **任务设计**

1．文件夹和文件的新建与删除

在 D 盘里面创建若干文件夹及文件，其关系如图 2-26 所示。分析图 2-26 得到：在 D 盘里面创建了文件夹"A"，继而在"A"文件夹里面创建了文件夹"a""b""c"，最后在"c"文件夹里面创建了文本文档"01.txt""02.txt""03.txt"。

文件夹及文件的创建很简单，下面介绍相关操作方法。

（1）创建文件夹

创建文件夹有如下两种方法。

① 在窗口工具栏中单击"新建文件夹"按钮。

② 在窗口的窗体空白处单击鼠标右键，从弹出的快捷菜单中选择"新建"→"文件夹"命令。

（2）打开文件夹

打开文件夹有两种方法。

① 双击文件夹。

② 右击文件夹，从弹出的快捷菜单中选择"打开"命令。

（3）重命名文件夹

先选定要重命名的文件夹，然后使用下列方法之一。

① 在窗口工具栏的"组织"下拉菜单中选择"重命名"命令。

② 右击文件夹，在弹出的快捷菜单中选择"重命名"命令。

③ 单击文件夹的名称。

④ 按功能键"F2"。

（4）删除文件夹

选中要删除的文件夹，单击右键，从打开的快捷菜单中选择"删除"命令（或者在窗口工具栏的"组织"下拉菜单中选择"删除"命令，也可以单击选中该文件夹，在键盘上按"delete"键），在弹出的"删除文件夹"对话框中单击"是"按钮或者直接按"Enter"键，即把文件删除，被删除的文件存放在回收站中。

（5）还原被删除的文件夹

如果要还原被删除的文件夹，可以双击桌面上的"回收站"图标，打开"回收站"窗口并对文件夹进行还原，则该文件夹就回到被删除以前所在的位置；如果要把删除的文件彻底从硬盘中删除，进入"回收站"删除对应的文件即可。

文件的新建与删除操作跟文件夹的基本一致，这里不再赘述。

2．文件夹和文件的选定及其相关操作

任务具体要求："A"文件夹里面有子文件夹"a""b""c"，在"A"文件夹中复制文件夹"c"

并粘贴到当前文件夹中,得到文件夹"c-副本",再将文件夹"c"里面的文档"01""03"移动到文件夹"a"。结果如图 2-27 所示。

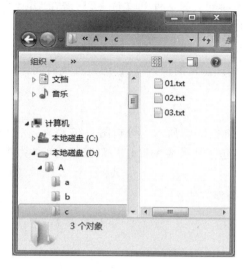 

图 2-26　创建文件　　　　　　　　　　图 2-27　操作结果

这里主要应用了文件的选定及移动操作,下面介绍相关操作方法。

(1) 文件(夹)的选定操作

① 选定单个文件(夹):单击要选定的文件(夹)。

② 选定多个文件(夹)。

• 选定连续的多个文件(夹):在空白区按下鼠标左键后拖动,以矩形框选定;或者先单击第一项,按住"Shift"键,然后单击最后一项,则选中的是两个文件夹及其之间的部分。

• 选定不连续的多个文件(夹):按住"Ctrl"键,逐一单击要选定的对象。

• 全部选定:在窗口工具栏的"组织"下拉列表中选择"全选"命令,或按快捷键"Ctrl+A"。

(2) 文件(夹)的复制和粘贴操作

文件(夹)的复制和粘贴可使用下列方法之一。

① 先"复制"文件(夹),进入目标文件夹后进行"粘贴"操作。

② 按住"Ctrl"键同时用左键将文件拖动到目标文件夹。

③ 用右键拖动鼠标到目标文件夹释放,从弹出的快捷菜单中选择"复制到当前位置"命令。

(3) 文件(夹)的移动和粘贴

先选定要移动的文件,然后使用下列方法之一。

① 先"剪切"文件(夹),进入目标文件夹后进行"粘贴"操作。

② 按住"Shift"键同时用左键拖动文件到目标文件夹。

③ 用右键拖动文件到目标文件夹,从快捷菜单中选择"移动到当前位置"命令。

3. 设置文件的显示方式

灵活设置文件的显示方式,有利于文件的管理。

（1）更改文件的视图方式

为了便于根据不同的需要对文件相关信息进行查询，在窗口中可以为文件或文件夹设置不同的显示方式。Windows 7 提供了 8 种视图方式：内容、平铺、详细信息、列表、小图标、中等图标、大图标和超大图标。在工具栏中单击"视图"按钮即可以打开，如图 2-28所示。

以"详细信息"视图方式为例，如图 2-29 所示，默认的详细信息为"名称"、"修改日期"、"类型"和"大小"。单击列表名，可以对文件按列表名进行排序；单击列表名右侧下拉按钮可以对列表名进行更改，显示其他信息；右击列表名栏的空白处，可添加其他的列表名，增加显示信息。

对于其他视图方式的设置，读者可自行操作体会，这里不再叙述。

图 2-28　视图方式

图 2-29　"详细信息"视图

（2）显示文件扩展名

当计算机中的文件不显示扩展名时，单击窗口工具栏中的"组织"按钮，在下拉列表中选择"文件夹和搜索选项"命令，弹出"文件夹选项"对话框，切换到"查看"选项卡，在"高级设置"列表中取消勾选"隐藏已知文件类型的扩展名"复选框，单击"确定"按钮。显示扩展名之后，不要随意改变扩展名，更不能删除扩展名，否则文件无法打开，这是初学者要注意的。

（3）显示隐藏文件

系统在默认情况下是不显示隐藏文件的，但要对隐藏文件进行操作时，一般选将文件显示出来。

打开"文件夹对话框"，切换到"查看"选项卡，在"高级设置"列表中勾选"显示隐藏的文件、文件夹或驱动器"单选框，单击"确定"按钮。返回窗口中即可看到原来隐藏的文件。

4. "库"的应用

"库"是 Windows 7 系统最大的亮点之一，它彻底改变了文件管理方式，使文件管理变得更为灵活和方便。

默认的"库"共有四个，分别是"视频"、"图片"、"文档"和"音乐"。当然用户也可以新建其他"库"。下面就从新建"库"开始，一起来学习"库"的基本应用。

（1）新建库

打开Windows资源管理器，进入库文件夹，在右侧空白处右击，在弹出的快捷菜单中选择"新建"→"库"命令，或单击工具栏中的"新建"按钮。如图2-30所示，新建了"学习资料"库。

（2）为"库"添加文件夹

新创建的"库"是空的，用户可以将位于硬盘不同区域的文件（夹）归纳到"学习资料"库中。

本任务将位于D盘和E盘中的文件夹添加到"学习资料"库中。首先进入"学习资料"库界面，单击"2个位置"（位置的数量由本库内已经关联的数量来决定），如图2-31所示。此时会弹出一个新窗口，窗口中列出了目前该库中关联的文件夹及其路径，单击对话框右侧的"添加"按钮。然后选中D盘和E盘中需要关联的文件夹。自动回到"库位置"窗口，可以发现文件夹已经被关联至"学习资料"库中了，单击"确定"按钮完成设置。

图2-30 "库"

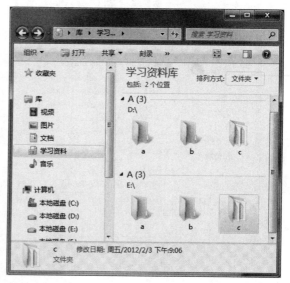

图2-31 "学习资料"库

在库中，可以更改"排列方式"，使得库中的文件按所选的方式进行分类排列。

项目四 "开始"菜单的应用

"开始"菜单存放着系统的大部分命令，能够使用安装到系统里面的所有的程序，可以称为操作系统的中央控制区域。

任务一 "运行"程序

📖 任务描述

一般来说，要运行一个程序，首先必须找到程序所对应的图标，或通过"所有程序"，或通过桌面的快捷图标。有没有一种方法可以快速地运行程序,特别是一些隐含的"工具"? 答案是肯定的。下面就介绍其实现方法。

📖 任务分析

在运行程序之前,必须清楚程序的名称,如记事本程序的名称为"notepad"。

📖 知识链接

下面列出一些较为常用的 Windows 7 运行程序,如表 2-2 所示。

表 2-2　常用的 Windows 7 运行程序

名称	功能	名称	功能
calc	计算器	cleanmgr	磁盘清理工具
notepad	记事本	compmgmt. msc	计算机管理
mspaint	画图板	cmd	CMD命令提示符
write	写字板	devmgmt. msc	设备管理器
osk	屏幕键盘	gpedit. msc	组策略
regedit	注册表	narrator	屏幕"讲述人"
snippingtool	截图工具	eudcedit	造字程序
msconfig	系统配置实用程序	taskmgr	任务管理器
mplayer2	widnows media player	winver	检查 Windows 版本

📖 任务设计

1. 打开"运行"对话框

打开"开始"菜单,在"启动"菜单中选择"运行"命令,或按快捷键"Win+R",打开"运行"对话框,如图 2-32 所示。

图 2-32　"运行"对话框

2. "运行"程序

"运行"程序有以下三种方法。

① 在"打开"一栏中直接键入程序名,单击"确定"按钮。

② 计算机会记录运行过的程序。单击"打开"一栏右侧的下拉按钮,选择程序名,单击"确定"按钮。

③ 如果清楚程序的具体路径,还可以通过"浏览"找到程序所在位置,打开程序。

本任务要求用户运行"知识链接"中的程序,并总结其中的优点。

任务二 附件程序的使用

📖 **任务描述**

在开始菜单的"附件"中有不少实用的小工具，很多都是常用的，如记事本、写字板、计算器和画图工具等。这些系统自带的工具虽然体积小巧、功能简单，但是却常常发挥很大的作用，让我们使用计算机更加便捷、更有效率。由于工具很多，本任务只要求用户掌握便笺、计算器和截图工具的使用方法。

📖 **任务分析**

便笺是方便用户随手记录信息的工具；计算器拥有一般数学运算、单位换算和日期计算等功能；截图工具除了可以对全屏和当前窗口进行截图，还可以截取任意区域和自定义矩形区域。

📖 **任务设计**

1. 便笺的应用

打开"开始"菜单，在"所有程序"的"附件"中单击"便笺"，即可启动便笺程序。

本任务要求用户完成以下操作。

① 将"便笺"锁定到任务栏。

② 新建便笺，在其窗口中输入内容。

③ 添加、删除便笺。

④ 调整便笺窗口的大小、位置。

⑤ 改变便笺颜色。

由于操作较为简单，操作方法就不再叙述。

2. 计算器的应用

在"附件"中单击"计算器"，即可启动计算器程序，如图 2-33 所示。下面，我们来完成几个任务。

（1）数制间的转换

例如，将二进制数"110001"转换成十进制数。方法：选择"查看"→"程序员"命令，切换到"程序员"计算器，如图 2-34 所示。单击"二进制"单选框，输入"110001"，再单击"十进制"单选框，即得结果"49"。

图 2-33 计算器

图 2-34 "程序员"计算器

（2）日期计算

通常我们只收到完成任务的日期，却不知道从开始日期到完成任务日期相隔的具体时间，如果我们知道相隔的具体时间，就可以做出安排，顺利完成任务。

例如，开始时间是 2012-8-8，完成任务时间是 2013-1-1，用计算器来进行日期计算。方法：选择"查看"→"日期计算"命令，切换到"日期计算"计算器，选择好开始时间和结束时间，单击"计算"按钮即得结果，如图 2-35 所示。

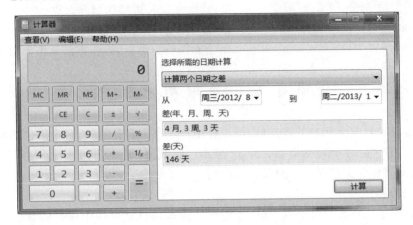

图 2-35 "日期计算"计算器

（3）"抵押"计算

利用计算器的"抵押"功能，可以由其他已知条件计算按月付款数、采购价、定金和还款期限。

例如，购买一套价值 100 万人民币的房子，首付款为 40 万人民币，其他的费用采用公积金贷款。现在想计算一下如果还款年限为 30 年，月还款额为多少。

方法：切换到"工作表"菜单下的"抵押"计算器，在"选择要计算的值"的下拉列表中选择"按月付款"，然后在"采购价"一栏输入房子的购买总金额"1 000 000"，在"定金"一栏输入房子的首付款"400 000"，在"期限"一栏输入还款年限"30"，在"利率（％）"一栏输入公积金贷款利率"4.9"，然后单击"计算"按钮，即可计算出每月还款额是 3 184.36 元，如图 2-36 所示。

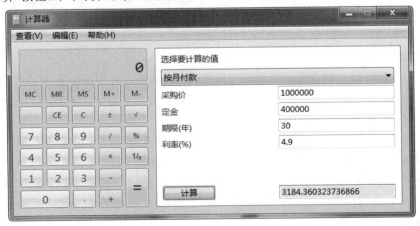

图 2-36 "抵押"计算器

3. 截图工具的应用

在"附件"中单击"截图工具"，即可启动截图工具程序，如图 2-37 所示。在"新建"下拉列表中有四种截图模式：任意格式截图、矩形截图、窗口截图和全屏幕截图。

图 2-37　截图工具

本任务要求用户完成以下操作。

① 截取桌面并保存。

② 截取任务栏并保存。

③ 截取自定义矩形区域并保存。

④ 截取任意格式区域并保存。

由于操作较为简单，操作方法就不再叙述。

项目五　管理用户账户

Windows 7 具有多用户管理功能，可以让用户共享一台计算机，每个用户都可以建立自己专用的运行环境，主要包括桌面、"开始"菜单、"收藏夹"等，不同的运行环境间各自独立、互不干扰；而且保存文件时默认路径也不相同。

📖　任务描述

只有掌握了用户账户的管理方法，才能在计算机的日常使用中保护好自己的资源。本任务要求读者掌握创建账户的方法，并能对用户账户进行设置。

📖　任务分析

在完成本任务前，要了解用户账户的类型及熟悉用户账户的设置方法。

📖　知识链接

在 Windows 7 中，为了计算机的安全，账户类型分为管理员账户、标准用户账户与来宾账户 3 种类型。

① 管理员账户：此类型的账户可以存取所有文件、安装程序、改变系统设置、添加与删除账户，对计算机具有最大的操作权限。

② 标准用户账户：此类型的账户操作权限受到限制，只可以完成执行程序等一般的计算机操作。

③ 来宾账户：此账户名称为 Guest，其权限比标准用户账户更小，可提供给临时使用计算机的用户。

📖　任务设计

1. 创建新用户

任何用户都可以根据自己的需要创建新用户，但必须以管理员的身份进行操作。来宾用户是系统自带的，无须创建，只要启动即可。管理员账户和标准用户账户的创建过程基本相同。下面介绍标准用户的创建过程。

① 选择"开始"菜单→"控制面板"命令，打开"控制面板"窗口，在"类型"查看方式下，单击"添加或删除用户账户"链接，打开"管理账户"窗口，如图 2-38 所示。

② 在"管理账户"窗口中单击"创建一个新账户"链接，打开"创建新账户"窗口，如图 2-39 所示。在窗口中输入新用户名并单击"创建账户"按钮，完成标准用户的创建。

2. 管理账户

完成新账户的创建后，在默认的情况下任何人都可以对该账户进行访问，所以下一步是对该账户进行设置,如设置用户密码、更改用户名称和图片等。

图 2-38 "管理账户"窗口

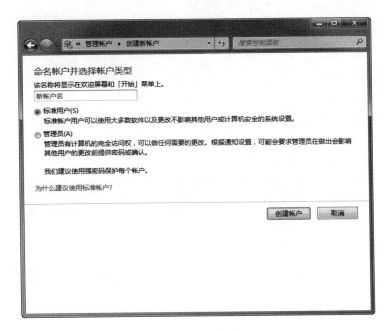

图 2-39 创建新账户

在"管理账户"窗口中单击刚新建的用户,打开"更改账户"窗口。可以对该账户进行如下设置:更改账户名称、创建密码、更改图片、设置家长控制、更改账户类型及删除账户。这里主要介绍"家长控制"功能,其他功能此处不做介绍。

通过设置家长控制,可以控制计算机的使用时间和阻止某些程序的运行,其主要目标是为了防止孩子们沉迷于计算机游戏和网络。下面介绍"家长控制"功能的设置方法。

家长控制不仅可以帮助管理员限制其他用户使用计算机的时间，还可以限制他们使用的程序和游戏。

① 首要工作。对计算机管理员账户设置密码保护；创建被家长控制的账户。

② 控制开启。在"更改账户"窗口中单击"设置家长控制"链接，打开"家长控制"窗口，选择需要设置的用户。打开"用户控制"窗口，如图 2-40 所示。选择"启用，应用当前设置"单选框，开启控制。

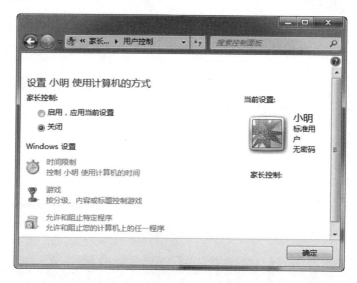

图 2-40 "用户控制"窗口

③ 时间控制。这里可以设置项为"时间限制"、"游戏"和"允许或阻止特定程序"，这里以"时间限制"为例。

单击"时间限制"链接，打开的"时间限制"窗口如图 2-41 所示。在默认的情况下表格是没有填充颜色的，表示没有限制用户使用计算机的时间，可以单击或拖动表格来设置需要阻止的时间，最后单击"确定"按钮完成设置。

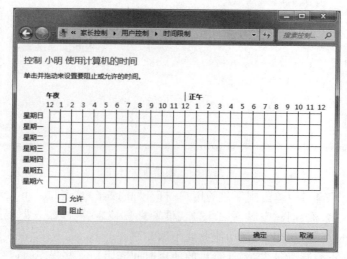

图 2-41 "时间限制"窗口

知识拓展一 常用快捷键

快捷键是在不激活菜单的情况下使用,从而达到提高操作速度的目的。表 2-3 列出了常用的快捷键。

表 2-3 常用快捷键

快捷键	含义说明	快捷键	含义说明
Ctrl+C	复制	win+Tab	3D 切换窗口
Ctrl+X	剪切	Win+D	显示桌面
Ctrl+V	粘贴	Win+↑	最大化窗口
Ctrl+Z	撤消	Win+↓	还原/最小化窗口
Delete	删除	win+←	使窗口占据左侧的一半屏幕
Shift+Delete	彻底删除	win+→	使窗口占据右侧的一半屏幕

知识拓展二 刻录文件

当选中文件后,窗口的工具栏就会出现"刻录"按钮,单击它就启动了系统的刻录功能,简单易用。

在刻录之前要配备刻录光驱和刻录光盘。刻录文件的方法如下。

选择刻录文件,单击窗口工具栏的"刻录"按钮,放入刻录光盘。弹出"刻录光盘"对话框,如图 2-42 所示。根据向导即可完成光盘的刻录。

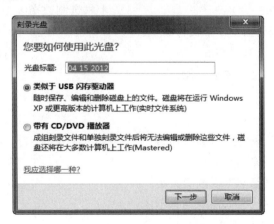

图 2-42 "刻录光盘"对话框

【说明】如果选择了"类似于 USB 闪存驱动器"单选框,就可以像闪存那样存放文件,但被删除了的空间将不能再存放文件;而另一种刻录类型仅适合刻录批量的 MP3、AVI 等多媒体文件,适合多媒体光盘播放器使用,刻录后无法编辑或删除文件。

知识拓展三　特色窗口操作

前面介绍的只是窗口的一般操作,在 Windows 7 版本中增加了一些特色功能,如改变窗口的大小、位置和隐藏、显示非当前窗口。

1. 改变窗口大小、位置

要最大化窗口其实有更简单的操作方法:用鼠标左键按住窗口标题栏,拖至桌面上边界释放,就完成了窗口的最大化操作;反向拖放窗口,恢复窗口原来大小。为了方便文件的复制、校对等工作,可以使两个窗口分居桌面的两侧:拖动窗口至左侧或右侧边界松开即可。

2. 隐藏、显示非当前窗口

当打开了好几个窗口,要隐藏非当前窗口时,只要拖住当前窗口的标题栏左右或上下抖动即可;要恢复被隐藏的窗口,再次抖动当前窗口即可。

练 习 二

一、选择题

1. Windows 将整个计算机显示屏幕看作是(　　　)。

    A. 背景　　　　　　B. 工作台　　　　　　C. 桌面　　　　　　　　D. 窗口

2. 在 Windows 中,打开"开始"菜单的组合键是(　　　)。

    A. "Alt＋Ctrl"　　　　　　　　　　B. "Alt＋Esc"

    C. "Shift＋Esc"　　　　　　　　　　D. "Ctrl＋Esc"

3. 下列几个数中,最大的数是(　　　)。

    A. 二进制数 100000110　　　　　　B. 八进制数 411

    C. 十进制数 263　　　　　　　　　　D. 十六进制数 108

4. 在文件夹中,若要选定全部文件或文件夹,按(　　　)键。

    A. "Ctrl＋A"　　B. "Shift＋A"　　C. "Alt＋A"　　　　D. "Tab＋A"

5. 在 Windows 中,文件夹名不能是(　　　)。

    A. 12＄-4＄　　　　　　　　　　　　B. 11％＋4％

    C. 11＊2!　　　　　　　　　　　　　D. 2&3＝0

6. 在 Windows 中,关于窗口和对话框,下列说法正确的是(　　　)。

    A. 窗口、对话框都可以改变大小

    B. 窗口、对话框都不可以改变大小

    C. 窗口可以改变大小,而对话框不能

    D. 对话框可以改变大小,而窗口不能

7. 在 Windows 7 中,回收站是(　　　)。

    A. 内存中的一块区域　　　　　　　B. 硬盘上的一块区域

    C. 软盘上的一块区域　　　　　　　D. 高速缓存中的一块区域

8. 删除 Windows 桌面上某个应用程序的图标,意味着(　　　)。

A. 该应用程序连同其图标一起被删除

  B. 只删除了该应用程序,对应的图标被隐藏

  C. 只删除了图标,对应的应用程序被保留

  D. 该应用程序连同其图标一起被隐藏

9. 下列关于 Windows 菜单的说法中,不正确的是( )。

  A. 用灰色字符显示的菜单选项表示相应的程序被破坏

  B. 命令前有"·"记号的菜单选项,表示该项已经选用

  C. 带省号(……)的菜单选项执行后会打开一个对话框

  D. 当鼠标指向带有向右黑色等边三角形符号的菜单选项时,弹出一个子菜单

10. 在 Windows 中,错误的新建文件夹的操作是( )。

  A. 在"资源管理器"窗口中,单击"文件"菜单中的"新建"子菜单中的"文件夹"命令

  B. 在 Word 程序窗口中,单击"文件"菜单中的"新建"命令

  C. 右击资源管理器的"文件夹内容"窗口的任意空白处,选择快捷菜单中的"新建"
子菜单中的"文件夹"命令

  D. 在用户文件夹窗口工具栏中单击"新建文件夹"按钮

11. 在 Windows 中,下列不能进行文件夹重命名操作的是( )。

  A. 选定文件后再按 F4

  B. 选定文件后再单击文件名一次

  C. 鼠标右键单击文件,在弹出的快捷菜单中选择"重命名"命令

  D. 用"资源管理器"/"文件"下拉菜单中的"重命名"命令

12. 要把当前活动窗口的内容复制到剪贴板中,可按( )。

  A. "PrintScreen"   B. "Alt+PrintScreen"

  C. "Shift+PrintScreen"   D. "Ctrl+PrintScreen"

13. 在 Windows 系统中,程序窗口最小化后( )。

  A. 程序仍在前台运行   B. 程序转为后台运行

  C. 程序运行被终止   D. 程序运行被暂中断,但可随时恢复

14. 在 Windows 系统中,若在某一文档中连续进行了多次剪切操作,当关闭该文档后,
"剪贴板"中存放的是( )。

  A. 所有剪切过的内容   B. 第一交剪切的内容

  C. 空白   D. 最后一次剪切的内容

15. 在 Windows 7 中,为结束陷入死循环的程序,应首先按( )键,启动任务管理器。

  A. "Ctrl+Del"   B. "Alt+Del"

  C. "Ctrl+Shift+Esc"   D. "Del"

二、上机实训

实训一 文件及文件夹操作

  📖 **实训目的**

熟练地对文件和文件夹进行各种操作。

📖 **实训内容**

以下操作要求同学在较快的时间内完成，并不断优化操作过程。

在 D 盘目录下创建名为"EXERCISE"文件夹；打开"EXERCISE"文件夹，在里面创建名称分别为"USER"、"WORD"、"EXCEL"、"PICTURE"、"MUSIC"和"ELSE"的文件夹。在"WORD"文件夹中新建 8 个 WORD 文档，文档名为"WORD1""WORD2"……"WORD8"；在"EXCEL"文件夹中新建 8 个 EXCEL 工作表，文件名为"EXCEL1""EXCEL2"……"EXCEL8"。将文件"WORD1"、"WORD2"、"WORD3"、"EXCEL1"、"EXCEL3"和"EXCEL5"复制到"USER"文件夹里。永久删除"USER"文件夹下的"WORD3"和"EXCEL3"文件。

实训二　文件的搜索及管理

📖 **实训目的**

熟练地对文件和文件夹进行各种操作。

📖 **实训内容**

在 C 盘"System32"文件夹中查找扩展名为". exe"、体积不大于 10KB 的文件，并复制到自己新建的"ELSE"文件夹中。

📖 **实训结果**

搜索结果如图 2-43 所示，仅供参考。

图 2-43　搜索结果

实训三　账户的设置及管理

📖 **实训目的**

操作用户账户的创建及其管理方法。

📖 **实训内容**

为自己计算机创建一个标准用户，并限制标准用户的上机时间，只在周末对其开放。

📖 **实训结果**

"时间限制"设置如图 2-44 所示。

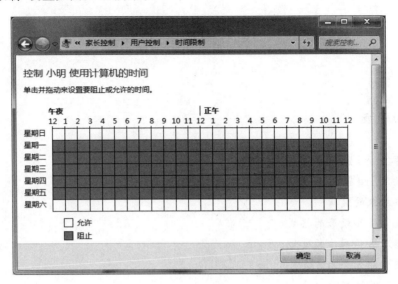

图 2-44　时间限制

模块三　文档处理 Word 2010

 学习目标

- 了解 Word 2010 的功能。
- 掌握 Word 2010 的基本操作。
- 掌握文本的编辑。
- 掌握字符和段落的格式化。
- 掌握表格和图片的处理。
- 掌握邮件合并的方法。
- 掌握页面设置的方法。

　　文字处理是指利用计算机来编制各种文档，如文章、简历、信函、公文、报纸和书刊等，这是计算机在办公自动化方面一个重要的应用。要使计算机具有文字处理的能力，需要借助于一种专门的软件——文字处理软件。

　　Word 2010 是微软件公司推出的 Microsoft Office 套装软件中的一个组件。它利用 Windows 良好的图形用户界面，将文字处理和图表处理结合起来，实现了"所见即所得"，易学易用，并设置 Web 工具等。Word 2010 与以往的老版本相比，文字和表格处理功能更强大，外观界面设计得更为美观，功能按钮的布局也更合理，还可以通过自定义外观界面、自定义默认模板、自定义保存格式等操作来进行更改。Word 2010 增添了不少新功能，下面简单介绍 Word 2010 新增的部分功能。

　　1. 导航窗格

　　利用 Word 2010 可以更加便捷地查找信息，单击主窗口上方的"视图"按钮，在打开的视图列表中勾选"导航窗格"选项即可在主窗口的左侧打开导航窗格。

　　在导航窗格搜索框中输入要查找的关键字后单击后面的"放大镜"按钮，这时你会发现，过去的每一个版本只能定位搜索结果，而 Word 2010 中在导航窗格中则可以列出整篇文档所有包含该关键词的位置，搜索结果快速定位并高亮显示与搜索相匹配的关键词；单击搜索框后面的"×"按钮即可关闭搜索结果并关闭所有高亮显示的文字。

　　将导航窗格中的功能标签切换到中间"浏览文档中的页面"选项时，可以在导航窗格中查看该文档的所有页面的缩略图，单击"缩略图"便能够快速定位到该页文档了。

　　2. 屏幕截图

　　以往在 Word 中插入屏幕截图时，都需要安装专门的截图软件，或者使用键盘上的"Print Screen"键来完成，安装了 Word 2010 以后就不用再这么麻烦了；Word 2010 内置了屏幕截图功能，并可将截图即时插入到文档中。单击主窗口上方的"插入"按钮将编辑模式切换到插入模式,然后单击"屏幕截图"图标按钮。

3. 背景移除

使用 Word 2010 以后在 Word 中加入图片以后,用户还可以进行简单的抠图操作,而无须再启动 Photoshop 了,首先在插入面板下插入图片;图片插入以后在打开的图片工具栏中单击"删除背景"图标按钮。

4. 屏幕取词

当你用 Word 在处理文档的过程中遇到不认识的英文单词时,大概首先会想到使用词典来查询;其实 Word 中就有自带的文档翻译功能,而在 Word 2010 中除了以往的文档翻译、选词翻译和英语助手之外,还加入了一个"翻译屏幕提示"的功能,可以像电子词典一样进行屏幕取翻译。

首先使用 Word 2010 打开一篇带有英文的文档,然后单击主窗口上方的"审阅"按钮将模式切换到审阅状态下,单击"翻译"按钮,然后在弹出的下拉列表中选择"翻译屏幕提示[英语助手:简体中文]"选项。

5. 文字视觉效果

在 Word 2010 中用户可以为文字添加图片特效,如阴影、凹凸、发光及反射等,同时还可以对文字应用格式,从而让文字完全融入到图片中,这些操作实现起来也非常的容易,只需要单击几下鼠标即可。

首先在 Word 2010 中输入文字,然后设置文字的大小,字体,位置等,选取文字单击主窗口上方的"A"图标文本效果按钮。

6. 图片艺术效果

Word 2010 还为用户新增了图片编辑工具,无需其他的照片编辑软件,即可插入、剪裁和添加图片特效,也可以更改颜色和饱和度、色调、亮度及对比度,轻松、快速将简单的文档转换为艺术作品。

首先在插入面板中单击"插入图片"图标按钮,然后在打开的窗口当中选择要编辑的图片,将图片插入到 Word 文档中;图片插入以后在主窗口上方将显示出图片工具栏。

7. SmartArt 图表

SmartArt 是 Office 2007 引入的一个很酷的功能,可以轻松制作出精美的业务流程图,而 Office 2010 在现有的类别中增加了大量的新模板,还新添了多个新类别,提供更丰富多彩的各种图表绘制功能;利用 Word 2010 提供的更多选项,你可以将视觉效果添加到文档中,可以从新增的"SmartArt"图形中选择,在数分钟内构建令人印象深刻的图表,SmartArt 中的图形功能同样也可以将列出的文本转换为引人注目的视觉图形,以便更好地展示创意效果。

项目一　制作聘用合同书

制作各种类型的文档及对文档进行排版,可以使用 Word 的自动化功能快速、高效地完成。本项目的任务是为企业制作一份聘用合同书,通过本次任务要求掌握 Word 2010 文档的创建、文本编辑、文字和段落的格式化、样式的使用、插入项目符号与编号和插入日期等操作,从而掌握运用 Word 2010 进行文字处理的方法。

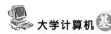

任务一　创建文档

📖 **任务描述**

Word 2010是目前广泛应用于各领域办公自动化方面的文字处理软件。它具有易学易用、功能齐全等特点，主要用于创建、编辑、排版、打印各类用途的文档。本次任务是完成一份聘用合同书的创建和编写。

📖 **任务分析**

使用 Word 2010 创建一个文件名为"聘用合同书"的新文档，认识 Word 2010 的工作界面，熟悉各种视图模式，然后编写聘用合同书的内容，并保存文档。

📖 **知识链接**

1. Word 2010 的工作界面

了解 Word 2010 的窗口对于初学者来说很重要，只有先掌握了窗口中组成元素的名称、位置和功能，以后才能高效、灵活地使用 Word 2010 进行文档处理。Word 2010 与 Word 2007 的界面相似，打破了原有的"菜单＋工具栏"模式，采用全新的用户界面，通过功能区将各种命令呈现出来，用户所需的命令都触手可及。Word 2010 的工作界面如图 3-1 所示。

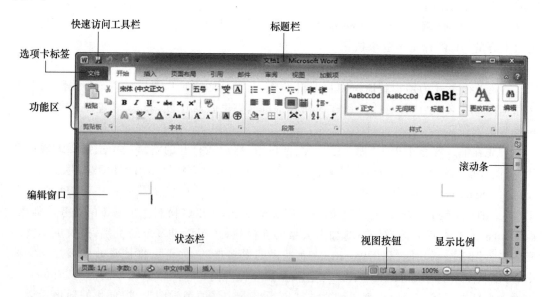

图 3-1　Word 2010 工作界面

① 标题栏：显示当前编辑的文档名及所使用的软件名，标题栏右边包含了控制窗口的三个按钮（"最小化按钮"、"最大化/还原按钮"和"关闭按钮"）。

② 快速访问工具栏："保存"、"撤销"和"恢复"几个常用的命令位于此处，提高了操作的便捷性。在"自定义快速访问工具栏"下拉菜单中可以添加其他常用命令。

③ 选项卡标签：单击相应的标签，即可切换到对应的选项卡下，通过功能区呈现相应的命令，如"文件""开始""插入"等。

④ 功能区：功能区清晰直观地展现用户所需要的功能，存放用户工作时需要用到的命

令。此外,功能区的外观会根据监视器的大小而改变。

⑤ 编辑窗口:显示所编辑文档的内容。

⑥ 滚动条:有水平和垂直两个滚动条,用于显示内容较长或较宽的文档,拖动滚动条可更改文档的显示位置。

⑦ 状态栏:显示正在编辑的文档的相关信息。

⑧ 视图按钮:根据用户需求,可更改当前文档的显示模式。

⑨ 显示比例:通过鼠标拖动的方式快速设置文档的显示比例。

2. 创建新文档

Word 2010 启动时会自动打开一个名为"文档 1"的空白文档,让用户直接在该窗口中输入内容,并对其进行编辑和排版,然后选择"文件"选项卡→"保存"命令将其保存起来。除此之外,还可以用以下方法在 Word 中创建文档。

① 选择"文件"选项卡→"新建"命令,选择相应的模板来建立,如图 3-2 所示。

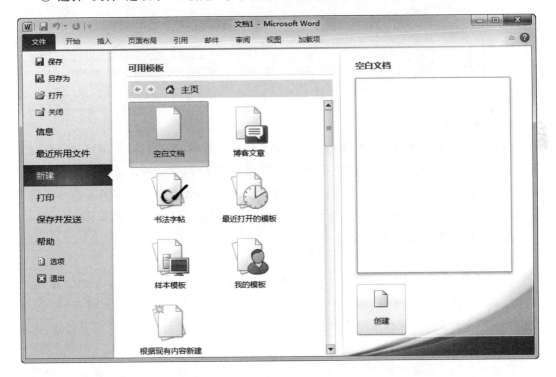

图 3-2　创建新文档

② 使用快捷键"Ctrl＋N",可以建立一个新的空白文档。

3. 打开文档

将鼠标定位到存储文件的位置,双击要打开的 Word 文档,即可显示 Word 应用程序启动画面并打开该文档。

若要打开一个新文档进行编辑,或者对以前创建的文档进行内容等方面的修改,可选择"文件"选项卡→"打开"命令,找到文档存储的位置并选中后,单击"打开"按钮或双击文档即可,如图 3-3 所示。

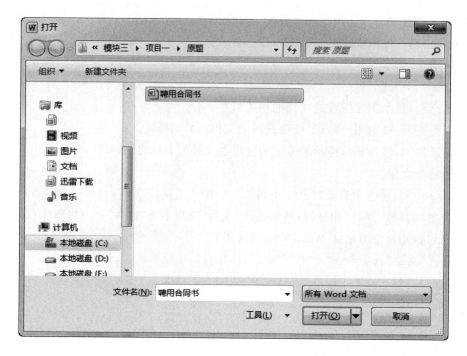

图 3-3　打开文档

4. 保存文档

在 Word 2010 中所做的各种编辑工作都是在内存工作区中进行的，如果不执行存盘操作，一旦切断电源或者发生其他故障，所做的工作得不到保存，就有可能丢失。所以在使用 Word 编辑文档时，应当及时地将文档保存到磁盘中。此外，还有必要在编辑文档的过程中定时保存文档，以防止因突然断电、死机等意外情况发生而造成文档内容的丢失。

若要保存文档，可使用以下方法。

① 单击"快速访问工具栏"中的"保存"按钮。

② 首次保存文档，会弹出"另存为"对话框，在"保存位置"中指定文档保存的位置，输入文件名，单击"保存"按钮即可，如图 3-4 所示。对于已经保存过的文件，单击"保存"按钮，系统默认按原来的文件名保存在原来的存储位置。若需保存文件副本或改变存储位置，可选择"文件"选项卡→"另存为"命令。

若意外关闭了未保存的文件，请不要慌张，系统会临时保留文件的某一版本，以便用户再次打开文件时进行恢复。打开 Word 2010，选择"文件"选项卡→"最近使用的文件"或"打开"命令打开未保存的文件；选择"文件"选项卡→"信息"→"管理版本"命令，选择最近一次保存的文档，然后单击"另存为"按钮将文件保存到计算机中。

5. 文本的选择

在用 Word 2010 进行文档编辑时，经常会进行文本选择操作，常用的方法是从起始位置开始按住鼠标左键，然后拖动到结束位置。然而在 Word 2010 中还有一些特殊的文本选择方法，有时可以帮助我们更快地进行文本选择。

① 选择某句：按住"Ctrl"键单击某句中的文字，Word 会选择整个句子，即选择两个句

号之间的文字。

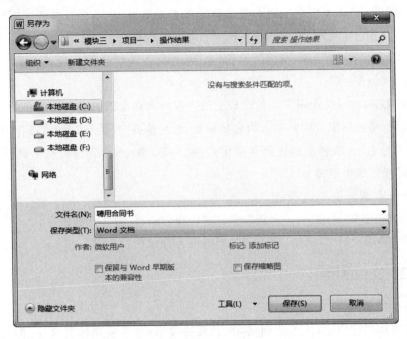

图 3-4 "另存为"对话框

② 选择较长的文本：如果要选择的文本较长，超出了屏幕的显示范围，可以先在起始位置单击一下鼠标，然后拖动滚动条显示结束位置，按住"Shift"键单击结束位置即可。

③ 选择某个词语：双击某词语即可选择该词语。

④ 选择单行文本：在某行的左侧空白位置单击一下，即可选择整行，按住鼠标左键上下拖动可选择多行文本。

⑤ 选择段落：在段落中三击鼠标即可选择整段文字，或者在段落左侧的空白处双击鼠标。

⑥ 纵向选择文本：按住"Alt"键向下拖动鼠标，即可纵向选择文字。

⑦ 选择整篇文档内容：按快捷键"Ctrl＋A"或在左边页面内的空白处三击鼠标。

6. 文本的插入、删除、复制、剪切和粘贴操作

① 插入文字：在文档中插入文字最简单的方法是，直接用鼠标在要插入的位置单击，把插入点定位在要插入的位置并闪烁，然后输入要插入的文字即可。

② 删除文字：文本的删除使用"Backspace"键和"Delete"键，按一次"Backspace"键可删除插入点左边的一个字符，按一次"Delete"键删除插入点右边的一个字符。当要删除的内容较多时，可以使用文本块删除方式，即选择文本块，让要删除的文本反白显示，然后按"Delete"键或执行剪切操作。

③ 复制文字：复制操作用于将被选的文本或图形复制到剪贴板上，以便粘贴之用。在执行复制之前，先选定文本，然后选择"开始"选项卡，选择"复制"命令，或者用鼠标右击选定的文本，从弹出的快捷菜单中选择"复制"命令，完成复制。此外，"复制"操作的快捷键

是"Ctrl+C"。

④ 剪切文字：剪切操作用于删除被选择的文本或图形，并将它们存放于剪贴板上。在执行剪切之前，先选定文本，然后选择"开始"选项卡，选择"剪切" 命令，或者用鼠标右击选定的文本，从弹出的快捷菜单中选择"剪切"命令，将文本剪切到剪贴板上。此外，"剪切"操作的快捷键是"Ctrl+X"。

⑤ 粘贴文字：粘贴操作用于将剪贴板上的内容插入到文档中插入点所在的位置。复制或剪切文本后，将鼠标定位到要插入内容的位置，然后选择"开始"选项卡，选择"粘贴" 命令，或者用鼠标右击，从弹出的快捷菜单中选择"粘贴"命令，内容即被粘贴到指定的位置。此外，"粘贴"操作的快捷键是"Ctrl+V"。

    📖 **任务实施**

① 启动 Word 2010，创建一个新文档，以"聘用合同书"为文件名保存。

② 打开"聘用合同书"文档，输入合同书的内容并保存。

任务二 文档排版

    📖 **任务描述**

在制作文档的过程中，为了达到清晰、美观的效果，通常需要设置文字和段落的格式。本次任务是完成"聘用合同书"的字符格式化和段落格式化。

    📖 **任务分析**

① 设置全文字体为"宋体"，字号为"五号"。

② 设置标题"聘用合同"为"黑体"、"一号"并"居中"显示。

③ 将合同书前两行的"集团公司""李华"设置为"楷体"、"小四"、"红色"并"加粗"，然后使用"格式刷"命令将格式应用到文档最后部分的"集团公司"、"李华"及"孙宾"文本中。

④ 将正文部分（标题除外）所有段落的行距设置为"固定值17磅"。

⑤ 将"第一条 合同期限"段落内容设置为"小四""加粗""左对齐"。

    📖 **知识链接**

1. 字符和段落格式化

字符格式化是指对字符的字体、字形、字号、颜色、显示效果等的设置。段落格式化是对段落的对齐方式、缩进方式、间距等的设置。单击"开始"选项卡，功能区就展现出各种格式编辑的命令，如图 3-5 所示。利用这些命令可以完成基本的文档格式化操作。但有些较为少用到的功能没有直接展示，可通过右击鼠标，在弹出的快捷菜单中选择"字体"命令，在打开的"字体"对话框中设置字体的格式，如图 3-6 所示；或者，在弹出的快捷菜单中选择"段落"命令，在打开的"段落"对话框中设置段落的格式，如图 3-7 所示。

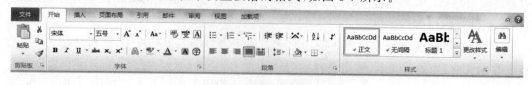

图 3-5 "开始"选项卡命令按钮

图 3-6 "字体"对话框

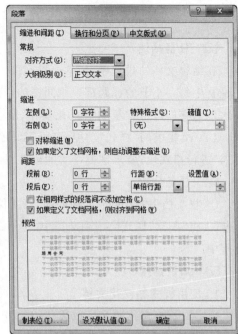

图 3-7 "段落"对话框

2. 格式刷

"格式刷"是一种复制字符格式的方法,利用它可以方便地把某些文本、标题的格式复制到文档中的其他地方,避免了大量重复性工作。具体操作步骤如下。

① 选定已设好格式的文本。

② 单击或双击"功能区"上的"格式刷" 按钮,这时鼠标指针变成一个小刷子。其中单击"格式刷"按钮只能进行一次格式复制,双击"格式刷"按钮可以进行多次格式复制,直到再次单击"格式刷"按钮使之复原为止。

③ 按住鼠标左键用小刷子刷过想要设置格式的文本,被刷过的文本就会设置为格式刷中的字符格式。

📖 **任务实施**

① 打开"聘用合同书"文档,按快捷键"Ctrl+A"选定整篇文档的内容,单击"开始"选项卡,然后在功能区设置字体为"宋体",字号为"五号"。

② 选定标题"聘用合同",设置字体为"黑体",字号为"一号",对齐方式为"居中"。

③ 选定合同书前两行的"集团公司"和"李华",设置字体为"楷体",字号为"小四",字体颜色为"红色"并加粗。然后双击"格式刷"命令按钮 ,此时鼠标成为刷子状态。将文档定位到末尾位置,用鼠标的刷子刷过"集团公司"、"李华"及"孙宾"文本即可。

④ 选定正文部分(标题除外)的所有段落,右击鼠标,在弹出的快捷菜单中选择"段落"命令,在打开的"段落"对话框中设置"行距"为"固定值17磅",如图3-7所示。

⑤ 选定"第一条 合同期限"的段落内容,设置其为"小四""加粗""左对齐",然后保存文档。

任务三　样式的使用

📖　**任务描述**

在编辑文档的过程中,经常会遇到多个段落或多处文本具有相同格式的情况。例如,一篇论文中每一小节的标题都采用同样的字体、字形、大小及前后段落的间距等,如果一次又一次地对它们进行重复的格式化操作,既会增加工作量,又不易保证格式的一致性。利用Word 2010 提供的"样式"功能,可以很好地解决这一问题。本次任务是应用样式对"聘用合同书"进行格式化,要求掌握样式的创建、修改和应用等操作。

📖　**任务分析**

① 将文档中"第一条　合同期限"段落保存为样式,样式名为"条款"。

② 将"条款"样式应用到文档中的"第二条……"、"第三条……"至"第八条……"的七个段落中。

📖　**知识链接**

1. 应用样式格式化文档

选定需要格式化的文字或段落,在"开始"选项卡中有个"样式"组,如图 3-8 所示,单击右下角的 按钮,可打开"样式"窗口,如图 3-9 所示;单击样式库中的"其他" ,可打开如图3-10 所示的样式。将鼠标指针停留在任意样式上能实时预览效果,找到最适合的样式后,单击样式即可将其应用到所选内容中。

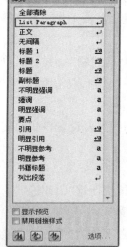

图 3-8　"样式"组　　　　图 3-9　"样式"窗口　　　　图 3-10　展开所有样式

2. 快速样式使用

在"开始"选项卡上的"样式"组中,单击"更改样式"按钮,用鼠标指针指向"样式集"以查找预定义的样式,如图 3-11 所示。将鼠标指针停留在任意样式上能实时预览效果,找到最适合的样式后,单击样式即可将其应用到所选内容中。

图 3-11　快速样式

3．创建新样式

在"样式"窗口中，单击"新建样式"按钮，打开"根据格式设置创建新样式"窗口，如图 3-12 所示。根据需要设置新样式的属性和格式，设置完成后的新样式保存在样式集中。

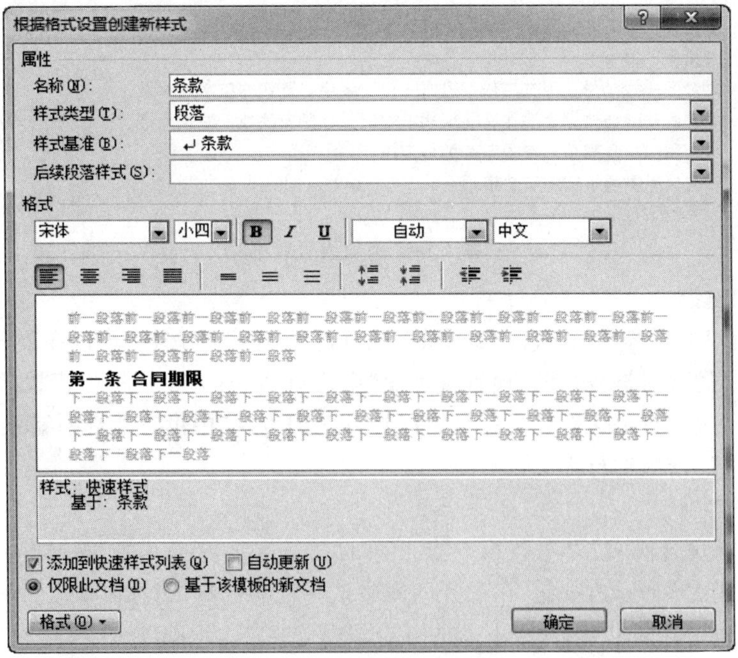

图 3-12　创建新样式窗口

⚲　**任务实施**

① 选定文档"第一条 合同期限"段落，在"开始"选项卡上的"样式"组中，单击右下角的 按钮，打开如图 3-9 所示"样式"窗口，单击"样式"窗口下方的"新建样式"按钮 ，弹出"根据格式设置创建新样式"对话框，如图 3-12 所示，在"名称"文本框中输入样式名"条款"，然后单击"确定"按钮，新建的"条款"样式保存在样式集中。

② 分别选定文档中的"第二条……"、"第三条……"至"第八条……"七个段落，单击"样式"窗口中的"条款"样式，该样式就应用到了这七个段落中。

任务四　添加项目符号和编号

⚲　**任务描述**

为了使文档层次分明，结构清晰，便于阅读，可以使用"项目符号和编号"功能对文档段落进行自动编号。本次任务是应用项目符号和编号对"聘用合同书"进行编辑。

⚲　**任务分析**

① 给"聘用合同书"第七条第 6 点下面的三段文字添加项目符号，效果如图 3-13 所示。

◆　凡由市区县教育行政部门或单位出资进修培训，乙方应按规定赔偿进修培训费。↵
◆　凡在规定服务期内的大中专毕业生按市有关文件规定支付赔偿费。↵
◆　凡是由市区县教育行政部门所分配的住房，按本市及单位主管部门房屋分配使用的有关规定执行。↵

图 3-13　添加项目符号效果

② 给"聘用合同书"第八条下面的五个段落添加编号，效果如图 3-14 所示。

1.　甲乙双方因实施聘用合同发生人事争议，按《实施意见》第六条人事争议处理的有关条款执行。↵
2.　本合同一式叁份，甲方二份，乙方一份，经甲、乙双方签字后生效。↵
3.　本合同条款如与国家法律、法规相抵触时，以国家法律、法规为准。↵
4.　本合同的未及事项，按国家有关规定执行。↵
5.　双方认为需要规定的其他事项。↵

图 3-14　添加编号效果

⚲　**知识链接**

单击"开始"选项卡上的"段落"组中的"项目符号"下三角按钮，可以在展开的"项目符号库"中选择需要的项目符号。若"项目符号库"中没有适合的项目符号，可以单击"自定义新项目符号"选项进行自定义新项目符号。同样，若"编号库"中没有适合的编号，可以单击"自定义新编号格式"选项进行定义。

⚲　**任务实施**

① 选定"聘用合同书"第七条第 6 点下面的三段文字，在"开始"选项卡上的"段落"组中，单击"项目符号"下三角按钮，在展开的库中选择需要的样式，如图 3-15 所示。

② 选定"聘用合同书"第八条下面的五个段落，在"开始"选项卡上的"段落"组中，单击"编号"下三角按钮，在展开的库中选择需要的样式，如图 3-16 所示。

图 3-15　添加项目符号

图 3-16　添加编号

任务五　插入日期

📖　**任务描述**

本次任务是给"聘用合同书"插入日期。

📖　**任务分析**

在"聘用合同书"文档末尾，给甲乙双方添加日期"二〇一二年二月二十五日"。

📖　**知识链接**

如果在"日期和时间"对话框中选择日期格式后，勾选"自动更新"复选框，那么在以后打开该文档时，插入的日期将自动更新，即显示的日期为打开文档时的日期。

📖　**任务实施**

① 把插入点定位在甲方需插入日期的位置，选择"插入"选项卡，单击"文本"组中的"日期和时间"按钮，弹出"日期和时间"对话框，如图 3-17 所示。选择所需的日期样式，单击"确定"按钮即可插入日期。

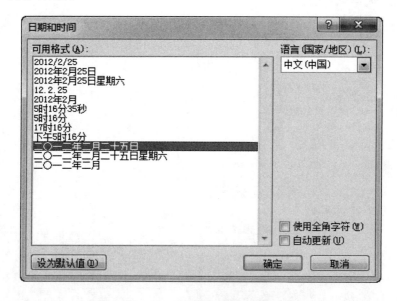

图 3-17　"日期和时间"对话框

② 用同样的方法，在乙方下面插入日期，保存文档。

项目二　制作电子宣传报

Word 2010 不但擅长处理普通文本内容，还擅长编辑带有图形对象的文档，即图文混排。本项目的任务是使用 Word 2010 设计并制作图文并茂、内容丰富的电子宣传报，如图 3-18所示。通过本次工作任务要求掌握页面设置和分栏，以及在文档中插入艺术字、文本框、图片、自选图形、SmartArt 图形等操作。

图 3-18 电子宣传报结果

任务一 页面设置和分栏

任务描述

在建立新文档时，Word 已经自动设置默认的页边距、纸型、纸张方向等页面属性。本次任务是创建电子宣传报文档，根据需要对页面属性进行设置，然后把文档分成两栏，使页面更加实用美观。

任务分析

① 使用 Word 2010，创建一个文件名为"电子宣传报"的新文档，然后进行页面设置，设置其上下左右页边距皆为"1 厘米"，纸张方向为"横向"。

② 将文档分成两栏，其中第一栏的宽度为"24.64 字符"，间距为"2.02 字符"，第二栏的宽度为"48.11 字符"，保存文档。

知识链接

1. 页面设置

页面设置是打印文档之前必要的准备工作，主要是指页边距、纸张大小、纸张来源和版面的设置。选择"页面布局"选项卡，在"页面设置"组中可以设置文档的页面属性，也可以单击其右下角的对话框启动器 按钮，打开"页面设置"对话框，如图 3-19 所示。该对话框中 4 个选项卡的功能介绍如下。

①"页边距"：设置纸张边距与页眉页脚的位置。页边距是指文字与纸张边缘的距离。

②"纸张"：主要进行纸张大小、用纸方向及应用范围的设置。

③"版式"：进行页眉页脚的设置和文档垂直对齐方式等设置。

④"文档网格"：可实现在文档中每行固定字符数或每页固定行数的设置。

2. 分栏

在书籍、报刊和杂志中常用到分栏，使版面空间得到更充分的利用。可以对整个文档进行分栏，也可以只对单个或几个段落进行分栏。选择"页面布局"选项卡，在"页面设置"组中可以设置分栏，也可以通过"更多分栏"选项打开"分栏"对话框，如图3-20所示。

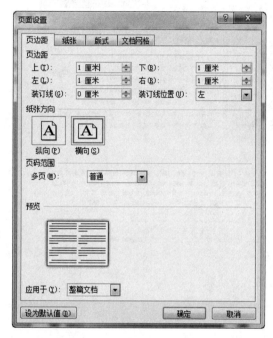

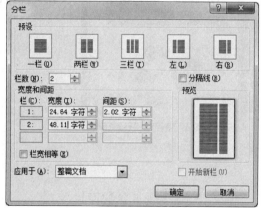

图3-19 "页面设置"对话框　　　　　　　　　图3-20 "分栏"对话框

📖 **任务实施**

① 启动Word 2010应用程序，创建一个新文档，以"电子宣传报"为文件名保存。选择"页面布局"选项卡，在"页面设置"组中单击其右下角的对话框启动器 □ 按钮，打开"页面设置"对话框，设置其上下左右页边距皆为"1厘米"，纸张方向为"横向"，如图3-19所示。

② 在"页面设置"组中单击"分栏"命令按钮，选择"更多分栏"选项打开"分栏"对话框，设置其栏数为"2"，其中第一栏的宽度为"24.64字符"，间距为"2.02字符"，第二栏的宽度为"48.11字符"，如图3-20所示，完成后保存文档。

任务二　插入文本框

📖 **任务描述**

使用Word对文档进行排版时，经常需要用到文本框。利用文本框可以方便地将文字、图片等内容放在文档的任意位置，还可以对文本框中内容的格式进行设置。本次任务是给"电子宣传报"文档插入文本框，并设置文本框的格式，掌握在文档中插入文本框的基本操作。

📖 **任务分析**

① 在"电子宣传报"文档的第一栏插入文本框，并设置格式，效果如图3-18所示。其

中,文本框的"形状轮廓"为"橄榄色,强调文字3,深色50％";"线形"宽度为"10磅",复合类型为"由粗到细",线端类型为"圆形";"发光和柔化边缘"设置其颜色为"橄榄色,强调文字3,深色50％",大小为"8磅",透明度为"40％"。

　　② 在文档的第二栏插入四个文本框,并输入相应的文字内容。其中,第一个文本框放置左上方的文字内容,第二个放右上方的图片,第三个放下半部分所有内容,第四个放左边的图片。各文本框的位置、大小、形状、边框、底纹等格式效果如图3-18所示。

　　📖 **知识链接**

1. 在文档中插入内容

　　在文档中可以插入表格、图片、自选图形、SmartArt图形、艺术字、文本框、公式、符号、超链接等内容。选择"插入"选项卡,插入内容的命令按钮就展现在功能区中,如图3-21所示。

图 3-21　"插入"选项卡

　　插入文本框后,双击其边框,功能区展现"绘图工具"格式栏,如图3-22所示。

图 3-22　"绘图工具"格式栏

2. 插入文本框

　　在制作文档的过程中,一些文本内容需要显示在图片中,或者放置在文档的指定位置,此时可以运用Word提供的文本框功能,以文本框的形式排列文字内容。文本框包括横排文本框和竖排文本框两种。选择"插入"选项卡,在"文本"组中单击"文本框"按钮,打开如图3-23所示的选项。可以选择系统内置的文本框模板,也可以选择绘制文本框或者绘制竖排文本框选项。绘制文本框后,双击文本框的边框,功能区展现如图3-22所示的"绘图工具"格式栏,利用这些工具可以设置文本框的格式,也可以单击"形状样式"组右下角的按钮 🔲,打开"设置形状格式"对话框进行格式设置,如图3-24所示。

　　📖 **任务实施**

　　① 打开"电子宣传报"文档,选择"插入"选项卡,在功能区中单击"文本框"按钮→"绘制文本框"选项,在文档的第一栏绘制一个文本框。双击文本框边框,在功能区单击"形状轮廓"按钮,在下拉选项中选择主题颜色为"橄榄色,强调文字3,深色50％";单击"形状样式"组右下角的按钮 🔲,打开如图3-24所示的"设置形状格式"对话框,单击"线型"按钮,然后设置"线型"宽度为"10磅",复合类型为"由粗到细",线端类型为"圆形";单击"发光和柔化边缘"按钮,设置其颜色为"橄榄色,强调文字3,深色50％",大小为"8磅",透明度为"40％"。

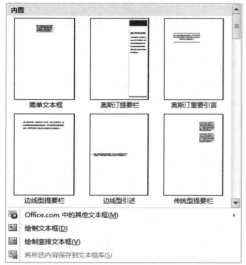

图 3-23 "文本框"选项　　　　　图 3-24 设置文本框形状格式

② 使用上述的插入文本框的方法，在文档的第二栏插入四个文本框，并设置文本框的格式和输入相应的文字内容（步骤略）。各文本框的位置、大小、形状、边框、底纹等格式效果如图 3-18 所示。

任务三　插入艺术字

📖 **任务描述**

灵活运动 Word 中艺术字的功能，可以为文档添加生动且具有特殊视觉效果的文字。本次任务是给"电子宣传报"文档插入艺术字，并设置艺术字的格式，掌握在文档中插入艺术字的基本操作。

📖 **任务分析**

① 在"电子宣传报"文档第一栏的文本框内插入艺术字"美丽的花朵"，效果如图 3-18 所示。其中，艺术字样式为"渐变填充-橙色，强调文字颜色 6，内部阴影"；文字效果为"转换，波形 2"，字体为"宋体"，字号为"小一"。

② 在文档第二栏左上角文本框内插入艺术字"花的知识知多点"，效果如图 3-18 所示。其中，艺术字样式：填充-红色，强调文字颜色 2，粗糙棱台；字体：华文行楷，二号；字体颜色：橙色，强调文字颜色 6，深色 50％；文字效果：字体，发光，紫色，8pt 发光，强调文字颜色 4。

📖 **知识链接**

艺术字

艺术字是作为图形对象放置在文档中的，用户可以将其作为图形来处理，因此在添加艺术字并对艺术字样式、位置、大小进行设置时，操作方法比较简便。

📖 **任务实施**

① 打开"电子宣传报"文档，将插入点定位于第一栏的文本框内，选择"插入"选项卡，在功能区中单击"艺术字"按钮，打开"艺术字样式"下拉选项，如图 3-25 所示，在下拉选项中设置艺术字样式为"渐变填充-橙色，强调文字颜色 6，内部阴影"，然后在文本框中输入文本

"美丽的花朵",设置文字效果为"转换,波形 2",设置字体为"宋体",字号为"小一"。

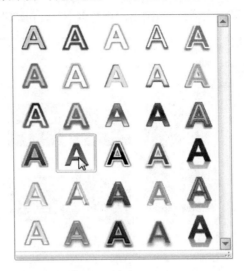

图 3-25 艺术字样式

② 用任务实施①的方法完成艺术字"花的知识知多点"的插入操作,步骤略。

任务四 插入图片

📖 **任务描述**

图片是日常文档中的重要元素之一。在制作文档时,常常需要插入相应的图片文件来具体说明一些相关的内容,使文档内容更充实更美观。本次任务是给"电子宣传报"文档插入图片,并设置图片的格式,掌握在文档中插入图片的基本操作。

📖 **任务分析**

在"电子宣传报"文档第一栏的文本框内插入图片"pic 1"和"pic 2",在第二栏插入图片"pic 3"和"pic 4",并设置图片的大小、位置及图片的文字环绕方式和图片样式等,效果如图 3-18 所示。

📖 **知识链接**

图片格式设置

插入图片内容后,双击图片,功能区展现"图片工具"格式栏,如图 3-26 所示。利用这些格式按钮可以很方便地设置图片格式。

图 3-26 "图片工具"格式栏

📖 **任务实施**

打开"电子宣传报"文档,将插入点定位于第一栏需插入图片的位置,选择"插入"选项卡，在功能区中单击"图片"按钮，打开"插入图片"对话框，如图 3-27 所示，双击图片"pic 1"插入图片；然后在指定位置分别插入图片"pic 2"、"pic 3"和"pic 4"。

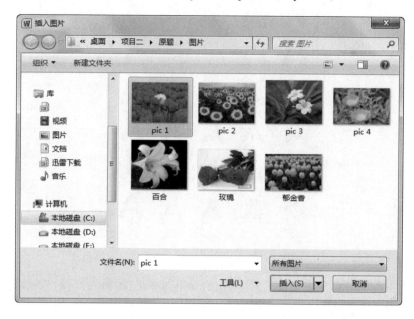

图 3-27　"插入图片"对话框

　　双击选中图片，将鼠标放置在图片四个角处，鼠标呈双箭头形，按住鼠标拖动图片，则可以更改图片的大小而不改变图片的比例；若将鼠标放置在边线上，则会改变图形的长、宽，从而比例也会改变。

　　更改图片位置同样需要先双击选中图片，将鼠标放置在图片中心，按住鼠标将图片拖动至目标位置。

　　"自动换行"菜单中每种文字环绕方式的含义如下所述。

　　① 四周型环绕：不管图片是否为矩形图片，文字以矩形方式环绕在图片四周。

　　② 紧密型环绕：如果图片是矩形，则文字以矩形方式环绕在图片周围，如果图片是不规则图形，则文字将紧密环绕在图片四周。

　　③ 穿越型环绕：文字可以穿越不规则图片的空白区域环绕图片。

　　④ 上下型环绕：文字环绕在图片上方和下方。

　　⑤ 衬于文字下方：图片在下、文字在上分为两层，文字将覆盖图片。

　　⑥ 浮于文字上方：图片在上、文字在下分为两层，图片将覆盖文字。

　　⑦ 编辑环绕顶点：用户可以编辑文字环绕区域的顶点，实现更个性化的环绕效果。

　　设置图片的大小、位置及图片的文字环绕方式和图片样式等，得到如图 3-18 所示的效果。

任务五　插入 SmartArt 图形

📖 任务描述

　　SmartArt 图形是信息和观点的可视表达形式，以便更轻松、快速、有效地传达信息。本次任务是给"电子宣传报"文档插入 SmartArt 图形，并设置图形的格式，掌握在文档中插入 SmartArt 图形的基本操作。

　　📖　**任务分析**

在"电子宣传报"文档第一栏文本框下方插入 SmartArt 图形，图形类型为"Office.com"选项中的"射线图片列表"样式，然后输入相应的文本内容及插入图片，调整图形的大小、位置，效果如图 3-18 所示。

　　📖　**知识链接**

SmartArt 图形的应用

流程、层次结构、循环或关系等信息可以用 SmartArt 图形来表示。在创建 SmartArt 图形之前，用户需要考虑最适合显示数据的类型和布局，SmartArt 图形要传达的内容是否要求特定的外观等问题。单击"插入"选项卡，在功能区中单击"SmartArt"按钮，即可打开"选择 SmartArt 图形"对话框，在该对话框中用户可以选择所需要的图形。

　　📖　**任务实施**

① 打开"电子宣传报"文档，将插入点定位于第一栏需插入 SmartArt 图形的位置，选择"插入"选项卡，在功能区中单击"SmartArt"按钮，打开"选择 SmartArt 图形"对话框，如图 3-28 所示。选择"Office.com"选项中的"射线图片列表"样式，单击"确定"按钮插入 SmartArt 图形，如图 3-29 所示。

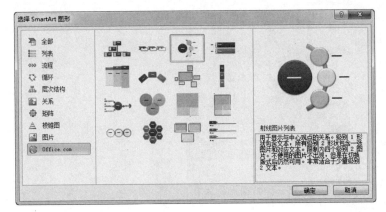

图 3-28　"选择 SmartArt 图形"对话框　　　　图 3-29　插入的图形样式

② 在文本框内输入相应的文本内容，在图片框内插入相应的图片，并调整图形的大小、位置，得到如图 3-18 所示的效果。

任务六　插入自选图形

　　📖　**任务描述**

对于一些简单的图形，用户可以采用自选图形的方法来绘制。本次任务为"电子宣传报"文档插入自选图形，并设置图形的格式，使用户掌握在文档中插入自选图形的基本操作。

　　📖　**任务分析**

在"电子宣传报"文档第二栏插入"星与旗帜"类型的自选图形，其中两个"十字星"，一个

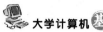

"上凸带型"的图形,添加文字,并设置其大小、位置和颜色等,效果如图 3-18 所示。

 📖 **知识链接**

  自选图形是运用现有的图形,如矩形、圆形等基本形状及各种线条或连接符,绘制出用户需要的图形样式。自选图形包括基本形状、箭头总汇、标注、流程图等类型,各类型又包含了多种形状,用户可以选择相应图标绘制所需图形。

 📖 **任务实施**

  打开"电子宣传报"文档,选择"插入"选项卡,在功能区中单击"形状"按钮打开形状库,如图 3-30 所示。在"星与旗帜"选项区域中单击"十字星"形状按钮,并在文档相应位置绘制一个十字星形状;双击图形,在功能区设置"形状填充"主题色为"橙色,强调文字颜色 6",设置"形状轮廓"标准色为"浅绿";调整图形的大小和位置。然后插入另一个"十字星"和"上凸带型"的图形,添加文字,并设置其大小、位置和颜色等(步骤略),得到如图 3-18 所示的效果。

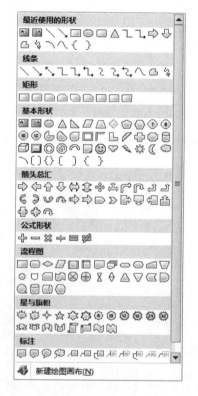

图 3-30 形状库

项目三 制作个人简历表

  自动化办公中,经常需要用到各种类型的表格。可以在单元格中输入文字或插入图片使文档内容更加直观和形象,增强文档的可读性。本项目的任务是使用 Word 2010 制作个人简历表,如表 3-1 所示。要求通过本次工作任务掌握在 Word 文档中建立表格、编辑表格和格式化表格等操作。

表 3-1　个人简历表

个 人 简 历

姓名		性别		年龄			照
地址							片
邮政编码			电子邮件				片
电话			传真				
应聘职位							
教育	时间		学校				
奖励							
兴趣爱好							
工作经历	时间		工作单位		职务		
推荐							
技能							
证书和许可证							
政治面貌							

任务一　建立表格

📖 **任务描述**

Word 2010 提供了丰富的制表功能,,本次任务是在文档中建立表格,掌握在文档中建立表格的基本操作。

📖 **任务分析**

① 使用 Word 2010 创建一个文件名为"个人简历"的新文档,在文档第一行输入标题"个人简历",并设置其字体和段落格式:"宋体,小一,加粗,居中"。

② 在标题下插入一个 27 行 8 列的表格。

📖 **知识链接**

插入表格的方式

在 Word 2010 中,可以通过以下三种方式来插入表格。

① 使用"表格"菜单插入表格:若插入的表格行数和列数均少于 9,则可以在"插入"选项卡的"表格"组中,单击"表格",然后单击"插入表格"下,拖曳鼠标以选择需要的行数和列数,如图 3-31 所示。

② 使用"插入表格"窗口插入表格:在图 3-31 所示的下拉选项中单击"插入表格",在弹出的"插入表格"窗口中输入列数和行数,选择相应选项以调整表格尺寸,如图 3-32 所示。

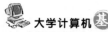

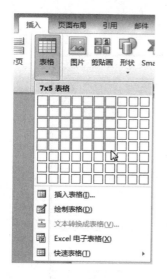

图 3-31　使用表格菜单插入表格　　　　　　图 3-32　"插入表格"窗口

③ 使用表格模板插入表格：可以基于一组预先设好格式的表格模板来插入表格。表格模板包含示例数据，可以帮助设计添加数据时表格的外观。在图 3-31 所示的下拉选项中选择"快速表格"，再单击需要的模板，然后使用新数据替换模板中的数据，如图 3-33 所示。

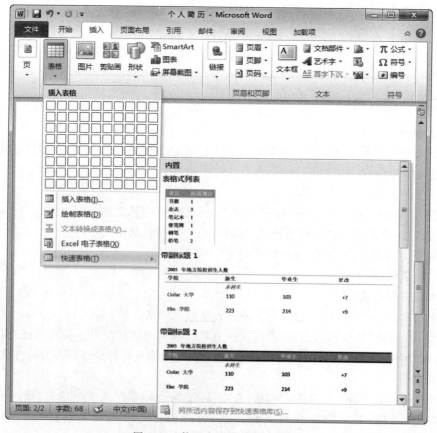

图 3-33　使用表格模板插入表格

📖　**任务实施**

① 启动 Word 2010 创建一个新文档,以"个人简历"为文件名保存。在文档第一行输入标题"个人简历",并设置其字体和段落格式:宋体,小一,加粗,居中。

② 把插入点定位于标题下一行,在"插入"选项卡的"表格"组中,选择"表格"→"插入表格"选项,打开如图 3-32 所示的"插入表格"对话框。设置表格列数为"8",行数为"27",单击"确定"按钮插入表格。

任务二　编辑表格

📖　**任务描述**

刚创建的表格,往往离应用的要求有一定的差距,还要进行适当的编辑。本次任务是对表格进行单元格的合并与拆分、调整行高列宽等操作,掌握编辑表格的基本操作。

📖　**任务分析**

对"个人简历"表格进行单元格的合并与拆分、单元格的插入与删除、行高列宽的调整等操作,然后输入文字内容,并设置单元格对齐方式为"水平居中",效果如表 3-1 所示。

📖　**知识链接**

1. 表格的选择

表格中每一个小方格称为单元格。选择单元格的基本方法为:在所需选择的单元格区域的左上角按下鼠标左键不放,并将鼠标拖动到所需选择的单元格区域的右下角,使被选择的单元格高亮显示。

① 选择一个单元格:单击此单元格内左侧的选定栏,如图 3-34 所示。

② 选择表格中的一行:单击此行左侧的文档选定栏,如图 3-35 所示。

成绩表			
姓名	语文	数学	总分
张权	87	67	154
王伟明	76	85	161
黄玉娟	78	67	145
李文华	90	88	178

图 3-34　选择一个单元格

成绩表			
姓名	语文	数学	总分
张权	87	67	154
王伟明	76	85	161
黄玉娟	78	67	145
李文华	90	88	178

图 3-35　选择表格中的一行

③ 选择表格中的一列:将鼠标指针移至此栏的上边界,当鼠标指针变成一个向下箭头形状时,单击左键,如图 3-36 所示。

④ 选择整个表格:将鼠标移动到表格的左上角的 ⊞ 图标处,然后单击即可选择整个表格,如图 3-37 所示。

成绩表			
姓名	语文	数学	总分
张权	87	67	154
王伟明	76	85	161
黄玉娟	78	67	145
李文华	90	88	178

图 3-36　选择表格中的一列

成绩表			
姓名	语文	数学	总分
张权	87	67	154
王伟明	76	85	161
黄玉娟	78	67	145
李文华	90	88	178

图 3-37　选择整个表格

2. 重复标题行

插入表格的时候往往表格在一页中显示不完全,需要在下一页继续,为了阅读方便,我们会希望表格能够在续页的时候自动重复标题行。只需选中原表格的标题行,在"布局"选项卡中选择"重复标题行"即可,在以后表格出现分页的时候,会自动在换页后的第一行重复标题行。

📖 **任务实施**

1. 拆分与合并单元格

打开"个人简历"表格,选中需要合并的两个或数个单元格,右击,在弹出的菜单中选中"合并单元格",那么之前选中的几个单元格就会合并为一个。类似的,如果需要拆分单元格,则将该单元格选中,右击,选择"拆分单元格",在弹出的菜单中选择需要拆分的行数和列数,单击"确定"完成操作。或者也可以选择"设计"选项卡展开表格设计工具按钮,如图3-38所示;选择"布局"选项卡展开表格布局工具按钮,如图3-39所示。单击"合并单元格"或"拆分单元格"按钮以完成操作。

图3-38　表格设计工具

图3-39　表格布局工具

2. 调整行高列宽

如果不需要精确设定单元格的长宽,只需按住鼠标左键,根据需要上下左右拖动单元格边框,则可以改变大小。如果要根据数据来精确调整,则在表格设计工具按钮中,选择"布局"选项卡展开布局工具,在"单元格大小"工具栏中设定数据,单元格的长宽随着输入的数据改变。

在表格设计工具按钮中,选择"布局"选项卡展开布局工具,在表格中输入文字内容后,选定所有单元格,设置单元格对齐方式为"水平居中",得到如表3-1所示的效果。

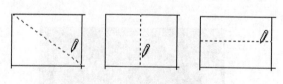

图3-40　绘制表格画线方法

其中,"绘制表格"工具常用于修改已有表格的结构,可在表格中手工添加斜线、竖线和横线,操作简单方便。首先选中要修改的表格,单击"绘制表格"按钮,指针变为铅笔状时,用鼠标拖动画线,如图3-40所示。

"擦除"工具用于擦除一条或多条不需要的线条,单击"擦除"按钮,指针会变为橡皮擦状,单击要擦除的线条即可将其擦除。

任务三　格式化表格

📖　**任务描述**

表格制作完成后,还需要对表格进行各种格式的修饰,可以通过设置表格的边框及底纹样式来达到更好的视觉效果。本次任务是设置表格的边框和底纹,使用户掌握格式化表格的基本操作。

📖　**任务分析**

设置"个人简历"表格的边框和底纹,其中表格的外边框为"2.25磅";"应聘职位"行的上下边框线为"双线";"奖励"行的上边框及"工作经历"行的上下边框为"1.5磅";"照片"单元格的底纹为主题颜色"茶色,背景色2,深色10%",效果如表3-1所示。

📖　**知识链接**

1. 表格的快速样式

无论是新建的空表,还是已经输入数据的表格,都可以使用表格的快速样式来设置表格的格式,如将阴影、边框、底纹和其他丰富的格式元素应用于表格。将插入点置于要进行格式化的表格中,选择"设计"选项卡,在"表格样式"选项组中选择一种样式,即可在文档中预览此样式的排版效果,也可以单击"表格样式"选项右下角的"其他"按钮,打开其他表格样式选项。如图3-41所示。

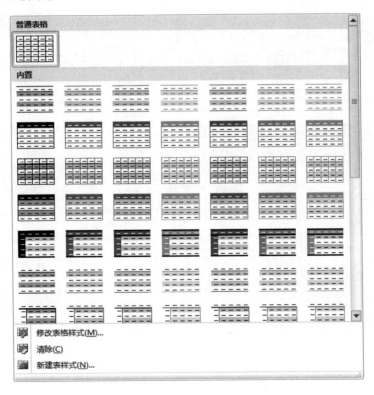

图3-41　表格快速样式

在"表格格式选项"组中包含6个复选框,这些选项让用户决定将特殊样式应用到哪些区域。

任务实施

① 打开"个人简历"文档，选定整个表格，选择"设计"选项卡，在功能区单击"笔划粗细"在下拉选项中选择"2.25磅"，如图3-42所示；再

单击"边框"按钮并在下拉选项中选择"外侧框
线"，如图3-43所示，设置好表格的外边框。此
外，可以在选定整个表格后，右击鼠标，在弹出的
快捷菜单中选择"边框和底纹"选项，弹出"边框
和底纹"对话框，如图3-44所示，在这里可以设置
表格边框和底纹及页面边框。

② 选定"应聘职位"行，单击"笔样式"在下拉
列表中选择"双线"；再单击"边框"按钮并在下拉
列表中选择"下框线"及"上框线"。用以上方法，
设置"奖励"行的上边框及"工作经历"行的上下
边框为"1.5磅"。

图3-42 "笔划粗细"下拉选项

③ 选定"照片"单元格，单击"底纹"在下拉选项中选择主题颜色为"茶色，背景色2，深色
10%"。

图3-43 "边框"下拉选项

项目四 制作产品使用说明书

产品使用说明书是向用户简要介绍产品使用过程中注意事项的一种手册类型的应用文

图 3-44 "边框和底纹"对话框

体。公司发售产品时都会附上产品使用说明书,描述该产品所具有的功能及使用方法。本项目的任务是制作一份产品使用说明书。本次任务要求用户掌握在 Word 文档中插入封面、设置页眉页脚和页码、添加水印效果、制作目录、利用样式格式化文档等操作,具备处理长篇文章的排版能力。

任务一 制作封面

📖 任务描述

在制作产品使用说明书时,先制作一个简洁美观的封面,用于产品对象及产品特征的说明。本次任务是给"产品使用说明书"制作封面,效果如图 3-45 所示。

📖 任务分析

打开"产品使用说明书"文档,给该说明书制作封面,封面样式为"拼板型",输入相应的文本内容,并删除不需要的内容,结果如图 3-45 所示。

📖 知识链接

插入封面

通过使用插入封面功能,用户可以借助 Word 2010 提供的多种封面样式为 Word 文档插入风格各异的封面,生成的封面自动置于文档首页。此功能使用起来简单、快捷、方便,大大提高文档排版的效率。

图 3-45 封面效果

📖 任务实施

打开"产品使用说明书"文档,选择"插入"选项卡,在功能区单击"封面"按钮,在打开的下拉选项中选择"拼板型"封面样式,如图 3-46 所示,该封面样式就应用到文档的第一页中。

在"年"文本框中设置其年份为"2012"；在标题文本框输入文本"产品使用说明书"；在副标题文本框输入文本"MI-ONE"；删除摘要文本框及封面右下角的文字信息。

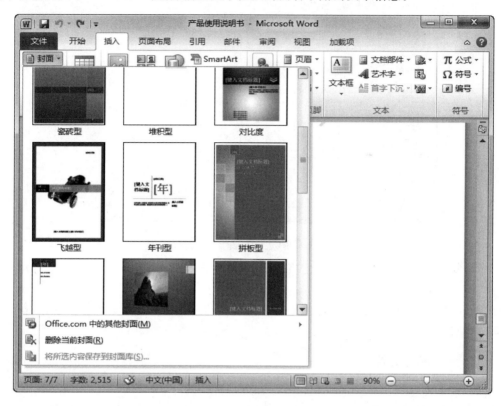

图 3-46　封面样式

任务二　应用样式格式化文档

📖 任务描述

在文档中运用样式时，系统会自动套用该样式所包含的所有格式设置，这样将有效地提高排版工作的效率。本次任务要求用户通过应用样式格式化"产品使用说明书"文档，掌握应用样式的基本操作。

📖 任务分析

应用样式格式化"产品使用说明书"文档，其中，标题应用"标题"样式，一级标题应用"标题1"样式，二级标题应用"标题2"样式，三级标题应用"标题3"样式，结果如图3-47所示。

📖 知识链接

设置标题样式和层次

在 Word 文档中，经常需要编辑具有很多级别标题的文档，如果针对每个段落标题都进行字体、字号等设置会很耽误时间。我们可以使用 Word 中的样式对文档进行快速设置。此外，运用样式对文档层次结构进行的设定是自动编制目录的前提条件。

📖 任务实施

① 打开"产品使用说明书"文档，选定标题，单击"开始"选项卡，在"样式"组中选择"标题"样式，此时"标题"样式就应用到选中的文本上，如图3-48所示。

手机使用说明书

第1章 MI-ONE 概览

1.1 概览

1.1.1 电源键

短按：开机、锁定屏幕、点亮屏幕；
长按：弹出静音模式／飞行模式／访客模式／重新启动／关机对话框。

1.1.2 主屏幕键

屏幕锁定时，短按点亮屏幕；
解锁后，在任何界面，点击返回主屏幕；长按，显示近期任务窗口。

1.2 随机配件

USB2.0 数据线
电源线适配器
专用电池
保修证书
入门指南

第2章 使用入门

2.1 重要提示

为了避免不必要的物音出现，请在使用小米手机以前注意以下信息。
请不要在禁止使用无线设备的地方开机。如飞机、标明不可使用手机的医疗各所和医疗设备附近。
请不要在使用设备会引起干扰或危险的地方开机。 如加油站、燃料或化学制品附近、 爆破地点附近等。

图 3-47 应用样式格式化文档

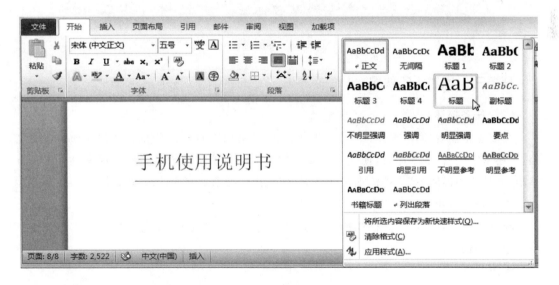

图 3-48 设置"标题"样式

② 按住"Ctrl"键分别选中所有的一级标题，选择完成后，单击"开始"选项卡，在"样式"组中选择"标题1"样式，这时，所有被选中的一级标题都应用了"标题1"的样式。也可以设置好一个一级标题，用格式刷复制格式，再应用到其他一级标题中。

③ 运用以上方法设置好二级标题及三级标题的样式，得到如图3-47的效果。

应用样式格式化文档后，多级别标题的文档更方便管理和查阅，可通过"导航窗格"快速浏览各标题下的内容。调出"导航窗格"的方法：在"视图"选项卡下的"显示"组中选中"导航窗格"单选按钮,可以看到树状的各级标题,如图3-49所示。在"导航窗格"单击标题即可显示相应的内容。

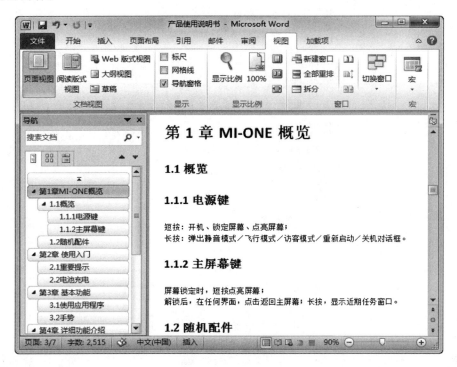

图3-49　导航窗格

任务三　添加水印效果

📖 任务描述

我们经常需要使用Word编辑一些办公文档,有时在打印一些重要文件时还需要给文档加"秘密""保密"的水印,以便让获得文件的人都知道该文档的重要性和保密性。本任务是给"产品使用说明书"文档添加水印效果,使用户掌握添加水印的基本操作。

📖 任务分析

给"产品使用说明书"文档添加文字水印,文字内容为"MI-ONE"。

📖 知识链接

水印效果

Word提供了图片水印和文字水印等水印设置功能,用户可以根据需要选择插入合适的水印样式,也可以自定义水印内容和格式,操作简单方便。

📖 任务实施

打开"产品使用说明书"文档,单击"页面布局"选项卡,在"页面背景"组中选择"水印"→"自定义水印"选项,弹出"水印"对话框,在此对话框中设置"文字水印"语言为"英语(美国)",文字为"MI-ONE",如图3-50所示。单击"应用"或"确定"按钮完成插入水印的操作。

图 3-50　"水印"对话框

任务四　导出目录

📖　**任务描述**

使用目录可以使文档的结构更加清晰,便于阅读者对整个文档进行快速查找和定位。本任务是为"产品使用说明书"文档添加目录,要求用户掌握编制目录的基本操作。

📖　**任务分析**

使用自动生成目录的方法在"产品使用说明书"文档第一页添加目录,采用"自动目录1"样式,并设置标题"目录"字号为"小四""居中对齐",设置目录内容的段落格式为"1.5 倍行距",结果如图 3-51 所示。

目录

图 3-51　目录

📖 **知识链接**

1. 插入目录的方式

插入目录的方式有手动添加目录、自动生成目录和自定义生成目录三种。使用自动生成目录功能可以很方便的生成目录，但是以这种方式生成的目录无法修改目录的显示效果；使用自定义生成目录的方式可以按照用户的需求生成目录。

对于应用了内建样式的文档，用户可以直接生成相应的目录内容。将插入点定位于需插入目录的位置，选择"引用"选项卡，在"目录"组中单击"目录"按钮，在下拉列表中可以选择插入目录的方式。选择"插入目录"选项可以打开"目录"对话框，如图 3-52 所示，在对话框中可设置目录的格式，单击"选项"按钮还可以设置目录选项，如图 3-53 所示。

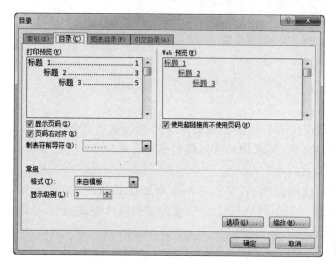

图 3-52　"目录"对话框

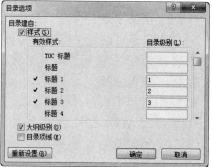

图 3-53　"目录选项"对话框

2. 更新目录

如果文档完成后发现有些地方必须要进行修改，修改后会发现标题章节及标题所在页码已经发生了变化，而目录中的页码没有同步更新，这时可以更新目录。选择"引用"选项卡，在"目录"组中单击"更新目录"按钮打开"更新目录"对话框。在对话框中可以选择"只更新页码"，也可以选择"更新整个目录"。

📖 **任务实施**

将插入点定位于"产品使用说明书"文档中需要添加目录的位置，选择"引用"选项卡，在"目录"组中单击"目录"按钮，在下拉列表中选择"自动目录 1"样式选项插入目录。在插入的目录中，设置标题"目录"字号为"小四""居中对齐"，设置目录内容的段落格式为"1.5 倍行距"，其目录效果如图 3-51 所示。

任务五　设置页眉/页脚和页码

📖 **任务描述**

在制作产品使用说明书时，为方便用户查看和阅读，通常需要添加页眉页脚及页码内容，以显示文档的页数和一些相关的信息。本次任务是为"产品使用说明书"文档添加页眉/页脚和页码，要求用户掌握添加页眉/页脚和页码的基本操作。

📖 **任务分析**

给"产品使用说明书"文档设置页眉页脚和页码,其中页眉采用"空白"样式,页眉内容为"产品使用说明书";插入页脚内容为"MI-ONE";在页脚中间位置插入页码,页码格式为"第1页,第2页,……"。

📖 **知识链接**

1．添加页码

如果希望每个页面都显示页码,并且不希望包含任何其他信息(例如,文档标题或文件位置),可以快速添加库中的页码,也可以创建自定义页码。

(1)从库中添加页码

在"插入"选项卡上的"页眉和页脚"组中,单击"页码"按钮选择所需的页码位置,如图 3-54 所示,滚动浏览库中的选项,然后单击所需的页码格式。若要返回文档正文,则单击"设计"选项卡(位于"页眉和页脚工具"下)上的"关闭页眉和页脚"按钮。

(2)添加自定义页码

库中的一些页码含有总页数(第 X 页,共 Y 页)。如果要创建自定义页码,操作步骤如下。

① 双击页眉区域或页脚区域(靠近页面顶部或页面底部),打开"页眉和页脚工具"下的"设计"选项卡,执行下列操作:

图 3-54 插入页码

若要将页码放置到中间,请单击"设计"选项卡"位置"组中的"插入'对齐方式'选项卡",单击"居中"单选按钮,再单击"确定"按钮。

若要将页码放置到页面右侧,请单击"设计"选项卡"位置"组中的"插入'对齐方式'选项卡",单击"右对齐"单选按钮,再单击"确定"按钮。

② 输入"第"和一个空格。

③ 在"插入"选项卡上的"文本"组中,单击"文档部件"→"域",打开"域"对话框,如图 3-55 所示。在"域名"列表中,选择"Page",再单击"确定"按钮。

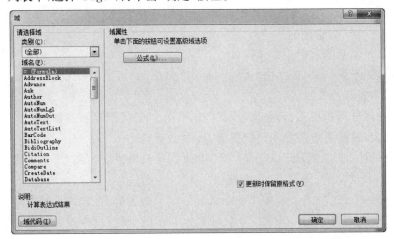

图 3-55 "域"对话框

④ 在该页码后键入一个空格,再依次输入"页"逗号"共",然后再键入一个空格。

⑤ 单击"文档部件"→"域",在"域名"列表中,选择"NumPages",再单击"确定"按钮。

图 3-56 "页码格式"对话框

⑥ 在总页数后键入一个空格,再输入"页"。

⑦ 若要更改编号格式,请单击"页眉和页脚"组中的"页码"→"设置页码格式",打开如图 3-56 所示的"页码格式"对话框进行设置。若要返回至文档正文,请单击"设计"选项卡上的"关闭页眉和页脚"。

【说明】Page(表示页码),NumPages(表示文档的总页数)。

2. 从文档第二页开始编号

① 插入页码后,双击页眉区域打开"页眉和页脚工具"下的"设计"选项卡,在"选项"组中选中"首页不同"复选框,如图 3-57 所示。

图 3-57 页眉和页脚工具

② 若要从 1 开始编号,请单击"页眉和页脚"组中的"页码"→"设置页码格式",然后单击"起始编号"并输入"1"。

③ 若要返回至文档正文,请单击"设计"选项卡上的"关闭页眉和页脚"。

3. 从文档其他页面开始编号

若要从其他页面而非文档首页开始编号,在要开始编号的页面之前需要添加分节符。

① 单击要开始编号的页面的开头(按"Home 键可确保光标位于页面开头)。

② 在"页面布局"选项卡上的"页面设置"组中,单击"分隔符"→"下一页"。

③ 双击页脚区域打开"页眉和页脚工具"选项卡,在"页眉和页脚工具"的"导航"组中,单击"链接到前一节"以禁用它。

④ 在要开始编号的页面添加页码。

⑤ 若要从 1 开始编号,请单击"页眉和页脚"组中的"页码"→"设置页码格式",然后单击"起始编号"并输入"1"。

⑥ 若要返回至文档正文,请单击"设计"选项卡上的"关闭页眉和页脚"。

4. 在奇数和偶数页上添加不同的页眉、页脚或页码

① 双击页眉区域或页脚区域打开"页眉和页脚工具"选项卡,在"页眉和页脚工具"选项卡的"选项"组中,选中"奇偶页不同"复选框。

② 在其中一个奇数页上,添加要在奇数上显示的页眉、页脚或页码编号。

③ 在其中一个偶数页上,添加要在偶数页上显示的页眉、页脚或页码编号。

5. 删除页眉、页脚和页码

① 双击页眉、页脚或页码。

② 选择页眉、页脚或页码。

③ 按"Delete"键删除。

④ 在具有不同页眉、页脚或页码的每个分区中重复以上步骤。

📖 **任务实施**

① 在"插入"选项卡上的"页眉和页脚"组中,单击"页眉"→"空白"样式,在页眉的文本框上输入内容"产品使用说明书"。

② 双击页脚区域,把插入点移至页脚居中位置,单击"页眉和页脚"组中的"页码"→"当前位置"→"普通数字"插入页码。

③ 在页码数字前面输入"第"字,在数字后面输入"页",如图 3-58 所示。

图 3-58　编辑页码

④ 单击"设计"选项卡上的"关闭页眉和页脚",返回至文档正文。

任务六　统计字数和保护文档

📖 **任务描述**

Word 具有统计字数的功能,用户可以方便地获取当前 Word 文档的字数统计信息,可以使用密码、权限和其他限制保护文档。本次任务是给"产品使用说明书"文档统计字数和设置密码,掌握统计字数和保护文档的基本操作。

📖 **任务分析**

统计"产品使用说明书"文档的字数并为其设置密码,密码为"123"。

📖 **知识链接**

保护文档的功能

为了使辛苦完成的文档不被其他人随意阅读、抄袭、篡改,可以根据具体情况选用 Office 提供的安全保护功能保护文档。打开需要设置保护的文档,单击"文件"→"信息",在"权限"窗口中单击"保护文档"按钮,可以看到 Office 提供的几种安全保护功能:标记为最终状态、用密码进行加密、限制编辑、按人员限制权限、添加数字签名,如图 3-59 所示。

① 标记为最终状态:将文档设为只读模式。Office 在打开一个已经标记为最终状态的文档时将自动禁用所有编辑功能,有助于了解文档内容,防止审阅者或读者无意中更改文档。不过标记为最终状态并不是一个安全功能,任何人都可以以相同的方式取消文档的最终状态。

② 用密码进行加密:为文档设置密码。但密码保护功能最大的问题是用户自己也容易忘记密码,而且 Microsoft 不能取回丢失的密码。

③ 限制编辑:控制可对文档进行哪些类型的更改。限制编辑功能提供了三个选项:格式设置限制、编辑限制、启动强制保护。格式设置限制可以有选择地限制格式编辑选项,我们可以单击其下方的"设置"进行格式选项自定义;编辑限制可以有选择地限制文档编辑类型,包括"修订"、"批注"、"填写窗体"及"不允许任何更改(只读)";启动强制保护可以通过密码保护或用户身份验证的方式保护文档。

④ 按人员限制权限:按人员限制权限可以通过 Windows Live ID 或 Windows 用户账

户限制 Office 文档的权限。我们可以选择使用一组由企业颁发的管理凭据或手动设置"限制访问"对 Office 文档进行保护。

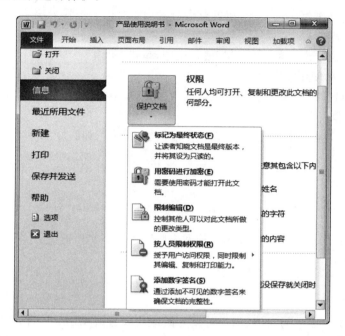

图 3-59　保护文档

⑤ 添加数字签名：添加数字签名也是一项流行的安全保护功能。数字签名以加密技术作为基础，帮助减轻商业交易及文档安全相关的风险。如需新建自己的数字签名，我们必须首先获取数字证书，这个证书将用于证明个人的身份，通常会从一个受信任的证书颁发机构（CA）获得。如果我们没有自己的数字证书，可以通过微软合作伙伴 Office Market place 处获取，或者直接在 Office 中插入签名行或图章签名行。

📖　**任务实施**

① 打开"产品使用说明书"文档，单击"审阅"选项卡，在"校对"组中单击"字数统计"按钮，打开"字数统计"对话框，显示文档的字数统计信息。

② 单击"文件"选项卡→"信息"，在"权限"窗口中单击"保护文档"→"用密码进行加密"，输入加密密码和确认密码"123"，单击"确定"按钮完成密码设置。

项目五　Word 2010 高效办公应用

Word 2010 部分功能高效实用，能大大提高办公的效率。本项目有几个工作任务，要求用户通过本次工作任务掌握邮件合并、查找与替换、设置脚注和尾注及共享文档等操作，并具备处理长篇文章的排版能力。

任务一　邮件合并

日常工作生活中，经常需要发送通知、请柬、奖状、毕业证等，这些文档的大部分内容相同,少部分内容变化。为了提高工作效率,可以使用邮件合并的方式来完成。

📖 任务描述

学校在举行完校运动会后,准备给获奖选手颁发奖状。奖状模板及获奖数据已经汇总完毕,现要求使用邮件合并的方法快速制作奖状。

📖 任务分析

使用邮件合并的方法,利用"奖状模板"和"获奖数据"两个文档内容制作奖状。

📖 知识链接

邮件合并的步骤

邮件合并的一般操作步骤如下。

① 创建主文档和数据源文件。

② 设置主文档类型。

③ 打开数据源文件。

④ 插入合并域。

⑤ 预览合并结果。

⑥ 合并到新文档。

📖 任务实施

① 打开主文档"奖状模板",单击"邮件"选项卡,在"开始邮件合并"组中,单击"开始邮件合并"→"信函"。

② 在"开始邮件合并"组中,单击"选择收件人"→"使用现有列表",弹出"选择数据源"对话框,选择"获奖数据"文档作为数据源文件。

③ 在"编写和插入域"组中,单击"插入合并域"→"姓名",重复此步骤插入"项目"及"名次"合并域,结果如图 3-60 所示。

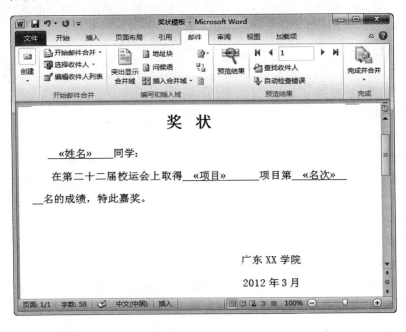

图 3-60 插入合并域

④ 在"预览结果"组中，单击"预览结果"按钮预览合并数据的效果。

⑤ 在"完成"组中，单击"完成并合并"→"编辑单个文档"，弹出"合并到新文档"对话框，在这个对话框中，选中"全部"，单击"确定"按钮即可得到最终结果，如图 3-61 所示。

奖　状

　　___郑含因___　同学：

　　　　在第二十二届校运会上取得___短跑_____项目第___一___名的

成绩，特此嘉奖。

广东 XX 学院

2012 年 3 月

奖　状

　　___李海儿___　同学：

　　　　在第二十二届校运会上取得___跳远_____项目第___一___名的

成绩，特此嘉奖。

广东 XX 学院

2012 年 3 月

图 3-61　邮件合并结果

任务二　查找与替换

📖　**任务描述**

编辑文档时，可使用查找功能快速定位到文本的位置，可使用替换功能批量修改字符和字符格式。本任务要求使用查找与替换功能批量修改文档中的内容。

📖　**任务分析**

使用查找与替换的方法，删除文档"笑"中的所有空格，以及将文中所有"笑"字的格式设置为"楷体""三号""红色"。

📖　**知识链接**

查找与替换

Word 的替换功能非常强大，在对长文档进行处理时，可以批量更改或者进行格式设置。在进行替换操作时，如果文档中有选择的内容，可以指定 Word 首先在选择的文本中进行搜索和替换。利用好这一点，我们可以顺利完成一些特殊操作，提高编辑效率。

要删除"查找内容"或"替换为"文本框内容的格式，只需选定文本框的内容，单击"不限定格式"按钮即可清除格式。

📖　**任务实施**

① 打开文档"笑"，单击"开始"选项卡，在功能区中单击"编辑"→"查找"→"高级查找"，打开"查找和替换"对话框，切换到"替换"选项卡。

② 在"查找内容"文本框输入一个空格，单击"全部替换"按钮，完成替换后单击"确定"按钮返回"查找和替换"对话框。

③ 删除"查找内容"文本框中的空格，输入"笑"字。在"替换为"文本框中也输入"笑"字。

④ 单击"更多"按钮打开下拉选项区域。把插入点置于"替换为"文本框内，然后单击"格式"→"字体"，设置字体的格式为"楷体"、"三号"、"红色"，单击"确定"按钮返回"查找和替换"对话框，如图 3-62 所示。

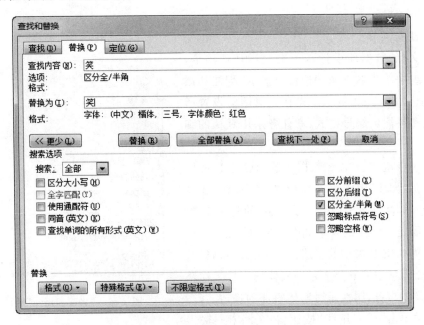

图 3-62 "查找和替换"对话框设置结果

⑤ 单击"全部替换"按钮，完成替换后单击"确定"按钮返回，再关闭"查找和替换"对话框完成操作。

任务三 添加脚注和尾注

📖 任务描述

脚注和尾注用于为文档中的文本提供解释、批注及相关的参考资料。本任务要求给文档添加脚注和尾注。

📖 任务分析

给"数据库设计"文档添加脚注和尾注，其中，为文本"3.2 数据库逻辑设计 E-R 模型"添加脚注，脚注内容为"实体-联系模型（简称 E-R 模型）"；为文本"E-R 模型的组成元素有：实体、属性、联系。E-R 模型用 E-R 图表示。实体是用户工作环境中所涉及的事务，属性是对实体特征的描述。"添加尾注，尾注内容为"萨师煊，王珊. 数据库系统概论［M］. 北京：高等教育出版社，1997.91-132."。

📖 知识链接

脚注和尾注

通常用脚注对文档内容进行注释说明，而用尾注说明引用的文献。脚注或尾注由两个连接的部分组成，即注释引用标记及相应的注释文本。在默认情况下，Word 将脚注放在每页的结尾处而将尾注放在文档的结尾处。当用户指定编号方案后，Word 会自动对脚注和尾注进行编号，可以在整个文档中使用一种编号方案，也可以在文档的每一节中使用不同的编号方案。在添加、删除或移动自动编号的注释时，Word 将对脚注和尾注引用标记进行重新编号。

键盘快捷方式：要插入后续的脚注，请按"Ctrl＋Alt＋F"；要插入后续的尾注，请按"Ctrl＋Alt＋D"。

📖 任务实施

打开文档"数据库设计"，单击"引用"选项卡，在"脚注"组中单击右下角的按钮可显示"脚注和尾注"对话框，如图 3-63 所示。先在此对话框设置所需的脚注和尾注的编号格式（本任务采用默认的编号格式）。

把插入点定位于"3.2 数据库逻辑设计 E-R 模型"后面，在"脚注"组中单击"插入脚注"按钮，在页面底端输入脚注内容"实体-联系模型（简称 E-R 模型）"。显示插入脚注的效果如图 3-64 所示。

选定文本"E-R 模型的组成元素有：实体、属性、联系。E-R 模型用 E-R 图表示。实体是用户工作环境中所涉及的事务，属性是对实体特征的描述。"，在"脚注"组中单击"插入尾注"按钮，在文档末尾输入脚注内容"萨师煊，王珊. 数据库系统概论［M］. 北京：高等教育出版社，1997. 91-132."，如图 3-65所示。

图 3-63　"脚注和尾注"对话框

远比 Access、SQL Server 强大，并提供了许多标准的关系数据库管理功能的主持。他的各种关系数据库管理系统适应于各种硬件平台，包括 实体-联系模型（简称E-R模型）

3.2　数据库逻辑设计 E-R 模型[1]

3.2.1 实体与属性之间的关系

E-R 模型的组成元素有：实体、属性、联系。E-R 模型用 E-R 图表示。实体是用户工作环境中所涉及的事务，属性是对实体特征的描述。[i]

(1)模型中的实体相当于实体集、一个表，而不是单个实体或表中的一行。实体用矩形框表示，实体名称标注在矩形框内。用菱形表示实体间的联系，菱形框内写上联系名，用无向边把菱形分别与有关实体相连接，在无向边旁标上联系的类型。

(2)属性是实体的性质。用椭圆框表示，与实体之间用一条线相连表的主码是关键属性，关键属性项加下划线。

(3)各子系统模块中主键相同的字段之间存在着相互关联的关系。

(4)在程序中实现对他们的完整性和一致性控制。

---

[1] 实体-联系模型（简称 E-R 模型）

图 3-64　插入脚注

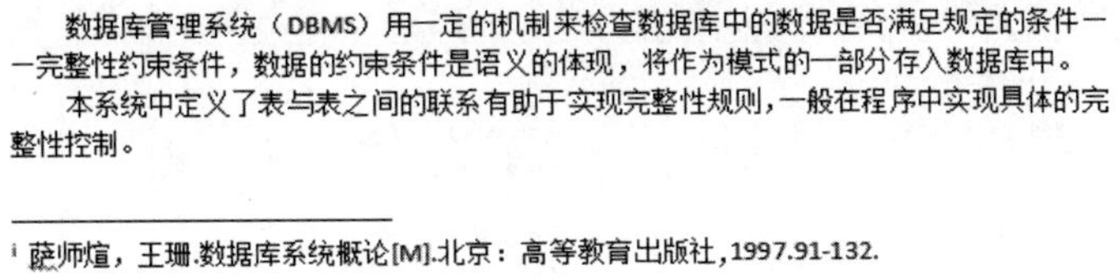

数据库管理系统（DBMS）用一定的机制来检查数据库中的数据是否满足规定的条件——完整性约束条件，数据的约束条件是语义的体现，将作为模式的一部分存入数据库中。

本系统中定义了表与表之间的联系有助于实现完整性规则，一般在程序中实现具体的完整性控制。

---

¹ 萨师煊，王珊.数据库系统概论[M].北京：高等教育出版社，1997.91-132.

图 3-65　插入尾注

任务四　共享文档

📖　任务描述

Word 2010 可以转换为其他类型的文件，增强文档的共享性。本任务要求将 Word 文档转换为其他类型的文件。

📖　任务分析

① 将 Word 文档"系统开发"发送到 PowerPoint 幻灯片上。

② 将 Word 文档"系统开发"另存为 PDF 文件。

📖　知识链接

1. 文件格式兼容性

（1）使用 Word 2010 打开 Word 2003 或更早版本的文档

Word 2010 提供了良好的向下兼容能力，能支持打开或保存先前版本的文档，无需额外设置。

（2）使用 Word 2003 打开 Word 2007 或 Word 2010 文档

若要使用 Word 2003 打开 Word 2007 或 Word 2010 文档，可选择以下两种途径。

① 使用 Word 2010 的"另存为"功能，将文档保存类型设为"Word 97-2003 文档"，生成的文档就能在早期的版本中打开。

② 安装兼容包。可以从 Office.com 下载适用于 OOXML 文件格式的 Microsoft Office 兼容包。

2. 转换为 PowerPoint 前要求设好标题样式

将 Word 文档发送到 PowerPoint 幻灯片上之前，要先通过样式设置好文档标题的层次结构，否则发送过去的内容层次很有可能是混乱的。

📖　任务实施

① 打开 Word 文档"系统开发"，单击"文件"选项卡→"选项"打开"Word 选项"对话框，在对话框中单击"自定义功能区"选项，从右侧的"所有命令"列表中找到"发送到 Microsoft PowerPoint"，将其添加到自定义工具栏，如图 3-66、图 3-67 所示。单击"发送到 Microsoft PowerPoint"命令按钮就可以将 Word 文档"系统开发"发送到 PowerPoint 幻灯片上。

② 打开 Word 文档"系统开发"，单击"文件"选项卡→"另存为"命令，打开"另存为"对话框，在"保存类型"下拉选项中选择"PDF"，单击"保存"按钮即可将文档另存为 PDF 文件。

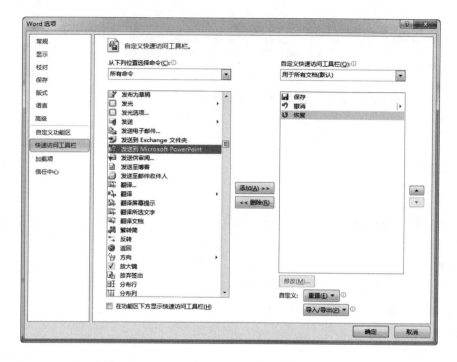

图 3-66　添加"发送到 Microsoft PowerPoint"按钮

图 3-67　新建组

 知识拓展

Word 的使用技巧

1. 插入符号和特殊符号

在文档编辑过程中，经常需要插入键盘上没有的字符，如"■""★""◆""※"，这些特殊符号可通过"符号"命令按钮及软键盘来插入。

（1）通过"符号"命令按钮插入

将插入点定位于要插入符号的位置，单击"插入"选项卡，在"符号"组中单击"符号"按钮，在弹出的下拉菜单中选择所需的符号，或者单击"其他符号"命令，打开"符号"对话框，在对话框里找到要插入的符号，如图 3-68、图 3-69所示。

图 3-68　"符号"下拉选项

（2）通过软键盘插入

将插入点定位于要插入符号的位置，切换到任意一种中文输入法，如搜狗拼音输入法，右击搜狗拼音输入法状态条的软键盘按钮（最右边键盘形状按钮），在弹出的菜单中选择需插入的符号类型，如果是特殊符号，则选择"特殊符号"选项，在弹出的软键盘中选择需插入的特殊符号。

图 3-69 "符号"对话框

2. 快速取消自动编号

虽然 Word 中自动编号功能较强大,但是在使用过程中,发现自动编号命令常常出现错乱现象。其实,我们可以通过下面的方法来快速取消自动编号。当 Word 为其自动加上编号时,您只要按下"Ctrl+Z"键操作,此时自动编号会消失,而且再次键入数字时,该功能就会被禁止了。

3. 快速去除 Word 页眉下横线

快速去除 Word 页眉下的那条横线可以用下面的四种方法:一是可以将横线颜色设置成"白色";二是在进入页眉和页脚时,设置表格和边框为"无";三是进入页眉编辑,然后选中段落标记并删除它;四是将"样式"图标栏里面的"页眉"换成"正文"就行了。

4. 快速打印多页表格标题

选中表格的主题行,选择"表格工具"的"布局"选项卡,选择功能区"数据"组的"重复标题行",当你预览或打印文件时,你就会发现每一页的表格都有标题了,当然使用这个技巧的前提是表格必须是自动分页的。

5. 插入公式

用户可以在文档中插入不同类型的公式,只需通过 Word 2010 提供的公式编辑器进行插入即可。

将插入点定位于要插入公式的位置,单击"插入"选项卡,在"符号"组中单击"公式"按钮,在下拉菜单中选择要插入的公式。或者单击"插入新公式"选项,在文档中利用"设计"选项卡中的公式工具来编辑公式,如图 3-70 所示。公式制作完成后,单击公式外的位置可退出公式编辑状态。

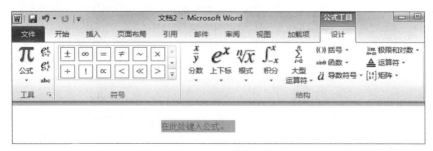

图 3-70 公式工具

6. 首字下沉

在报纸杂志上经常会看到第一段开头的第一个字格外粗大，非常醒目，这是首字下沉的效果。

将插入点置于要设置首字下沉的段落中，单击"插入"选项卡，在"文本"组中单击"首字下沉"按钮，在下拉选项中选择"下沉"选项，即可预览首字下沉的效果，如图 3-71 所示。单击"首字下沉"打开"首字下沉选项"对话框，设置首字下沉的格式，如图 3-72 所示。

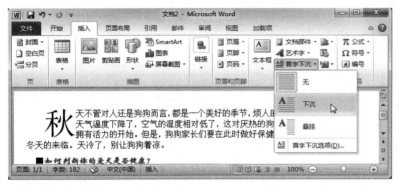

图 3-71 "首字下沉"下拉选项   图 3-72 "首字下沉"对话框

7. 表格中数据的计算与排序

Word 2010 的表格功能中提供了一些简单的计算功能，并且还提供了一系列用来计算的函数，其中，包括求和函数 SUM()、求平均值函数 AVERAGE()、计数函数 COUNT()、求最大值函数 MAX()、求最小值函数 MIN()等。

（1）单元格的引用

表格中的每个单元格都对应着一个唯一的引用编号。编号的方法是以 1，2，3，……，代表单元格所在的行，以字母 A，B，C，……，代表单元格所在的列。

例如，A2 表示第 2 行第 A 列；B3 表示第 3 行第 B 列；A2：B3 表示以 A2 单元格为左上角，以 B3 单元格为右下角构成的一块矩形单元格。

（2）表格中数据的计算

在公式中可以引用当前单元格的左边、右边和上面来定义一组单元格，例如："＝SUM(LEFT)"表示对当前单元格左边的数据求和。"＝SUM(RIGHT)"表示对当前单元格右边的数据求和。"＝SUM(ABOVE)"表示对当前单元格上方的数据求和。

例如，给如表 3-2 所示的成绩表计算总分，其操作步骤如下。

表 3-2 成绩表

姓名	语文	数学	总分
张权	87	67	
王伟明	76	85	
黄玉娟	78	67	
李文华	90	88	

① 将插入点移到存放运算结果的单元格 D2。

② 单击"布局"选项卡，在"数据"组中单击"公式"按钮，打开"公式"对话框，如图 3-73 所示。

③ 可以使用文本框中原有的公式,也可以输入公式"＝B2＋C2"或者"＝SUM(B2：C2)",单击"确定"按钮完成计算。

④ 用类似的方法算计其他同学的总分,结果如表3-3所示。

图3-73　"公式"对话框

表3-3　成绩表的总分结果

姓名	语文	数学	总分
张权	87	67	154
王伟明	76	85	161
黄玉娟	78	67	145
李文华	90	88	178

（3）表格中数据的排序

用户可以对表格内容按字母顺序、数字大小、日期先后或笔画的多少进行升序或降序的排序。先要选择一列作为排序的依据,当该列(称为主关键字)内容有多个相同的值时,则根据另一列(称为次关键字)排序,依次类推,最多可选择三个关键字排序。

单击"布局"选项卡,在"数据"组中单击"排序"按钮,可打开"排序"对话框设置排序方式,如图3-74所示。

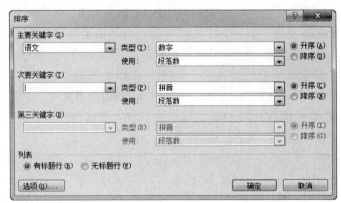

图3-74　"排序"对话框

8. 将表格转换为文本

为了操作方便,有时候需要将表格转换为文本。例如,若要将表3-1所示的成绩表转换为文本,先选定整个表格,单击"布局"选项卡,在"数据"组中单击"转换为文本"按钮,弹出"表格转换成文本"对话框,如图3-75所示。在"文字分隔符"选项中选中"逗号"复选框,单击"确定"按钮即可将表格转换成文本,结果如图3-76所示。

图3-75　"表格转换成文本"对话框

姓名, 语文, 数学, 总分
张权, 87, 67, 154
王伟明, 76, 85, 161
黄玉娟, 78, 67, 145
李文华, 90, 88, 178

图3-76　表格转换为文本的结果

练 习 三

一、选择题

1. 在 Word 的编辑状态,连续进行了两次"插入"操作,当单击两次"撤消"按钮后(　　)。

    A. 将第一次插入的内容全部取消　　　B. 将两次插入的内容全部取消

    C. 将第二次插入的内容全部取消　　　D. 两次插入的内容都不被取消

2. Word 2010 文档默认的扩展名为(　　)。

    A. .mdb　　　　　B. .docx　　　　　C. .xlsx　　　　　D. .txt

3. 在 Word 文本编辑区中有一个闪烁的粗竖线,它是(　　)。

    A. 段落分隔符　　B. 鼠标光标　　　C. 分节符　　　　D. 插入点

4. 在 Word 的(　　)视图方式下,可以显示分页效果。

    A. 阅读版式　　　B. 大纲　　　　　C. 页面　　　　　D. Web 版式

5. 在 Word 中,下列不属于文字格式的是(　　)。

    A. 分栏　　　　　B. 字号　　　　　C. 字形　　　　　D. 字体

6. 在 Word 中查找和替换正文时,若操作错误,则(　　)。

    A. 必须手工恢复　　　　　　　　　　B. 有时可恢复,有时就无可挽回

    C. 无可挽回　　　　　　　　　　　　D. 可用"撤消"来恢复

7. 在 Word 的编辑状态下,进行字体设置操作后,按新设置的字体显示的文字是(　　)。

    A. 插入点所在段落中的文字　　　　　B. 文档中被选择的文字

    C. 插入点所在行中的文字　　　　　　D. 文档的全部文字

8. 在 Word 的编辑状态下,选择了文档全文,若在"段落"对话框中设置行距为 20 磅的格式,应当选择"行距"列表框中的(　　)。

    A. 单倍行距　　　B. 1.5 倍行距　　C. 固定值　　　　D. 多倍行距

9. Word 的样式是一组(　　)的集合。

    A. 格式　　　　　B. 模板　　　　　C. 公式　　　　　D. 控制符

10. 在 Word 中,下列关于标尺的叙述,错误的是(　　)。

    A. 水平标尺的作用是缩进全文或插入点所在的段落、调整页面的左右边距、改变表的宽度、设置制表符的位置等

    B. 垂直标尺的作用是缩进全文、改变页面的上、下宽度

    C. 利用标尺可以对光标进行精确定位

    D. 标尺分为水平标尺和垂直标尺

11. 在 Word 中,(　　)用于控制文档在屏幕上的显示大小。

    A. 页面显示　　　B. 全屏显示　　　C. 显示比例　　　D. 缩放显示

12. 若同时打开多个 Word 文档窗口,则下面关于活动窗口的描述中,(　　)是不正确的。

    A. 活动窗口的标题栏是高亮度的　　　B. 光标插入点只能在活动窗口中闪烁

    C. 桌面上可以没有一个活动窗口　　　D. 桌面上可以同时有两个活动窗口

13. Microsoft Word 的页眉/页脚功能,无法实现的操作是(　　)。

A. 在页眉和页脚区域都设置页码　　　B. 将图片设置成页眉

C. 在同一节文本中设置不同的页脚　　D. 在不同节的文本中设置相同的页眉

14. 假设插入点在文档中的某个字符之后,当选择某个样式时,该样式就对当前(　　)起作用。

A. 行　　　　　　B. 列　　　　　　C. 段　　　　　　D. 页

15. 在 Word 中,若要对表格的一行数据合计,正确的公式是(　　)。

A. =sum(above)　　　　　　　　B. =average(left)

C. =sum(left)　　　　　　　　　D. =average(above)

二、上机实训

实训一　设计电子板报

📖　实训目的

利用 Word 2010 强大的文档排版功能(字符排版、段落排版、页面排版、多栏编辑、图文混排、艺术字等)设计图文并茂、内容丰富的电子板报。

📖　实训内容

① 打开文档"板报设计.docx",进行页面设置。纸张规格:A4(21 cm×29.7 cm),纸张方向:横向。页边距调整:上边界为 3.1 cm,下边界为 3.1 cm,左边界为 3.2 cm,右边界为 3.2 cm。

② 将文档显示方式调整为"页面视图",并调整"显示比例"为 100%。

③ 将全文分三栏显示,栏间加分隔线,并设置如下值:一栏栏宽为 7 cm,栏间距为 0.75 cm;二栏栏宽为 6.8 cm,栏间距为 0.75 cm;三栏栏宽为自动调整;应用范围为整个文档。

④ 全文字体设置为宋体,小五号;其中,"古今第一长联":楷体,四号;联内诗句:黑体,小五号。通过"打印预览"观察分栏效果,使所有文字均在同一页。

⑤ 制作"凡事多往好的方向想"标题,具体如下。

在文章首行插入样张所示图片,然后再插入一文本框,框线无颜色,无填充。在所绘文本框内输入"凡事多往好的方向想"几个汉字。并将之设定为:楷体、小四号、红色。自己适当调整图形对象的大小如样张所示。

⑥ 在第一栏插入如样张所示的趣味图片。其中"危险"字样的背景色为橘黄色。

⑦ 制作如样张所示"师生问读"标题:

要求:"师生问读"为仿宋体、小四号、居中;背景色为天蓝色。

⑧ 制作"庄子与伊人神游"标题:

如样张所示插入艺术字标题,自己适当调整图形的大小。

⑨ "精品屋"的制作。

• 首先对长诗进行段落设置:选定长诗,设置左缩进 2 厘米,右缩进 0 厘米。

• 插入如图所示玫瑰花作为长诗的底纹图案。

• 如样张所示插入房门图片,然后在图片上加上竖排文本框,框内加上"精品屋"三字:宋体、四号、红色。文本框边框和底纹都设置为无。

⑩ 将排版后的文档,以"板报设计结果.docx"为文件名保存在计算机的 D 盘。

电子板报设计结果如图 3-77 所示。

图 3-77　"电子板报设计结果"效果

实训二　表格的制作

1. 制作职工工资表

📖　**实训目的**

利用 Word 2010 丰富的制表功能，制作职工工资表。

📖　**实训内容**

① 使用插入表格的方法创建一个 5 行 4 列的表格。

② 给该表格绘制斜线表头。

③ 在表格中输入内容，如表 3-4 所示。

表 3-4　工资表具体参数　　　　　单位：元

姿名＼工资	基本工资	津贴	奖金
张三	5 000	500	800
李四	5 000	500	800
王五	5 000	500	800
赵六	5 000	500	800

④ 在表格最右边插入一列，输入列标题"实发工资"；在表格最下边插入一行，输入行标题"平均值"。

⑤ 在表格上面插入表标题,内容为"职工工资表",字体为黑体,字号为四号,居中对齐。

⑥ 将表格中所有单元格设置为水平居中、垂直居中,设置整个表格水平居中。

⑦ 在表格中,使用公式计算各职工实发工资以及各项工资的平均值。

⑧ 将表格中的数据按照"实发工资"降序排列。

⑨ 设置表格外框线为 2.25 磅的粗线,内框线为 1 磅的细线。

⑩ 设置表格第一行下框线为双框线。

⑪ 为表格第一行添加浅绿色底纹。

完成后,把该文档以"职工工资表.docx"命名保存在计算机的 D 盘。

2. 制作人事资料表

📖 **任务描述**

当一位新员工到一个单位时,他要做的第一件事往往是填写一份人事资料表。如何制作一份实用、美观的人事资料表,是人事部门和行政助理需要掌握的技能。

📖 **任务要求**

① 综合运用表格的创建、单元格合并与拆分。

② 给表格添加边框和底纹。

③ 设置单元格对齐方式,并插入符号。

制作好的人事资料表如图 3-78 和图 3-79 所示。

🖋 人事资料表

个人资料			
姓名		性别	
出生日期		到职日期	
所属部门		职位名称	
家庭电话		移动电话	
紧急联系人		电话	
Email Address			
家庭地址			
户籍地址			

教育背景			
毕业院校	学历	专业	时间

工作经历及培训情况			
所在公司 / 培训机构			
担任职位 / 培训内容			
时间			
工作成效 / 培训成果			

图 3-78 "人事资料表"第一页

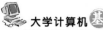
图 3-79 "人事资料表"第二页

实训三 毕业论文排版

📖 **实训目的**

利用 Word 2010 的排版功能,对毕业论文进行排版。

📖 **实训内容**

① 页面设置:统一用 A4 纸(210 mm×297 mm),边距设为上 2.54 cm、下 2.54cm、左 3 cm、右 2.2 cm;行距固定值 20 磅。

② 中英文摘要设置:中文标题"内容摘要"四个字用三号粗黑体,其正文用四号宋体。英文内容摘要即标题词"Abstract"用三号 Times New Roman 字体加粗,其正文用 Times New Roman 四号。中英文摘要正文均以空两格格式开始行文。中文的"关键词"和英文的"Keywords"分别用黑体四号和 Times New Roman 四号,并加粗左对齐。正文分别用四号宋体和四号 Times New Roman。

③ 毕业论文中的英文均采用 Times New Roman 字体,其字体号与其对应的部分(注:正文、注释等)一致。

④ 论文正文中,换章必须换页,没有按章节安排结构的无须换页。

⑤ 第一级标题用三号黑体,居中且段前段后各一行。

⑥ 第二级标题用小三黑体,靠左空两个字符,上下空一行。

⑦ 第三级标题用四号黑体,靠左空两个字符,不空行。

⑧ 正文小四号字宋体,行距为固定值 20 磅。

⑨ 图题及图中文字用 5 号宋体。

⑩ 参考文献另起一页,参考文献标题用三号粗黑体,居中上下空一行,参考文献正文为五号宋体,英文参考文献正文用 Times New Roman 五号。

⑪ 附录标题用三号黑体,居中上下空一行,附录正文为小四号宋体。

⑫ 致谢标题用三号黑体,居中上下空一行,致谢正文为小四号宋体。

⑬ 注释标题用三号黑体,居中上下空一行,注释正文为小四号宋体。

⑭ 目录设置:在英文摘要下一页插入论文目录。目录格式:目录标题用宋体三号加粗,下空一行。一级标题用黑体四号加粗,二级和三级标题用宋体四号,目录行间距为 25 磅。目录要更新到最终状态。

⑮ 页眉从正文页开始设置。页眉靠左的部分为:广东××××××学院,靠右的部分为论文的题目。字体采用黑体小五号。

⑯ 页脚从正文页开始设置页码。页码采用五号黑体,加粗居中放置,格式:第 1 页。

实训四　制作成绩通知单

📖　**实训目的**

利用 Word 2010 的邮件合并功能,制作成绩通知单

📖　**实训内容**

以"成绩通知单.docx"为主文档、以"成绩数据表.docx"为数据源文档进行邮件合并,将最后合并的新文档以成绩通知单结果.docx"为文件名保存在计算机的 D 盘。

邮件合并结果如图 3-80 所示。

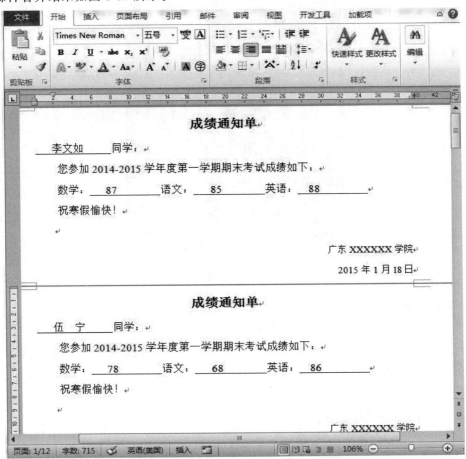

图 3-80　成绩通知单结果

实训五　产品广告设计

1．制作企业刊物封面

📖 **任务描述**

在企业的发展过程中，树立企业文化形象是企业不断壮大的重要因素，企业文化的传播有多种途径，如创办一份企业刊物便是企业文化建设过程中一个有效的举措。请为企业刊物制作一个封面。

📖 **任务要求**

① Word 2010 提供了几十种样式供用户选择。

② 根据实际需要对所选择的样式进行排版位置、颜色、大小的设计。

设计后的企业刊物封面如图 3-81 所示。

图 3-81　企业刊物封面

2．制作贺卡

📖 **任务描述**

每到节日来临之际，同学、朋友之间为了表示祝贺经常相互发送贺卡，因此学会使用 Word 2010 制作贺卡很有必要。

📖 **任务要求**

① 制作贺卡需要绘制基本图形（如椭圆形、矩形等），并填充颜色。

② 需要插入图片、剪贴画，并调整位置及大小。

③ 需要插入艺术字并按需要进行编辑。

④ 在绘制的图形中输入文字。

制作后的贺卡效果如图 3-82 所示。

图 3-82　教师节贺卡

模块四　电子表格 Excel 2010

 **学习目标**

- 掌握电子表格的基本操作。
- 掌握电子表格的格式化处理。
- 学会用图表统计分析表格信息。
- 熟悉电子表格数据信息的管理。

Web2.0 时代是信息爆炸的时代,我们都处于信息的海洋中,如何有效地获取数据并对其进行分析、管理已是我们日常生活、学习、工作中不可或缺的一项技能。因此,我们应该了解数据处理的方法,学会利用 Excel 这个专门用于处理、分析、管理数据的软件,更好的为我们服务。

Office 经过不断地升级改版,到如今的 Office 2010 版,在导航、布局方面与 Office 2003 版有很大的区别,其在保持与 2007 版界面一致性的基础上,又提供了一些更强大的功能。Excel 2010 的特点和功能可以概括为以下几点。

① 较强的制表能力。Excel 既可以自动生成规范的表格,也可以根据用户的要求生成复杂的表格,而且表格的编辑、修改十分灵活方便。

② 较强的数据处理和数据链接能力。用户可以通过在单元格中建立公式实现数据的自动处理和链接。

③ 内置了大量的函数。用户可以直接引用这些函数,极大地方便了用户对各种数据处理的需求。

④ 具有便捷的图表生成能力。用户可以根据表格中枯燥的数据迅速便捷生成各种直观生动的图表,并且还允许用户根据需要修改及自定义图表。

⑤ 具有较强的格式化数据表格和图表地能力。用户可以方便灵活地使用 Excel 提供的格式化功能,使生成的数据表格或图表更加美观、清晰。

⑥ 具有较强的打印控制能力。既允许用户通过屏幕预览打印效果,也允许用户控制调整打印格式。

⑦ 具有较强的数据分析和管理能力。用户可以使用 Excel 提供的数据分析工具进行数据分析,使用 Excel 提供的数据管理功能对表格中的数据排序或筛选。

⑧ 具有较强的数据共享能力。Excel 可以与其他应用系统相互交换共享工作成果。特别是 Excel 既可以方便地从数据库文件中获取记录,还可以将 Excel 的工作簿文件直接转换为数据库文件。

下面就让我们一起来体验 Excel 2010 的强大功能吧。

项目一 创建及修饰销售数据表

在现代企业营销过程中,经常需要对多种销售数据进行收集、统计分析,本项目使用Excel 2010 的基本操作收集产品销售数据,设计并格式化销售数据表。

任务一 创建工作簿及工作表

📖 任务描述

工作簿是 Excel 用来储存并处理数据的文件,是使用 Excel 制作表格数据的基础,所有新建的工作表都保存在工作簿中。因此,我们进行任何操作的前提是先创建一个工作簿,然后根据实际需要对其进行相应的操作。

📖 任务分析

工作簿的基本操作包括新建工作簿、保存工作簿、打开工作簿、关闭工作簿。首先让我们熟悉工作簿的基本操作。

📖 知识链接

1. 工作簿

Excel 工作簿是包含一个或多个工作表的文件,可以用其中的工作表来组织各种相关信息。工作簿和工作表之间的关系可以用图 4-1 来描述。在 Excel 2010 中用户可以创建多个工作簿,并在每个工作簿中又可以创建、插入多个工作表。

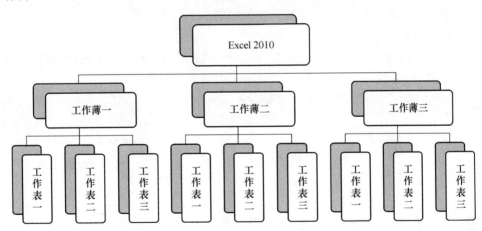

图 4-1 工作簿和工作表之间的关系

Excel 2010 工作簿文件的默认扩展名为.xlsx,根据实际需要也可以保存为以.xls 为扩展名的文件,以兼容 Excel 97-2003 版本,使用低版本的 Excel 打开。Excel 2010 所创建的默认工作簿时需要安装兼容包,才不会出现错误。

2. 新建工作簿

(1)创建空白工作簿。其操作步骤如下。

① 启动 Excel 2010 后,选择"文件"→"新建"命令,弹出"新建"对话框。

② 在"可用模板"下,双击"空白工作簿"按钮,即可新建一个空白工作簿,如图 4-2 所示。

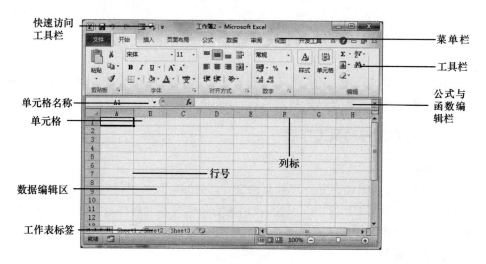

图 4-2　新建空白工作簿

【说明】新建空白工作簿的其他方法：按"Ctrl＋N"组合键；启动 Excel 2010 应用程序。

（2）基于现有工作簿创建新工作簿，其操作步骤如下。

① 选择"文件"→"新建"命令。在"模板"下选择"根据现有内容新建"命令。

② 在"根据现有工作簿新建"对话框中，选择要打开的工作簿的驱动器、文件夹或 Internet 位置。

③ 选择工作簿，然后单击"新建"按钮。

（3）基于模板创建新工作簿，其操作步骤如下。

① 选择"文件"→"新建"命令。

② 在"可用模板"下，单击"样本模板"或"我的模板"。选择一个 Excel 模板，如"贷款分期付款"，如图 4-3 所示。

图 4-3　选择"贷款分期付款"模板

【说明】若要使用某个 Excel 默认安装的样本模板,在"可用模板"下,双击要使用的模板。若要使用自己的模板,在"个人模板"命令上,双击要使用的模板。

③ 选择所使用的模块后,单击"创建"按钮,新建的工作簿如图 4-4 所示。

图 4-4　根据模板新建工作簿

3. 保存工作簿

对于新建的工作簿,如果以后还需要继续使用或者将其共享他人,则应将其保存到计算机存储介质中。保存工作簿的操作步骤如下。

① 单击快速访问工具栏上的"保存"按钮，，或者按"Ctrl＋S"组合键,弹出"另存为"对话框,如图 4-5 所示。

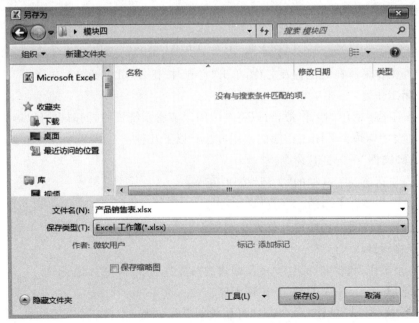

图 4-5　工作簿"另存为"对话框

【说明】如果新建的工作簿是第一次保存，则打开的是如图4-5所示的"另存为"对话框；如果工作簿已经保存过，则不会打开"另存为"对话框而是直接保存。当然用户如果想将工作簿以其他名称进行保存，即另存为新的工作簿，可选择"文件"→"另存为"命令来实现。

② 在"另存为"对话框中选择文件的保存位置，在"文件名"文本框中输入文件名称，如"产品销售表"。单击"保存"按钮，完成保存操作。

【说明】要保存为较低版本的 Excel 文件，可以在保存类型中选择相应的类型。

4. 打开工作簿

如果用户想要编辑保存在计算机中的工作簿，需要先将其打开，才能进行各种操作。打开工作簿的具体操作步骤如下。

① 选择"文件"→"打开"命令，弹出"打开"对话框，如图4-6所示。

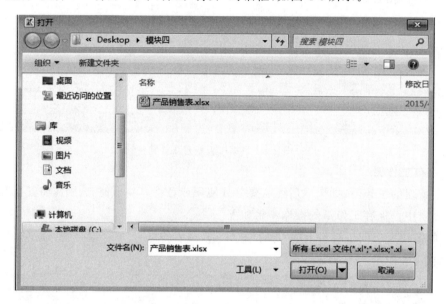

图 4-6　"打开"工作簿对话框

② 选择工作簿所在的位置及名称，单击"打开"按钮，即可打开该工作簿。

5. 关闭工作簿

对于当前不再使用的工作簿，可以将其关闭以节省系统资源，同时也可以避免因误操作造成的不必要的麻烦。关闭工作簿的常用方法有以下几种：

① 选择"文件"→"关闭"命令。

② 单击快速访问工具栏的"关闭"按钮 ▣✕ 。

③ 单击工作簿右上角的"关闭窗口"按钮。

④ 双击快速访问工具栏左上角的 ▣ 图标。

📖　**任务设计**

新建一个工作簿，将其命名为"产品销售表"，并进行保存和关闭操作。

① 运行 Microsoft Excel 2010 应用程序。

② 选择"文件"→"新建"命令，在"可用模板"下，选择"空白工作簿"命令，单击"创建"按钮。

③ 单击快速访问工具栏的"保存"按钮■，弹出"另存为"对话框。在"文件名"文本框中输入"产品销售表"，单击"保存"按钮，完成保存操作。

④ 单击工作簿右上角的"关闭窗口"按钮✕，将刚创建的工作簿关闭。

任务二 工作表的操作

📖 任务描述

工作表包含在工作簿中，工作簿像一个容器，装有多个工作表，而所有的数据和图表都在工作表中进行操作处理，我们的操作也是对具体某一个工作表的操作，对工作表的基本操作是进行复杂操作的基础，因此，我们要熟悉工作表的基本操作。

📖 任务分析

工作表的基本操作包括选择工作表、插入工作表、移动工作表、复制工作表、重命名工作表、删除工作表和保护工作表。

📖 知识链接

1. 工作表

工作表是 Excel 中用于存储和处理数据的主要文档，也称电子表格。工作表是由排列成行或列的单元格组成的二维表格。每个工作表的列标题用字母 A，B……Z，AA，AB……XFD 表示，共 16384 列；行标题用数字 1，2……1048576 表示，共 1048576 行，因此一个工作表就有 16384×1048576 个单元格。

在创建新的工作簿时，会默认创建 3 张工作表（Sheet1、Sheet2、Sheet3），工作表由位于表格底部的工作表标签标示名称，除了 3 张工作表标签之外还有一张"插入工作表"标签，单击此标签即可创建一张新工作表。

用鼠标单击某一工作表标签，该工作表的标签变为白色，成为活动工作表。如果添加的工作表较多，不能显示全部工作表标签时，可以通过单击工作表标签左边的标签滚动按钮◄◄ ► ►►显示和查看当前不可见的工作表标签。在标签滚动按钮上右击，会弹出所有工作表名称的列表，用户可以直接选择所需工作表并将其置为活动工作表。用户可以根据需要，新增工作表，删除当前工作表、重命名或重排工作表。

2. 选择工作表

对于新建的工作簿，首先选择需要操作的工作表，然后输入数据或进行其他操作。选择工作表的操作步骤如下。

① 选择一个工作表：在工作簿中单击某个工作表标签，选中工作表，即可进行编辑操作。

② 选择多个连续的工作表：单击第一个工作表标签，按住"Shift"键同时单击要选择的连续工作表最后一个工作表标签。选择多个工作表后将在标题栏工作簿名称后显示"工作组"，表示同时选中了多个工作表。

③ 选择多个不连续的工作表：单击第一个工作表标签，按住"Ctrl"键同时依次单击要选择的工作表标签。选择多个工作表后也会在标题栏工作簿名称后显示"工作组"。

④ 选择工作簿中所有工作表：右击任意一个工作表标签，在弹出菜单中选取"选择全部工作表"命令，即可选中工作簿中所有工作表。

3. 插入工作表

当工作簿中默认的 3 张工作表不能满足需要时，就需要在工作簿中插入新的工作表。插入工作表的操作步骤如下。

① 单击下方的工作表标签中的"插入工作表"按钮，即可插入一张新的工作表。或者采用快捷方式"Shift＋F11"添加。

② 右击任意一个工作表标签，在弹出的快捷菜单中选择"插入"命令，在"插入"对话框中选择"工作表"命令，单击"确定"按钮，也可以插入一张新工作表。

③ 选择"开始"→"单元格"→"插入"命令，从下拉菜单中选择"插入工作表"命令。

4. 移动工作表

在工作中有时为了方便，需要调整工作表之间的位置关系，这时就需要移动工作表。移动工作表的操作步骤如下。

① 单击选择需要移动的工作表标签，按住鼠标左键，当鼠标指针变成"🖺"时拖动鼠标，此时在经过的区域上方会出现一个小三角形。

② 拖动到目的位置后释放鼠标左键，即可将选定的工作表移动到小三角形所在的位置。

5. 复制工作表

在工作中有时需要新建一些与已有工作表格式和内容基本相似的工作表，则可以通过复制工作表的方法节省大量工作。复制工作表的操作步骤如下。

① 单击需要复制的工作表标签，按住"Ctrl"键，当鼠标变成"🖺"时拖动鼠标。

② 拖动到目的位置后释放鼠标左键，即可复制选定的工作表并移动到当前位置。

6. 重命名工作表

工作表的默认名称为 Sheet1、Sheet2、Sheet3，这样既不直观也不利于记忆，因此在工作中常常需要将工作表重命名一个有意义的名称。重命名工作表的操作步骤如下。

① 双击要重命名的工作表标签，该工作表标签将高亮显示，输入新名称，按"Enter"键即可完成重命名。

② 右击要重命名的工作表，在弹出的快捷菜单中选择"重命名"命令，然后输入新名称即可完成重命名。

③ 选择"开始"→"单元格"→"格式"命令，从下拉菜单中选择"重命名工作表"命令。该工作表标签将会变黑，直接输入新名称，按"Enter"键即可完成重命名。

7. 删除工作表

对于工作簿中不再需要的工作表，可以将其删除以节省资源。删除工作表的操作步骤如下。

① 右击需要删除的工作表标签，在弹出的快捷菜单中选择"删除"命令，即可完成工作表的删除。

② 单击要删除的工作表标签，选择"开始"→"单元格"→"删除"命令，从下拉菜单中选择"删除工作表"命令，即可完成工作表的删除。

8. 保护工作表

为了禁止他人对自己的工作表进行任何修改操作，用户可以根据需要对工作表设置保护措施，在一定程度保护工作表。保护工作表的操作步骤如下。

① 在工作簿中选择要设置保护操作的工作表,选择"审阅"→"更改"→"保护工作表"命令,弹出"保护工作表"对话框,如图 4-7 所示。

② 在"取消工作表保护时使用的密码"文本框中输入密码,取消选中"允许此工作表的所有用户进行"列表框中的所有命令,以禁止用户可以进行的操作行为。

③ 单击"确定"按钮,弹出"确认密码"对话框,再次输入相同密码,单击"确定"按钮,即可将该工作表保护起来。

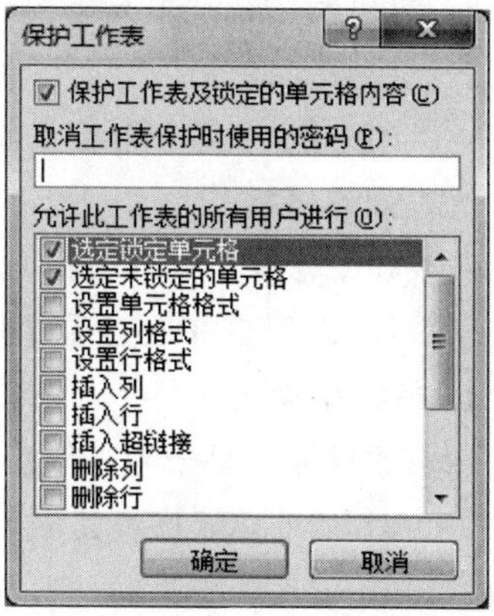

📖 任务设计

图 4-7 保护工作表对话框

在上一个任务创建的"产品销售表"工作簿中插入新的移动和复制工作表"Sheet4",并将这两个工作表删除。重命名工作表"Sheet1"为"产品销售数据"并对其进行工作表保护操作。

① 选择"文件"→"打开"命令,弹出"打开"对话框。

② 选择"产品销售表"工作簿,单击"打开"按钮。

③ 在打开的工作簿中,单击工作表标签栏中的"插入工作表"按钮。插入一个新的工作表"Sheet4"。

④ 单击工作表标签"Sheet4",选中该工作表,按住鼠标左键,当鼠标指针变成""时,将其拖到"Sheet1"工作表前释放鼠标左键。

⑤ 单击"Sheet4"标签,按住"Ctrl"键,当鼠标变成""时拖动鼠标到"Sheet3"之后,将复制了一个新的工作表"Sheet4(2)"。

⑥ 单击"Sheet4"标签,按住"Ctrl"键的同时单击"Sheet4(2)"标签,将同时选中工作表"Sheet4"和"Sheet4(2)",单击鼠标右键,在弹出菜单中选择"删除"命令,将这两个工作表删除。

⑦ 双击"Sheet1"标签,该工作表标签反白显示,输入工作表名称"产品销售数据",按"Enter"键。完成工作表"Sheet1"的重命名。

⑧ 在菜单栏中单击"审阅"→"更改"→"保护工作表"按钮,弹出"保护工作表"对话框。

⑨ 在"取消工作表保护时使用的密码"文本框中输入密码。取消选中"允许此工作表的所有用户进行"列表框中的所有命令,以禁止用户可以进行的操作行为。

⑩ 单击"确定"按钮,弹出"确认密码"对话框,再次输入相同密码,单击"确定"按钮,即可将"产品销售数据"保护起来。

任务三 数据输入

📖 任务描述

制作数据表格的主要任务是在表格中输入各种数据,这些数据包括文本、数字、日期、时间等。在输入大量数据时,我们需要掌握一些数据输入的便捷方法,从而达到事半功倍的效果。

📖 任务分析

工作表数据的输入方法及正误都将影响用户的操作。在输入大量相同或有某些规律的

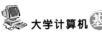

数据时,可以使用自动填充等功能快速输入这些数据。为了确保数据输入的正确性,可以为工作表设置数据有效性。当然,如果我们事先已经具有某些数据文件,也可以直接通过外部数据导入的方法,根据实际需要将相应的数据导入工作表。

📖 **知识链接**

若要在工作簿中处理数据,首先必须在工作表的单元格中输入数据。然后根据实际需要调整数据,以便更好地查看数据,并让数据按希望的方式显示。

1. 般数据输入

一般数据输入是指手工依次向单元格中输入数据。其具体的操作步骤如下。

① 单击某个单元格使其成为活动单元格,然后在该单元格中输入数据或在编辑栏中输入数据。

② 按"Enter"键移动到下一行单元格,按"Tab"键移动到下一列单元格。若要在单元格中另起一行输入数据,只要按"Alt+Enter"组合键,输入光标自动跳到下一行。

2. 用自动填充输入数据

向工作表的行或列中输入数字或数据是相当枯燥的工作。Excel的自动填充功能能很好地解决上述问题。用户只要沿着需要填充的行或列拖动鼠标,就可以复制公式或数值,如输入一周的名称、月份,或任意的序列或数据。也可以填充部门列表、种类名称、部件编号等用户自定义的信息。

（1）快速输入序列数据。若要输入一系列连续的数据,如日期、月份、或渐进数字,可以使用拖动填充柄的方法快速完成。具体操作步骤如下。

① 在一个单元格中输入起始值,然后在下一个单元格中再输入一个值,建立一个模式。例如,要输入序列"1、2、3、4……",在第一个单元格中输入"1",在下一个单元格中输入"2"。

② 选中包含起始值的前后两个单元格（如果只选中一个单元格,将只填充与选中单元格相同的内容）,然后将鼠标放置在选中单元格的右下角,拖动填充柄（位于选定区域右下角的小黑块,鼠标选择填充柄时,鼠标指针更改为黑十字）,如图4-8所示。

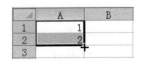

图4-8　填充柄填充序列

③ 拖动到合适位置后释放鼠标左键,将在拖动过的单元格区域中填入有序列关系的数据。

【说明】若要按升序填充,只要从上到下或从左到右拖动鼠标填充,若要按降序填充,只要从下到上或从右到左拖动鼠标填充。

（2）自定义自动填充序列。用户可以在Excel中创建自定义填充序列,如公司分部、产品代码等,当拖动鼠标自动填充时,Excel会按照事先定义的顺序填充序列。具体操作步骤如下。

① 如果序列较短,用户可以直接输入。选择"文件"→"常规"命令,在弹出的"Excel命令"对话框中单击"高级"→"常规"→"编辑自定义列表"按钮。

② 在弹出的"自定义序列"对话框中,选择"新序列"命令,在"输入序列"文本框中输入需要定义的序列（每行输入一项,按"Enter"键换行）,单击"添加"按钮。也可以使用下方的"导入"按钮从工作表中选择已有的序列导入。如图4-9所示。

图 4-9　自定义序列对话框

③ 单击"确定"按钮,完成自定义填充序列的定义。

3. 使用数据记录单输入数据

在 Excel 中,向一个数据量较大的表单中插入一行新记录时,有许多时间白白花费在来回切换行和列的位置上。而 Excel 的"记录单"可以帮助用户在一个小窗口中完成数据的输入工作,不必在长长的表单中进行输入。

记录单相当于一个数据库,由行和列组成。一行是一个记录,一列是一个字段。利用记录单可以非常方便地向工作表中添加、修改和删除数据。具体操作步骤如下。

① 打开要使用记录单输入数据的工作表(确保该工作表已经具有相应的字段)。

② 选择"文件"→"选项"命令,在弹出的"Excel 命令"对话框中选择"快速访问工具栏"命令,然后单击右侧"从下拉位置选择命令"下拉列表框,从中选择"不在功能区中的命令"命令,在下面的列表框中选择"记录单"命令,单击"添加"按钮,如图 4-10 所示。

图 4-10　添加"记录单"

图4-11 "记录单"对话框

③ 设置好后单击"确定"按钮，即可在快速访问工具栏添加"记录单"按钮 。

④ 单击"记录单"按钮，弹出"记录单"对话框，如图4-11所示。显示数据表中第一条记录的数据信息，单击"上一条"或"下一条"按钮，可以浏览表格中的数据。

⑤ 单击"新建"按钮，在弹出的对话框中将新建一条记录，只要往其中输入新记录的数据即可。

⑥ 添加记录完成后，单击"关闭"按钮，返回Excel工作表，在工作表中可以看到刚输入的新数据。

4. 导入外部数据

使用Excel时，用户可以利用"数据"功能区域的命令，由文本文件或Access数据库或其他数据文件创建记录表格。采用外部数据导入的方式能为用户节省大量的时间。要把文本文件作为表格导入，首先在导入数据的位置放置插入点。应确保所选位置的下方或右方没有任何数据，或者数据可以被覆盖，然后按照如下步骤进行操作。

① 选择"数据"→"获取外部数据"→"自文本"命令。

② 在"导入文本文件"对话框中选择要导入的文件，单击"导入"按钮，弹出"文本导入向导"对话框。

③ 在"文本导入向导"对话框中选择导入文本最合适的文件类型。如果文本中使用诸如逗号或制表符分隔每个字段，则选择"分隔符号"；如果每个字段在每一行的同一位置对齐，则选择"固定宽度"。

④ 右击"下一步"按钮，显示文本导入向导第二步。如果第一步选择"分隔符"，则在"文本导入向导-第2步"对话框中选择相应的分隔符号；如果第一步选择"固定宽度"，则需要设置字段宽度，即在"数据预览"区中建立（单击）、清除（双击）或移动（拖动）分列线，进一步调整已分割的数据；单击"下一步"按钮，显示文本导入向导第三步，用户可以为每个字段选择日期/时间和数字格式或者设置用户不愿意导入的字段。单击"完成"按钮。

⑤ 在弹出的"导入数据"对话框中，选择数据的放置位置，单击"确定"按钮完成外部数据的导入。

【说明】Excel同样可以导入其他外部的数据库文件数据，导入方法与以上操作过程大致一样，在此不再赘述。

📖 任务设计

使用记录单将产品销售数据输入到"产品销售表"工作表中，其操作步骤如下。

① 启动Excel 2010，打开"产品销售表"工作簿。

② 在A1单元格中输入"产品销售一览表"，在A2:G2单元格区域中分别输入序号、月份、业务员、产品、型号、单价、数量。

③ 选中A2:G2单元格区域，单击快速访问工具栏中的"记录单"按钮，在弹出的提示对话框中单击"确定"按钮，弹出"产品销售表"对话框，分别输入各项销售数据。

④ 输完一条产品销售的数据后，单击"新建"按钮，可以输入下一位产品销售数据。全部输好后，单击"关闭"按钮，在"产品销售表"工作簿中可以看到输入后的数据，如图 4-12 所示。

	A	B	C	D	E	F	G	H
1	产品销售一览表							
2	序号	月份	业务员	产品	型号	单价	数量	
3	0001	一月	张 红	三星	Galaxy S5 (G90	3299	22	
4	0002	二月	张 红	诺基亚	XL 4G (RM-1061	1599	40	
5	0003	三月	张 红	飞利浦	W6618	1439	11	
6	0004	四月	张 红	SONY爱立信	P1c	3771	16	
7	0005	五月	张 红	飞利浦	I928	1599	22	
8	0006	六月	张 红	海尔手机	HG-N93	2688	42	
9	0007	一月	胡小飞	SONY爱立信	P1c	3771	35	
10	0008	二月	胡小飞	海尔手机	HG-N93	2688	26	
11	0009	三月	胡小飞	三星	Galaxy S5 (G90	2799	23	
12	0010	四月	胡小飞	海尔手机	HG-N93	2688	21	
13	0011	五月	胡小飞	海尔手机	HG-K160	1688	33	
14	0012	六月	胡小飞	SONY爱立信	P990c	2343	36	
15	0013	一月	王 杰	诺基亚	Nokia N76	2200	23	
16	0014	二月	王 杰	三星	Galaxy S5 G90(	3099	15	
17	0015	三月	王 杰	SONY爱立信	P990c	2343	16	
18	0016	四月	王 杰	飞利浦	PHILIPS 699	1480	25	
19	0017	五月	王 杰	飞利浦	9@9k	1419	28	
20	0018	六月	王 杰	SONY爱立信	P990c	2343	28	
21	0019	一月	杨艳芳	诺基亚	Lumia 930 (RM-	2699	46	
22	0020	二月	杨艳芳	诺基亚	Lumia 830 (RM-	2058	18	
23	0021	三月	杨艳芳	飞利浦	W8568	1899	32	
24	0022	四月	杨艳芳	飞利浦	W9588	3239	29	
25	0023	五月	杨艳芳	海尔手机	HG-K160	1688	13	
26	0024	六月	杨艳芳	三星	Galaxy S5 (G90	3299	45	

产品销售表.xlsx

产品销售数据　Sheet1

图 4-12　产品销售表

任务四　单元格的操作

📖 任务描述

每个工作表都是由多个长方形构成，这些长方形即为"单元格"，用户输入的数据都保存在这些单元格中。单元格的名称由所在行与列的位置命名。如"C4"表示第 4 行与第 C 列交叉的单元格。当用户需要向工作表中输入数据时，首先需要对单元格进行相应的操作，如选中单元格、调整单元格大小、插入单元格或删除单元格等。

📖 任务分析

对单元格的操作是在工作表操作的基础上。单元格的基本操作主要包括选取单个或多个单元格的、插入单元格、删除单元格、合并单元格、拆分单元格、重命名单元格等，熟练掌握这些基本操作有利于我们顺利开展工作。

📖 知识链接

1. 选择单个单元格

选择单个单元格的操作步骤如下。

① 使用鼠标直接单击要选择的单元格即可，选中的单元格将被一个小黑框包围，在名称框中显示该单元格的名称，并且其所对应的行号和列标都突出显示。

② 单击名称框，输入要选择的单元格名称，即其所在的行号和列标，按"Enter"键即可选择相应的单元格。

③ 选择"开始"→"编辑"→"查找和选择"命令，从弹出的下拉菜单中选择"转到"命令，弹出"定位"对话框。在"引用位置"文本框中输入要选择单元格的名称，单击"确定"按钮，即

可选择相应的单元格。

2. 选择多个单元格

选择多个单元格包括选择多个连续的单元格和选择多个不连续的单元格及选择全部单元格三种情况，其操作步骤如下。

① 选择多个连续的单元格：单击要选择连续单元格的第一个单元格，按住鼠标左键拖动至要选择连续单元格的最后一个单元格，即可选择鼠标经过区域的多个连续单元格。

② 选择多个不连续的单元格：按住"Ctrl"键的同时单击要选择的多个单元格，即可选择多个不连续的单元格。

③ 选择全部单元格：单击工作簿中数据编辑区左上角行号和列标交叉处的"全选"按钮，即可选择工作表的全部单元格。或者按"Ctrl＋A"组合键也可以选择工作表的全部单元格。

3. 插入单元格

在输入工作表数据时，如果错输数据到其他单元格或漏输某个数据，只需要在错误位置插入一个单元格进行输入就可以解决以上问题。操作步骤如下。

① 右击要插入单元格的单元格，在弹出的快捷菜单中选择"插入"命令。

② 弹出"插入"对话框，选择一种插入方式，如"活动单元格右移"单选按钮。

③ 单击"确定"按钮，在光标处插入一个新的空白单元格。

④ 同样，选中单元格，选择"开始"→"单元格"→"插入"命令，在弹出的快捷菜单中选择"插入单元格"命令也可以插入单元格。

4. 删除单元格

如果工作表数据中存在无用的空白单元格，可以通过删除单元格以节省资源，删除单元格的操作步骤如下。

① 右击要删除的单元格，在弹出的快捷菜单中选择"删除"命令，在弹出的"删除"对话框中选择某一单命令，单击"确定"按钮，即将该选中的单元格删除。

② 同样，选中要删除的单元格，选择"开始"→"单元格"→"删除"命令，在弹出菜单中选择"删除单元格"命令也可以删除该选中的单元格。

5. 合并单元格

当一个单元格的列宽不足以容纳所输入的内容时，就会出现隐藏现象，可以通过合并单元格的方法解决上述问题。具体操作步骤如下。

① 选择需要合并的单元格区域，选择"开始"→"对齐方式"→"合并后居中"命令，在弹出菜单中选择"合并单元格"命令，即可将选择的单元格合并为一个单元格。

② 同样，可以右击需要合并的单元格区域，在弹出的快捷菜单中选择"设置单元格格式"命令，在弹出的"设置单元格格式"对话框中选择"对齐"命令，在"文本控制"命令区中选中"合并单元格"复选框，也可以合并单元格。

6. 拆分单元格

对于一个合并后的单元格，也可以将其拆分为原来的多个单元格。拆分单元格的操作步骤如下。

① 单击已合并的单元格，再选择"开始"→"对齐方式"→"合并后居中"命令，在弹出菜单中选择"取消单元格合并"命令，即可将所选择的单元格拆分为多个单元格。

② 同样,可以右击合并后的单元格,在弹出菜单中选择"设置单元格格式"命令,在弹出的"设置单元格格式"对话框中选择"对齐"命令,在"文本控制"命令区中取消选中"合并单元格"复选框,也可以拆分单元格。

7. 重命名单元格

为了使单元格的名称易于理解,同时为了日后在公式与函数计算中方便引用单元格,可以为单元格重命名。重命名单元格的操作步骤如下。

① 选择需要重命名的单元格或单元格区域,单击"名称框"并输入相应的名称,然后按"Enter"键,即可完成单元格的重命名。

② 选择需要重命名的单元格或单元格区域,单击"公式"→"定义的名称"→"定义名称"按钮,弹出"新建名称"对话框 ,在"名称"文本框中输入相应的名称,单击"确定"按钮,即可完成单元格的重命名。

③ 在命名单元格区域后,单击"名称框"右侧下拉箭头,在弹出的下拉列表中选择已命名的单元格区域就可以选中相应的单元格区域。

📖 **任务设计**

在前面任务中,我们建立了产品销售表,并向表中输入了相关数据,接下来运用上述所提及的单元格基本操作来进一步完善产品销售表。操作步骤如下。

① 打开"产品销售表"工作表,选择"A1:H1"单元格区域。

② 选择"开始"→"对齐方式"→"合并后居中"命令,在弹出菜单中选择"合并后居中"命令。

③ 选取产品销售表的整个数据区域 A2:H26,为选中的数据区域添加全部外框线,如图 4-13 所示。

产品销售表				产品销售一览表		
A	B	C	D	E	F	G
			产品销售一览表			
序号	月份	业务员	产品	型号	单价	数量
0001	一月	张 红	三星	Galaxy S5 (G	3299	22
0002	二月	张 红	诺基亚	XL 4G (RM-10	599	40
0003	三月	张 红	飞利浦	W6618	1439	11
0004	四月	张 红	SONY爱立信	P1c	3771	16
0005	五月	张 红	飞利浦	1928	1599	22
0006	六月	张 红	海尔手机	HG-N93	2688	42
0007	一月	胡小飞	SONY爱立信	P1c	3771	35
0008	二月	胡小飞	海尔手机	HG-N93	2688	26
0009	三月	胡小飞	三星	Galaxy S5 (G	2799	23
0010	四月	胡小飞	海尔手机	HG-N93	2688	21
0011	五月	胡小飞	海尔手机	HG-K160	1688	33
0012	六月	胡小飞	SONY爱立信	P990c	2343	36
0013	一月	王 杰	诺基亚	Nokia N76	2200	23
0014	二月	王 杰	三星	Galaxy S5 G9	3099	15
0015	三月	王 杰	SONY爱立信	P990c	2343	16

产品销售数据 / Sheet1 /

图 4-13 单元格区格式设置

任务五 工作表的打印

📖 **任务描述**

当用户将各种数据输入到工作表中并对其进行了相应的处理后,经常需要将工作表打印出来。例如,学生成绩表在统计完成之后需要打印出来分发或张贴。怎样打印特定格式的数据以满足实际需要,是我们学习工作表打印需要解决的问题。

📖 **任务分析**

Word 文档能够满足具体纸张的大小,而 Excel 工作表比较随意,可以在各个方向上自由延伸。打印工作表时,如果不设置打印格式,就会在工作表的任意位置上出现与内容无关的分页符,因此要完全将整张工作表打印出来,需要计划编辑及创建大量格式,如果不对打印区加以限定,Excel 默认用户需要打印当前的某一工作表或多个工作表中的所有数据。因此在打印工作表之前,用户需要熟悉设置打印区域、插入分页符,以及添加页眉页脚等基本操作。

📖 **知识链接**

1. 设置打印区域

用户可以将 Excel 中设置好的打印区域作为工作表的默认区域,只需要单击"快速访问工具栏"中的"快速打印"按钮,工作表便在当前所选的默认打印机上开始打印。但是在"快速打印"中,系统不会给出任何提示框,用户也不能跳回查看任何命令,因此打印结果可能非常令人失望并且浪费大量纸张。

将选定区域设置为默认打印区域。选择打印区域,单击"页面布局"→"打印区域"按钮,即可完成打印区域的设置。

如果设置了具体的打印区域,使用"快速打印"或"打印"对话框默认设置打印文档时,Excel 只打印所设置的区域。设置了打印区域后,如果用户需要在最下方添加行或在最右边添加列,新的数据不会出现在打印页面上。

2. 插入分页符

在打印工作表时,Excel 会自动插入分页符将表格分成几个部分,以适应所选纸张的大小。若要插入分页符,需要先选中插入点下方单元格并拖至最右端的单元格,然后选择"页面布局"→"分隔符"→"插入分页符"命令,将在所选单元格位置插入分页符。

Excel 中包含一个"分页预览"的视图命令,这个命令能够看到所有分页符,并可以通过单击和拖动来调整分页符位置。

3. 添加页眉和页脚

任何不止一页的工作表都应该包括页眉或页脚,设置页眉或页脚可以帮助计算页数、识别工作表、写明建表时间、创建者姓名等。设置页眉和页脚的操作步骤如下。

① 单击"页面布局"→"页面设置"组右端的按钮,打开"页面设置"对话框。

② 单击"页眉/页脚"命令,添加或编辑页眉和页脚。单击"自定义页眉"或"自定义页脚",根据所命令设置页眉页脚。页眉页脚自定义对话框还可以用来插入图片。

③ Excel 默认工作表中页眉页脚的大小均为 0.8 厘米,可以通过选择"页面设置"→"页边距"命令,设置"页眉""页脚""上""下"等数值来调整位置。

4. 使用相同标题打印多页

对于有很多页的工作表来说,可以在每页上使用相同的一个或多个行或列作为数据的标题,这为我们查看工作表数据提供了很大的方便。具体设置方法如下。

① 单击"页面布局",打开"工作表选项"命令。

② 单击"左端标题列"设置列标题,单击"顶端标题行"在每页上设置行标题。

③ 在需要添加标题的序列或行中单击任一单元格,不必选择整个行或列。

④ 单击"打印预览"按钮,确认输入标题的正误,然后单击"打印"按钮,将打印出多页相同标题的工作表。

5. 设置指定的页数打印工作表

在打印时可以调整数据的大小、缩放的比例。如果指定打印输出的工作表必须满足具体的页数要求,Excel 可以通过缩放比例计算出页数。具体设置方法如下。

① 选择"页面布局"→"页面设置"→"页面"命令。

② 调整页面到合适的缩放比例,在"调整到正常尺寸"框中输入 10~140 之间的数值。

③ 要调整打印输出到某一固定的页高或页宽,选择"调整为"命令,使用微调控制项调整到合适的打印页数。

④ 选择"打印预览"确定工作表的打印设置正确无误,单击"打印"按钮,即可以打印出指定页数的工作表。

📖 **任务设计**

将前面任务中设置好的产品销售数据表按要求打印出来。打印工作表之前,最好先进行预览以确保它符合用户要求。在 Excel 2010 中预览工作表时会在背景视图中打开,在此视图中,可以在打印之前更改页面设置和布局。具体操作步骤如下。

1. 预览工作表

① 单击工作表或选择要预览的工作表。

② 选择"文件"→"打印"命令,或按"Ctrl＋P"组合键。

③ 若要预览下一页和上一页,可以在"打印预览"窗口的底部单击"下一页"和"上一页"。

【说明】一个工作表含有多页数据时,下一页和上一页才可以用。

2. 设置打印命令

① 单击"打印机"下的下拉列表框,选择所需的打印机。

② 更改页面设置(包括页面方向、纸张大小和页边距),在"设置"下选择所需的命令。

③ 缩放整个工作表以适合单页打印的大小,在"设置"下单击缩放命令下拉框中所需的命令。

3. 设置打印及打印份数

① 单击"打印"按钮,开始打印,即可完成产品销售数据表的打印。

② 在打印份数文本框中输入所需的打印份数。

项目二 格式化产品销售表

在日常工作中,用户对工作表中数据的格式有不同的要求。用户可以要求 Excel 2010 对单元格中的格式进行设置,如设置单元格的数字格式、字体格式、对齐方式,还可以根据不同需要,设置工作表的边框和底纹、设置条件格式。为了使工作表更美观,用户还可以在工作表中插入文本框、艺术字、剪贴画、图片、形状、SmartArt 图形等。

任务一 单元格格式化

📖 **任务描述**

在完成对工作表中数据的输入之后,可能存在一些数据格式和呈现方式不符合用户日常习惯的问题，用户可以通过单元格的格式化操作，对其中的数据按照不同需要进行设置。

　　📖 **任务分析**

　　用户根据不同的需要，可以对工作表中的数据设置不同的格式，如设置单元格数据格式、单元格字体样式、数据的对齐方式和单元格的边框和底纹。

　　📖 **知识链接**

1. 设置单元格数据格式

　　可以根据不同需要设置单元格中数字的不同格式，以便于查看和编辑数据。可以将数字设置为包括小数点的数值格式、货币格式、百分比格式等。设置单元格数字格式的具体操作步骤如下。

　　① 选择需要设置数字格式的单元格或单元格区域，单击"开始"→"单元格"→"格式"按钮，在弹出的菜单中选择"设置单元格格式"命令。或右击，在弹出的快捷菜单中选择"设置单元格格式"命令。

　　② 在打开的"设置单元格格式"对话框中选择"数字"选项卡，在"分类"列表框中选择相应的数据类型，如"数值""文本""日期"等，再设置相应数字类型的格式，如数值类型中小数位数等，如图 4-14 所示。

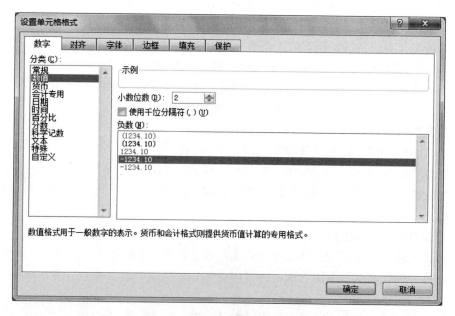

图 4-14　设置单元格格式对话框

　　③ 单击"确定"按钮，可以看到所选单元格或单元格区域中数据的格式已变为所设置的类型。

2. 设置单元格字体样式

　　用户可以为表格中的不同内容设置不同字体以便于区分。可以设置"字形""字号""字体颜色"及其他一些字体效果。设置单元格字体样式的具体操作步骤如下。

　　① 打开工作表，选择要设置字体的单元格或单元格区域，单击"开始"→"字体"下拉按钮，在弹出菜单中选择一种字体。

　　② 单击"开始"→"字号"下拉按钮，在弹出的菜单中选择一种字号。数值大小表示字体大小。

③ 单击"开始"→"字体颜色"下拉按钮 **A**，将文字颜色设置为"字体颜色"按钮上显示的颜色。

④ 除了设置"字形""字号""字体颜色"外，还可以通过 **B** *I* **U** 命令组的按钮，设置文字的"加粗""倾斜""下划线"等效果。

【说明】也可以通过"设置单元格格式"对话框的"字体"命令来整体设置字体格式。

3．设置单元格数据的对齐方式

用户通过设置单元格数据对齐方式，对表格中的数据进行排列，以增加表格的美观性。设置单元格数据对齐方式的具体操作步骤如下。

① 打开工作表，选择要设置对齐方式的单元格区域。

② 单击"开始"→"对齐方式"命令组中的水平对齐 ≣ ≣ ≣ 和垂直对齐 ≡ ≣ ≡ 按钮，设置单元格文本的对齐方式。

【说明】也可以通过"设置单元格格式"对话框的"对齐"命令来整体设置字体的对齐方式。

4．设置单元格的边框和底纹

为了使表格数据之间层次鲜明，更易于阅读，可以为表格中不同的部分添加边框。设置边框的方法有 3 种：单击边框按钮 ⊞ 、通过对话框设置及手动绘制边框。这里主要介绍比较简单的使用对话框设置边框的方法。具体操作步骤如下。

① 选择需要设置边框的单元格，单击"开始"→"字体"→"边框"按钮 ⊞ ，在弹出的菜单中选择"其他边框"命令。

② 在弹出的"设置单元格格式"对话框中选择"边框"命令，在"样式"列表框中选择一种边框线条和样式。

③ 单击"颜色"下拉列表框，从中选择一种边框颜色。单击"边框"命令组中的各边框线按钮，如图 4-15 所示。

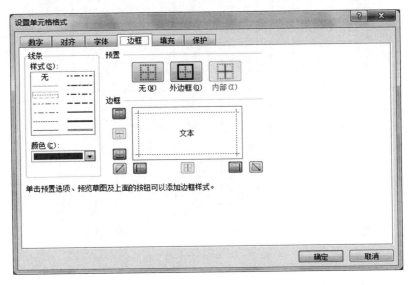

图 4-15　设置单元格边框

④ 设置完成后单击"确定"按钮，可以看到设置边框后的效果。

【说明】设置底纹的方法与上述操作类似，在"设置单元格格式"对话框中选择"填充"命令进行设置即可，具体方法在此不再赘述。

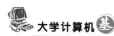

📖 任务设计

用户可以对前面任务中完成的"产品销售表"工作表进行单元格格式化处理，以达到美化工作表的效果。操作步骤如下。

① 设置"产品销售表"字体样式。单击选择 A1 单元格，将"产品销售一览表"字体设置为"楷体"，字号设置为"18 号"，字体颜色为"红色"并"加粗"。

② 调整 A1 的行高以适应文字的大小。单击选择 A1 单元格，单击"开始"→"单元格"→"格式"按钮，在弹出的菜单中选择"自动调整行高"命令。

③ 设置对齐方式。选择 A2：H26 单元格区域，单击"对齐方式"→"居中"按钮。

④ 设置标题字段字体格式。选择 A2：H2 单元格区域，选择字体为"宋体"，字号为"12 号"并"加粗"。

⑤ 设置数据格式。选择 F3：H26 单元格区域，单击"开始"→"单元格"→"格式"按钮，在弹出的菜单中选择"设置单元格格式"命令。

⑥ 在打开的"设置单元格格式"对话框中选择"数字"命令，在"分类"列表框中选择"数值"数据类型，并设置小数点位数为"1 位"，单击"确定"按钮。

⑦ 设置边框和填充颜色。选择 A2：H26 单元格区域，单击"开始"→"字体"→"边框"按钮，在弹出的菜单中选择"其他边框"命令。

⑧ 在弹出的"设置单元格格式"对话框中单击"边框"命令，设置外边框为"蓝色""实线"样式。

⑨ 选择 A1 单元格，在"设置单元格格式"对话框中单击"填充"命令，设置其填充色为"浅灰色"。设置完成后的效果，如图 4-16 所示。

	A	B	C	D	E	F	G
1				产品销售一览表			
2	序号	月份	业务员	产品	型号	单价	数量
3	0001	一月	张 红	三星	laxy S5 (G9008	3299.0	22.0
4	0002	二月	张 红	诺基亚	L 4G (RM-1061	599.0	40.0
5	0003	三月	张 红	飞利浦	W6618	1439.0	11.0
6	0004	四月	张 红	SONY爱立信	P1c	3771.0	16.0
7	0005	五月	张 红	飞利浦	I928	1599.0	22.0
8	0006	六月	张 红	海尔手机	HG-N93	2688.0	42.0
9	0007	一月	胡小飞	SONY爱立信	P1c	3771.0	35.0
10	0008	二月	胡小飞	海尔手机	HG-N93	2688.0	26.0
11	0009	三月	胡小飞	三星	laxy S5 (G9006	2799.0	23.0
12	0010	四月	胡小飞	海尔手机	HG-N93	2688.0	21.0
13	0011	五月	胡小飞	海尔手机	HG-K160	1688.0	33.0
14	0012	六月	胡小飞	SONY爱立信	P990c	2343.0	36.0
15	0013	一月	王 杰	诺基亚	Nokia N76	2200.0	23.0
16	0014	二月	王 杰	三星	laxy S5 G9008V	3099.0	15.0
17	0015	三月	王 杰	SONY爱立信	P990c	2343.0	16.0
18	0016	四月	王 杰	飞利浦	PHILIPS 699	1480.0	25.0
19	0017	五月	王 杰	飞利浦	9@9k	1419.0	28.0
20	0018	六月	王 杰	SONY爱立信	P990c	2343.0	28.0
21	0019	一月	杨艳芳	诺基亚	nia 930 (RM-10)	2699.0	46.0
22	0020	二月	杨艳芳	诺基亚	mia 830 (RM-98	2058.0	18.0
23	0021	三月	杨艳芳	飞利浦	W8568	1899.0	32.0
24	0022	四月	杨艳芳	飞利浦	W9588	3239.0	29.0
25	0023	五月	杨艳芳	海尔手机	HG-K160	1688.0	13.0
26	0024	六月	杨艳芳	三星	laxy S5 (G9009	3299.0	45.0

图 4-16 格式化处理效果

任务二 应用条件格式

📖 任务描述

条件格式允许用户为不同数值的数据设置不同的字体属性、颜色及其他格式，通过为数据应用"条件格式"，用户可以快速浏览并立即识别一系列数值中存在的差异。

□ 任务分析

"产品销售表"中不同月份、不同品牌的产品销售数量各不相同,在查看产品销售表时,可以设置条件格式,将满足不同条件的销售数量值设置成不同的格式,便于用户更加直观的查看。

□ 知识链接

在 Excel 中可以根据不同条件,为数据设置不同的显示效果,使特定数据的呈现更清晰明了,有助于用户查看。

1. 突出显示单元格规则

① 打开工作表,选择需要应用条件格式的单元格区域。

② 单击"开始"→"样式"→"条件格式"按钮,在弹出的菜单中选择"突出显示单元格规则",在弹出菜单中选择一项条件,如"小于"命令。

③ 弹出"小于"对话框,在左侧的文本框中输入条件,在右侧的"设置为"下拉列表框中选择满足左侧条件时显示的格式。

④ 单击"确定"按钮,返回工作表,用户可以创建符合个人要求的条件格式或清除相应区域的条件格式等。

⑤ 单击"开始"→"样式"→"条件格式"按钮,在弹出的菜单中选择"清除规则"命令,在其子菜单中可以选择"清除所选单元格的规则"或"清除整个工作表的规则"命令,将清除相应区域的条件格式。

⑥ 单击"开始"→"样式"→"条件格式"按钮,在弹出的菜单中选择"新建规则"命令,在弹出"新建格式规则"对话框中,可以创建符合个人要求的条件格式。

2. 项目选取规则

当单元格内的数值恰好属于工作表中所有数值"值最大的 10 项"、"值最大的 10％项"、"值最小的 10 项"或者"值最小的 10％项"(用户可以改变测试数值 10 或 10％)时,"项目选择规则"命令便按照用户的规定设置单元格的格式。

3. 使用彩色数据条

彩色数据条是基于选择区域内数据的相对值而显示的彩色数据条。当用户选择了一个单元格区域,选择"条件格式"→"数据条"命令,便会出现一列可供选择的彩色数据条。选择其中一种类型,Excel 自动把一个彩色条图表覆盖在选定区域中数据的上方,这样用户便能很快看到各个数值之间的对比。彩色数据条和其他条件格式一样,用户可以创建数据条的格式,只要选择"其他规则"即可。

4. 使用色阶

色彩的明暗梯度特征称为色阶,其功能与数据条类似,单元格背景颜色的深浅取决于此单元格中的数值与其他选中的单元格数值的比值大小。使用色阶时,先选择一个单元格区域,选择"条件格式"→"色阶"命令,选择色阶样式列表中的一种样式,Excel 根据用户所选择的样式为单元格着色。与其他条件格式的操作相同,用户可以通过"其他规则"创建自定义色阶的格式条件。

5. 使用图标集

当使用"条件格式"下拉序列中的"图标集"命令设置数据的条件格式时,Excel 会在所选的每个单元格旁边显示一个图标。用户通过图标可以看到这些数值在所选区域中的位置。使用图标集时，先选择一个单元格区域，选择"条件格式"→"图标集"命令，选择图标集样式列表中的一种样式，所选单元格区域的左端就会出现所选图标。与其他条件格式的操作相同，用户可以通过"其他规则"创建自定义色阶的格式条件。

📖 **任务设计**

对"产品销售表"进行条件格式的操作，将销售数量低于 20 和高于 40 的值以不同的颜色填充，以便于查看这些特殊的数据。

1. 设置销售数量小于 20 的数据特殊格式显示

① 选择 G3：G26 单元格区域，以选中"产品销售表"销售数量数据区。

② 单击"开始"→"样式"→"条件格式"按钮，在弹出的菜单中选择"突出显示单元格规则"，接着在弹出菜单中选择"小于"条件。

③ 弹出"小于"条件对话框，在数值文本框中输入"20"，在"设置为"下拉列表框中选择"浅红填充色深红色文本"命令，如图 4-17 所示。

图 4-17 "小于"条件对话框

④ 单击"确定"按钮，可以看到表中销售数量低于 20 的数据都以设置的特殊样式突出显示。如图 4-18 所示。

序号	月份	业务员	产品	型号	单价	数量
0001	一月	张 红	三星	laxy S5 (G9008|	3299.0	22.0
0002	二月	张 红	诺基亚	L 4G (RM-1061)	599.0	40.0
0003	三月	张 红	飞利浦	W6618	1439.0	11.0
0004	四月	张 红	SONY爱立信	P1c	3771.0	16.0
0005	五月	张 红	飞利浦	I928	1599.0	22.0
0006	六月	张 红	海尔手机	HG-N93	2688.0	42.0
0007	一月	胡小飞	SONY爱立信	P1c	3771.0	35.0
0008	二月	胡小飞	海尔手机	HG-N93	2688.0	26.0
0009	三月	胡小飞	三星	laxy S5 (G9006	2799.0	23.0
0010	四月	胡小飞	海尔手机	HG-N93	2688.0	21.0
0011	五月	胡小飞	海尔手机	HG-K160	1688.0	33.0
0012	六月	胡小飞	SONY爱立信	P990c	2343.0	36.0
0013	一月	王 杰	诺基亚	Nokia N76	2200.0	23.0
0014	二月	王 杰	三星	laxy S5 G9008|	3099.0	15.0
0015	三月	王 杰	SONY爱立信	P990c	2343.0	16.0
0016	四月	王 杰	飞利浦	PHILIPS 699	1480.0	25.0
0017	五月	王 杰	飞利浦	9@9k	1419.0	28.0
0018	六月	王 杰	SONY爱立信	P990c	2343.0	28.0
0019	一月	杨艳芳	诺基亚	mia 930 (RM-10	2699.0	46.0
0020	二月	杨艳芳	诺基亚	mia 830 (RM-98	2058.0	18.0
0021	三月	杨艳芳	飞利浦	W8568	1899.0	32.0
0022	四月	杨艳芳	飞利浦	W9588	3239.0	29.0
0023	五月	杨艳芳	海尔手机	HG-K160	1688.0	13.0
0024	六月	杨艳芳	三星	laxy S5 (G9009	3299.0	45.0

图 4-18 销售数量低于 20 的数据特殊样式

2. 置销售数量高于 40 的值用特殊格式显示

① 选择 G3：G26 单元格数据区域，以选中"产品销售表"销售数量数据区。

② 单击"开始"→"样式"→"条件格式"按钮，在弹出的菜单中选择"突出显示单元格规则"，在弹出菜单中选择"大于"条件。

③ 弹出"大于"条件对话框,在数值文本框中输入"40",在"设置为"下拉列表框中选择"绿填充色深绿色文本"命令。

④ 单击"确定"按钮,可以看到表中销售数量高于 40 的数据都以设置的特殊样式突出显示。如图 4-19 所示。

序号	月份	业务员	产品	型号	单价	数量
				产品销售一览表		
0001	一月	张 红	三星	laxy S5 (G9008V	3299.0	22.0
0002	二月	张基亚	诺基亚	L 4G (RM-1061)	599.0	40.0
0003	三月	张 红	飞利浦	W6618	1439.0	11.0
0004	四月	张 红	SONY爱立信	P1c	3771.0	16.0
0005	五月	张 红	飞利浦	I928	1599.0	22.0
0006	六月	张 红	海尔手机	HG-N93	2688.0	42.0
0007	一月	胡小飞	SONY爱立信	P1c	3771.0	35.0
0008	二月	胡小飞	海尔手机	HG-N93	2688.0	26.0
0009	三月	胡小飞	三星	laxy S5 (G9006	2799.0	23.0
0010	四月	胡小飞	海尔手机	HG-N93	2688.0	21.0
0011	五月	胡小飞	海尔手机	HG-K160	1688.0	33.0
0012	六月	胡小飞	SONY爱立信	P990c	2343.0	36.0
0013	一月	王 杰	诺基亚	Nokia N76	2200.0	23.0
0014	二月	王 杰	三星	laxy S5 G9008V	3099.0	15.0
0015	三月	王 杰	SONY爱立信	P990c	2343.0	16.0
0016	四月	王 杰	飞利浦	PHILIPS 699	1480.0	25.0
0017	五月	王 杰	飞利浦	9@9k	1419.0	28.0
0018	六月	王 杰	SONY爱立信	P990c	2343.0	28.0
0019	一月	杨艳芳	诺基亚	ia 930 (RM-10	2699.0	46.0
0020	二月	杨艳芳	诺基亚	mia 830 (RM-98	2058.0	18.0
0021	三月	杨艳芳	飞利浦	W8568	1899.0	32.0
0022	四月	杨艳芳	飞利浦	W9588	3239.0	29.0
0023	五月	杨艳芳	海尔手机	HG-K160	1688.0	13.0
0024	六月	杨艳芳	三星	laxy S5 (G9009	3299.0	45.0

图 4-19 销售数量高于 40 的数据特殊样式

任务三 定制工作表

📖 任务描述

在这个尊重个性的社会,几乎每个人都在追求属于自己的个性化方式。在处理 Excel 工作表时用户也可以根据自己的个人爱好定制工作表,以满足不同的需要。

📖 任务分析

改变工作表窗口的大小及配置可以简化对数据的操作,这对大型工作表来说更为有效。例如,隐藏信息,扩大或缩小数据显示范围,锁定行或列从而保留标题或表头,同时使用多个单元格窗格,或者在同一工作簿中创建新窗口等。

📖 知识链接

1. 隐藏或显示表格的行或列

当工作表中的数据不希望被别人看到,用户可以将这些数据隐藏起来。隐藏或显示表格行或列的具体操作步骤如下。

① 打开需要隐藏数据的工作表,选择需要隐藏的行或列。单击"开始"→"单元格"→"格式"按钮,在弹出的菜单中选择"隐藏和取消隐藏"→"隐藏行"或"隐藏列"命令。

② 如果要显示隐藏的行或列,则同时选择该行上相邻两行(该列相邻两列),单击"开始"→"单元格"→"格式"按钮,在弹出的菜单中选择"隐藏和取消隐藏"→"取消隐藏行"或"取消隐藏列"命令,即可将隐藏的行或列显示出来。

③ 同样,也可以通过右击需要隐藏的行或列,通过选取"隐藏行"或"隐藏列"命令,来进行设置。

2. 隐藏或显示整个工作表

除了隐藏行和列之外，Excel 也可以根据需要将整个工作表隐藏起来。具体操作步骤如下。

① 单击要隐藏的工作表标签，单击"开始"→"单元格"→"格式"按钮，在弹出的菜单中选择"隐藏和取消隐藏"→"隐藏工作表"命令，即可将选择的工作表隐藏起来。

② 右击工作簿中任意一个工作表标签，在弹出的快捷菜单中选择"取消隐藏"命令。

③ 弹出"取消隐藏"对话框，在"取消隐藏工作表"列表框中选择要显示的工作表，单击"确定"按钮，即可将隐藏的工作表显示出来。

3. 拆分窗口

当工作表中的数据很多时，可以将工作表拆分成多个窗口，以便用户对多个窗口进行相同的操作。这样可以非常方便地查看表格中不同位置的数据。拆分窗口的具体操作步骤如下。

① 打开需要拆分的工作表，将光标移动到 Excel 工作表中垂直滚动条上方的"▭"上，按住左键，向下拖动鼠标，即可将工作表拆分为上下两部分，拖动拆分横线可以调整上下窗口的大小。

② 如果需要将工作表拆分成两个以上窗口，可以单击要从上方或左侧拆分的单元格，单击"视图"→"窗口"→"拆分"按钮，可以将工作表拆分为 4 个小窗口。

4. 冻结窗格

如果工作表中的数据量较大，一页不能完全显示时，数据会随着滚动条而翻滚，超过一页之后将不再显示表头部分，这对查看工作表数据十分不便，用户可以使用冻结工作表的功能，使表头内容固定不动，始终显示在工作表中。冻结窗格的具体操作步骤如下。

① 打开工作表，单击表头所在行的下一行中的任一单元格。

② 单击"视图"→"窗口"→"冻结窗格"按钮，在弹出的菜单中选择"冻结拆分窗格"命令。

📖 任务设计

对"产品销售表"进行定制处理，隐藏和显示业务员张红的销售记录，以及冻结表头，以满足方便查看。具体操作步骤如下。

1. 隐藏和显示业务员张红的销售记录

① 打开"产品销售表"工作簿，选择业务员张红的销售记录（第 3 行至第 8 行）。

② 单击"开始"→"单元格"→"格式"按钮，在弹出的菜单中选择"隐藏和取消隐藏"→"隐藏行"命令。可以看到第 3 行至第 8 行的数据被隐藏起来，隐藏数据记录后的效果如图 4-20 所示。

③ 显示隐藏的行。同时选择第 2 行和第 9 行，单击"开始"→"单元格"→"格式"按钮，在弹出的菜单中选择"隐藏和取消隐藏"→"取消隐藏行"命令，即可将隐藏的第 3 行至第 8 行显示出来。

2. 冻结"产品销售表"表头信息。

① 单击第 2 行以下的任何单元格，如 A3 单元格。

② 单击"视图"→"窗口"→"冻结窗格"按钮，在弹出的菜单中选择"冻结拆分窗格"命令，如图 4-21 所示。

③ 在第2行的下边界将显示一条线,表明已经冻结表头。在浏览表格数据时,可以看到只有数据在移动而表头部分固定不变,如图4-22所示。

	A	B	C	D	E	F	G
1				产品销售一览表			
2	序号	月份	业务员	产品	型号	单价	数量
9	0007	一月	胡小飞	SONY爱立信	P1c	3771.0	35.0
10	0008	二月	胡小飞	海尔手机	HG-N93	2688.0	26.0
11	0009	三月	胡小飞	三星	laxy S5 (G9006	2799.0	23.0
12	0010	四月	胡小飞	海尔手机	HG-N93	2688.0	21.0
13	0011	五月	胡小飞	海尔手机	HG-K160	1688.0	33.0
14	0012	六月	胡小飞	SONY爱立信	P990c	2343.0	36.0
15	0013	一月	王 杰	诺基亚	Nokia N76	2200.0	23.0
16	0014	二月	王 杰	三星	laxy S5 G9008V	3099.0	15.0
17	0015	三月	王 杰	SONY爱立信	P990c	2343.0	16.0
18	0016	四月	王 杰	飞利浦	PHILIPS 699	1480.0	25.0
19	0017	五月	王 杰	飞利浦	9@9k	1419.0	28.0
20	0018	六月	王 杰	SONY爱立信	P990c	2343.0	28.0
21	0019	一月	杨艳芳	诺基亚	ia 930 (RM-10	2699.0	46.0
22	0020	二月	杨艳芳	诺基亚	mia 830 (RM-98	2058.0	18.0
23	0021	三月	杨艳芳	飞利浦	W8568	1899.0	32.0
24	0022	四月	杨艳芳	飞利浦	W9588	3239.0	29.0
25	0023	五月	杨艳芳	海尔手机	HG-K160	1688.0	13.0
26	0024	六月	杨艳芳	三星	laxy S5 (G9009	3299.0	45.0

图 4-20 隐藏行后的数据记录显示效果

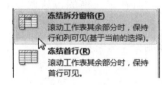

	序号	月份	业务员	产品	型号	单价	数量
1				产品销售一览表			
2	序号	月份	业务员	产品	型号	单价	数量
6	0004	四月	张 红	SONY爱立信	P1c	3771.0	16.0
7	0005	五月	张 红	飞利浦	I928	1599.0	22.0
8	0006	六月	张 红	海尔手机	HG-N93	2688.0	42.0
9	0007	一月	胡小飞	SONY爱立信	P1c	3771.0	35.0
10	0008	二月	胡小飞	海尔手机	HG-N93	2688.0	26.0

图 4-21 选择冻结拆分窗格   图 4-22 冻结表头的产品销售表

项目三 统计销售业绩数据表

制作销售数据表的目的就是用来统计分析销售数据,使企业更方便地了解产品的销售情况。Excel 2010 提供了强大的数据统计分析功能,用户可以借助于公式、函数进行数据计算,以及使用统计图表进行数据分析。

任务一 公式的使用

📖 任务描述

Excel 中最强大的功能之一就是数据的计算功能,在进行数据计算时,需要输入各种公式、函数,并在公式中对单元格进行不同类型的引用,以便计算出所需的结果。

📖 任务分析

公式是对工作表中数据进行计算和操作的等式。使用公式有助于分析工作表中的数据并执行各种运算。公式的使用包括单元格引用、输入公式、编辑公式、复制和移动公式等。

📖 知识链接

公式是对工作表中数据进行计算的表达式,公式必须以等号"＝"开头,后面跟表达式。公式可以包括函数、引用、运算符和常量。

1. 单元格引用

引用用于标识工作表上的单元格或单元格区域，并告知 Microsoft Excel 在何处查找公式中所使用的数值或数据。通过引用，可以在一个公式中使用工作表不同区域的数据，或者在多个公式中使用同一个单元格中的数值，或者引用同一个工作簿中其他工作表上的单元格甚至其他工作簿中的数据。单元格的引用主要有绝对引用、相对引用和混合引用三种方式。

（1）相对引用。公式中的相对单元格引用（如 A1）是基于包含公式和单元格引用的单元格的相对位置。如果公式所在单元格的位置改变，引用也随之改变。如果多行或多列地复制或填充公式，引用会自动调整。默认情况下，新公式使用相对引用。例如，如果将单元格 B2 中的相对引用复制或填充到单元格 B3，将自动从"＝A1"调整到"＝A2"。

（2）绝对引用。公式中的绝对单元格引用（如＄A＄1）总是在特定位置引用单元格。如果公式所在单元格的位置改变，绝对引用将保持不变。如果多行或多列地复制或填充公式，绝对引用将不作调整。默认情况下，新公式使用相对引用，用户通过在相对引用的列标和行号前面分别加上"＄"符号将其转换为绝对引用。例如，如果将单元格 B2 中的绝对引用复制或填充到单元格 B3，则在两个单元格中一样，都是"＄A＄1"。

（3）混合引用。混合引用具有绝对列和相对行或绝对行和相对列。绝对引用列采用＄A1、＄B1 等形式。绝对引用行采用 A＄1、B＄1 等形式。如果公式所在单元格的位置改变，则相对引用将改变，而绝对引用将不变。如果多行或多列地复制或填充公式，相对引用将自动调整，而绝对引用将不作调整。例如，如果将一个混合引用从 A2 复制到 B3，它将从＝A＄1 调整到＝B＄1。

2. 定义名称

在 Excel 的数据计算和分析处理过程中，需要引用大量的单元格区域，作为计算过程中所需要的数据。如果对这些单元格区域定义名称，不但可以使各部分的数据意义明确，也便于查找、引用和管理。

（1）使用名称框命名。可以直接在名称框中对选择的单元格区域进行命名。具体操作步骤如下。

① 选择要命名的单元格区域，单击"名称框"并输入相应的名称。

② 按"Enter"键，即可完成单元格的重命名。

（2）使用"新建名称"对话框命名，具体操作步骤如下。

① 选择要命名的单元格区域，单击"公式"→"定义的名称"→"定义名称"按钮，弹出"新建名称"对话框。

② 在"名称"文本框中输入命名的名称，在"范围"下拉列表框中选择该名称的有效范围。

③ 设置好后单击"确定"按钮，完成单元格命名操作。

3. 公式的输入和使用

（1）输入公式

可以直接在单元格中输入公式，也可以在编辑栏中输入公式。具体操作步骤如下。

① 直接在单元格中输入。对于简单的公式，可以直接在单元格中输入。首先单击需输入公式的单元格，接着输入"＝"（等号），然后输入公式内容，最后单击编辑栏上的"输入"按钮，或者按"Enter"键，即可完成公式的输入。

② 在编辑栏中输入。单击要输入公式的单元格,然后单击"编辑栏",在编辑栏中输入"＝"(等号),输入操作数和运算符,输入完毕,按下"Enter"键或单击编辑栏上的"输入"按钮即可完成公式的输入。

（2）编辑公式

输入完公式之后,有时需要对公式进行重新编辑,修改公式中引用的单元格地址或常量值。要修改公式,可单击含有公式的单元格,然后在"编辑栏"中进行修改,修改完毕后按"Enter"键即可。要删除公式,可单击含有公式的单元格,然后按"Delete"键。

（3）复制公式

创建公式之后,需要在其他单元格中使用同样的公式计算时,可以复制公式。复制公式可以通过"填充柄"或"选择性粘贴"命令实现,具体操作步骤如下。

① 使用"填充柄"复制公式。在 Excel 中,当我们想将某个单元格中的公式复制到同列(行)中相邻的单元格时,可以通过拖动"填充柄"来快速完成。具体方法为:选中需要复制的单元格,将鼠标放置在单元格的右下角,当光标呈黑色小十字的时候,按住鼠标左键拖动填充柄到目标位置后释放,即可完成公式的复制操作。

② 利用"选择性粘贴"复制公式。复制含有公式的单元格(此单元格包含格式),然后选择目标单元格,单击"粘贴"按钮下方的三角按钮,在展开的列表中选择"选择性粘贴"命令,在打开的对话框中选择"公式"单选按钮,然后单击"确定"按钮,即可完成公式的复制操作。

　📖　**任务设计**

计算"产品销售表"工作表中每笔销售记录的销售金额。操作步骤如下。

① 单击 H2 单元格,输入"金额"列标题,设置文本字体为"宋体",大小为"12",颜色为"红色",字形为"加粗"。

② 单击 H3 单元格,在编辑栏输入公式"＝F3 * G3",单击编辑栏上的"输入"按钮✓,即可计算出该记录的销售金额。

③ 单击 H3 单元格,将鼠标指针移到该单元格填充柄,按住鼠标左键不放,将其拖到H26 单元格后释放鼠标。

④ 通过使用"填充柄"复制公式,计算其所有记录对应的销售金额。

任务二　函数的使用

　📖　**任务描述**

在日常工作中有时需要计算大量的数据信息,如果不采取有效的计算方法,这将是一件很头疼的事情。Excel 为我们提供了丰富的常用函数功能,用户通过使用这些函数就能对复杂数据进行计算。函数是电子表格预先定义、执行计算、分析等处理数据任务的特殊公式,用于对一个或多个执行运算的数据进行指定的计算。参与运算的数据称为函数的参数,其可以是数字、文本、逻辑值、数组、常量、公式、其他函数或单元格引用。

　📖　**任务分析**

在 Excel 中使用函数能够使我们的工作简单轻松化,如果要把函数运用自如,需要熟悉Excel 提供了的那些常用的函数,以及其具体的用法。

　📖　**知识链接**

每个函数都由函数名和变量组成,其中函数名表示将执行的操作,变量表示函数将作用的数值所在单元格地址，通常是一个单元格区域，也可以是更为复杂的内容。在公式中合理地使用函数，可以完成如求和、逻辑判断、财务分析等众多数据处理功能。

1. 函数的书写格式

函数由函数名和参数组成，其一般格式为：

函数名（参数 1，参数 2……）。

函数名用以描述函数的功能，通常用大写字母表示。参数可以是单元格引用、数字、公式或其他函数。例如，SUM(Number1,Number2,Number3,…)是一个求和函数，其中 SUM 是函数名，Number1,Number2,Number3,…是函数参数，且参数用一对括号"()"括起来。

在输入函数时，需要注意以下语法规则。

① 函数必须以等号"＝"开始，如"＝MAX(A1:B5)"。

② 当函数的参数个数多于 1 个时，需要用逗号"，"作为分隔符。

③ 函数的参数须用括号"()"括起来。

④ 函数的参数如果是文本，则需要用英文双引号("")括起来。

⑤ 函数的参数可以是定义好的单元格或单元格区域名、数组、单元格引用、数值、公式或其他函数。

2. 函数的分类

① 财务函数：可以进行一般的财务计算。例如，确定贷款的支付额、投资的未来值或净现值，以及债券或息票的价值。

② 时间和日期函数：可以在公式中分析和处理日期值和时间值。

③ 数学和三角函数：可以处理简单和复杂的数学计算。

④ 统计函数：用于对数据进行统计分析。

⑤ 查找和引用函数：在工作表中查找特定的数值或引用的单元格。

⑥ 数据库函数：分析工作表中的数值是否符合特定条件。

⑦ 文本函数：可以在公式中处理字符串。

⑧ 逻辑函数：可以进行真假值判断，或者进行复合检验。

⑨ 信息函数：用于确定存储在单元格中的数据的类型。

⑩ 工程函数：用于工程分析。

3. 函数的输入

使用函数时，应首先在单元格中输入了"＝"号，进入公式编辑状态，然后再输入函数名称，函数名称后紧跟着输入一对括号，括号内为一个或多个参数，参数之间需要用逗号进行分隔。在工作表中输入函数的方法主要有"手动输入"和使用"函数向导"两种。具体操作步骤如下。

（1）手工输入函数。单击需输入函数的单元格，然后依次输入等号、函数名、左括号、具体参数和右括号，最后单击"编辑栏"中的"输入"按钮或按"Enter"键，此时在输入函数的单元格中将显示公式的运算结果。

（2）使用"函数向导"。如果不能确定函数的拼写或参数，可以使用"函数向导"插入函数。具体操作步骤如下。

① 单击要插入函数的单元格,单击"编辑栏"左侧的"插入函数"按钮f_x,或者单击"公式"→"函数库"→"插入函数"按钮。

② 弹出"插入函数"对话框,在"选择函数"列表框中选择合适的函数,如图 4-23 所示。

③ 单击"确定"按钮,弹出"函数参数"对话框,如图 4-24 所示。

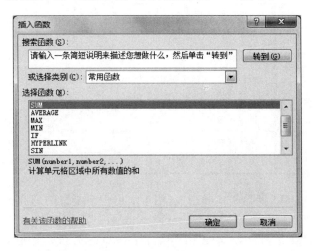

图 4-23 插入函数对话框

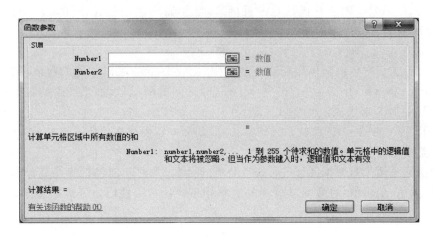

图 4-24 函数参数对话框

④ 单击 按钮,在工作表中拖动鼠标选择需要参与计算的单元格区域。选择好后,单击按钮 ,返回"函数参数"对话框。单击"确定"按钮,完成公式的插入,在对应单元格中返回计算结果。

4. 常用函数的使用

Excel 2010 提供二百多个函数,根据函数的实际功能分成几大类型,用户具体应用选择合适的函数,下面介绍一些经常使用的函数。

（1）数学和三角函数

使用数学和三角函数,可以对单元格内的数据进行一些简单的数学计算。例如,对选定单元格区域中的数值求和,或对数值四舍五入等。表 4-1 列出了常见的数学和三角函数。

表 4-1 数学与三角函数

函数	功能说明	举例	结果
ABS(number)	返回参数的绝对值	＝ABS(－10)	10
INT(number)	返回不大于参数的最大整数	＝INT(78.8)	78
MOD(number,divisor)	返回两个参数相除的余数。结果的正负号与除数相同	＝MOD(－5,－2)	－1
PI()	返回圆周率,小数点保留15位	＝PI()	3.14159
RAND()	返回[0,1)之间的随机小数,每次计算时都返回不同的数值	RAND()	0.32
ROUND(number,n)	返回参数四舍五入后的值	ROUND(82.56,1)	82.6
SQRT(number)	返回参数的正平方根	SQRT(16)	4
SUM(number1,number2,…)	返回指定参数中数值之和	＝SUM(D3:H3)	393

① SUM 函数。SUM 函数是求和函数,用于求出指定参数的总和。其函数格式为：

SUM(number,number2,…)

【说明】其中 SUM 是函数名,参数 number1,number2 可以是单元格引用、单元格区域、函数或数值。

② RAND 函数。RAND 函数是随机函数,该函数产生的值介于[0,1)之间的随机小数,其函数格式为：

RAND()

根据实际需要产生的随机数所介于的范围,RAND 函数乘以不同的数值,用户可以用公式:"＝RAND()＊(b－a)＋a"产生介于[a,b)之间的随机数,如果产生的随机数要包括 b,则在括号中加 1,即公式改为"＝RAND()＊(b－a＋1)＋a"。

【说明】当使用 RAND 函数产生随机数时,每次工作表计算的结果都不一样。

（2）统计函数

统计函数是用于对数据区域进行统计分析的函数,主要功能包括统计某个区域数值的平均值、最大值、最小值,对数据进行相关概率分布统计和线性回归分析等操作。表 4-2 列出常见的统计函数。

表 4-2 统计函数

函数	功能说明
AVERAGE(number1,number2,…)	返回指定参数的平均值
COUNT(value1,value2,…)	计算指定参数中数值的个数
COUNTA(value1,value2,…)	计算指定参数中非空单元格的个数
COUNTIF(range,criteria)	计算选定区域内满足指定条件的单元格数目
FREQUENCY(Data_array,Bins_array)	计算满足指定条件的一组数据中各分段区间的分布情况
MAX(number1,number2,…)	返回指定参数中的最大数值
MIN(number1,number2,…)	返回指定参数中的最小数值
RANK(Number,Ref,Order)	返回指定数值在数组中的排位

① AVERAGE 和 AVERAGEA 函数——计算平均值。AVERAGE 函数是计算所选区域中所有单元格的平均值。其语法形式为：

AVERAGE(number1,number2,…)

其中 Number1，number2，…为要计算平均值的(1～30 个)参数，这些参数可以是数字或者是涉及数字的名称、数组、或引用。如果数组或单元格引用参数中有文字、逻辑值或空单元格，则忽略其值。但是，如果单元格包含零值，则计算在内。AVERAGEA 函数则是计算所选区域中所有非空单元格的平均值，用法跟 AVERAGE 函数一样。

② COUNT 和 COUNTA 函数——求单元格个数。COUNT 函数是统计参数列表中含有数值数据的单元格个数。其语法形式为：

COUNT(value1，value2,…)

其中 value1，value2,…为包含或引用各种类型数据的参数(1～30 个)。但只有数字类型的数据才被计数。COUNT 函数在计数时，可以把数字、空值、逻辑值、日期或以文字代表的数计算进去。但是错误值或其他无法转化成数字的文字则被忽略。如果参数是一个数组或引用，那么只统计数组或引用中的数字、数组中或引用的空单元格、逻辑值、文字或错误值都将忽略。如果要统计逻辑值、文字或错误值，应当使用 COUNTA 函数，其用法跟 COUNT 函数一样。

③ MAX 和 MIN 函数——求最大值和最小值。这两个函数 MAX、MIN 就是用来求解数据集的极值，即最大值、最小值。函数的用法非常简单，语法形式为：函数(number1，number2,…)，其中 number1，number2,…为需要找出最大数值的 1～30 个数值，如果要计算数组或引用中的空白单元格、逻辑值或文本将被忽略。因此，如果逻辑值和文本不能忽略，则使用带 A 的函数 MAXA 或 MINA 来代替。

④ RANK 函数——排序函数。RANK 函数用于返回一个数字在指定参数列表中的排位。数字的排位是其大小与指定参数列表中其他值的比值(如果所指定的参数列表已经排过序，则数字的排位就是它当前的位置)。其函数格式为：

RANK(Number,Ref,Order)

【说明】参数"Number"是需要找到排位的数字；参数"Ref"是包含一组数字的单元格区域引用或一组数字，且在指定的参数范围内非数值型数据将被忽略；参数"Order"是一数字，指明排位的方式，如果 Order 值为 0 或省略，Microsoft Excel 将 ref 按照降序排列，如果 order 不为零，Microsoft Excel 将 ref 按照升序排列。

⑤ COUNTIF 函数。COUNTIF 函数用于计算指定参数中满足特定条件的单元格个数。其函数格式为：

COUNTIF(range,criteria)

【说明】参数 range 用于指明需要计算满足条件的单元格区域。参数 criteria 为特定条件，其可以是具体的数值、表达式或文本。

⑥ FREQUENCY 函数。FREQUENCY 函数是频率分布统计函数，用于对一列垂直的数组(或数值)进行分段，计算出该数组(或数值)落在每个分段区间的数据个数。其函数格式为：

FREQUENCY(Data_array,Bins_array)

【说明】参数 Data_array 为一数组或对一组数值的引用，用来计算频率。如果该参数指定的数组或引用不包含任何数值，则 FREQUENCY 函数返回零数组。

参数 Bins_array 为一数组或对数组区域的引用，即设置对 Data_array 参数进行频率统计的各分段区域的分段点。如果该参数不包含任何数值，则 FREQUENCY 函数返回 Data_array 参数中数据元素的个数。

另外，在指定参数 Bins_array 的分段点时应遵循下列规律：

假设 Bins_array 参数分别设为 A1,A2,A3,…,An。则其对应的分段区间应为：

$X \leqslant A1, A1 < X \leqslant A2, A2 < X \leqslant A3, …, An-1 < X \leqslant An, X > An$，即分段点应为每个分段区间的最大值，且分段点个数比分段区间个数少 1。

（3）逻辑函数

逻辑函数也称为条件函数，用户使用逻辑函数可以对指定参数进行真假判断，以及进行复合检验。表 4-3 列出常见的逻辑函数。

IF 函数是条件选择函数，其根据 Logical_test（条件表达式）参数的值判断真假，返回不同的计算结果。其函数格式为：

$$IF(Logical\_test, Value\_if\_true, Value\_if\_false)$$

【说明】Logical_test 参数指定可进行真假值判断的表达式。

Value_if_true 参数指定当 Logical_test 值为"真"时的返回值，省略时返回"TRUE"。

Value_if_false 参数指定当 Logical_test 值为"假"时的返回值，省略时返回"FALSE"。

表 4-3　逻辑函数

函数	功能说明	举例	结果
IF(Logical_test, Value_if_true, Value_if_false)	计算参数 Logical_test 的值，如果该值为真，则返回参数 Value_if_true 的值，否则返回参数 Value_if_false 的值	＝IF(I3＞＝400, "上线","落榜")	落榜
AND(Logical1,Logical2,…)	当所有表达式的逻辑值都为真，才返回 TRUE，否则返回 FALSE	＝AND(1,2)	TRUE
OR(Logical1,Logical2,…)	只要有一个表达式的逻辑值为真，函数就返回 TRUE	＝OR(FALSE,FALSE)	FALSE
NOT(Logical1,Logical2,…)	对表达式的逻辑值求反	＝NOT(FALSE)	TRUE

（4）文本函数

使用文本函数，用户可以在公式或函数中处理字符串。表 4-4 列出常见的文本函数。

表 4-4　文本函数

函数	功能说明	举例	结果
LEFT(字符串,n)	返回字符串左边 n 个字符，如果省略 n，则返回左边第一个字符	＝LEFT("信息工程",2)	信息
LEN(字符串)	返回字符串中字符的个数	＝LEN("资讯工程")	4
RIGHT(字符串,n)	返回字符串右边 n 个字符，如果省略 n，则返回右边第一个字符	＝RIGHT("资讯工程",2)	工程
MID(字符串,m,n)	取出字符串从 m 个位置开始的 n 个字符	＝MID("abc123",4,3)	123
LOWER(字符串)	将字符串中所有大写字母转换成小写字母	＝LOWER("Lee")	lee
UPPER(字符串)	将字符串中所有小写字母转换成大写字母	＝UPPER("Lee")	LEE

（5）日期和时间函数

使用日期和时间函数可以对日期时间型数据进行处理。表4-5列出常见的日期和时间函数。

表 4-5　日期和时间函数

函数	功能说明	举例	结果
TODAY()	返回系统当前日期	＝TODAY()	2009-12-20
YEAR(日期)	返回指定日期的年份	＝YEAR("2009-12-20")	2009
MONTH(日期)	返回指定日期的月份	＝MONTH("2009-12-20")	12
DAY(日期)	返回指定日期的天数	＝DAY("2009-12-20")	20
NOW()	返回系统当前的日期和时间	＝NOW()	2009-12-20 20:50
HOUR(时间)	返回指定时间中的小时数	＝HOUR("20:50")	20

（6）数据库函数

数据库函数用于对存储在数据清单或数据库中的数据进行统计分析,使用数据库函数可以在数据清单中计算满足一定条件的数据的值。数据库函数有些共同特征。

① 每个数据库函数都有三个参数:Database、Field 和 Criteria。

② 除了 GETPIVOTDATA 函数之处,其他每个数据库函数都以字母 D 开头。

③ 如果将函数名的字母 D 去掉,其与统计函数中函数名一样,如将 DCOUNT 函数的字母 D 去掉,就是统计函数中的计数函数 COUNT。表4-6列出常见的数据库函数。

表 4-6　数据库函数

函数	功能说明
DAVERAGE	返回数据清单中满足指定条件的列中数值的平均值
DCOUNT	返回数据清单的指定列中,满足给定条件且包含数字的单元格数目
DCOUNTA	返回数据清单的指定列中,满足给定条件的非空单元格数目
DMAX	返回数据清单的指定列中,满足给定条件单元格中的最大数值
DMIN	返回数据清单的指定列中,满足给定条件的单元格中的最小数值
DSUM	返回数据清单的指定列中,满足给定条件单元格中的数字之和

数据库函数的语法格式:函数名（Database,Field,Criteria）。

例如,DAVERAGE(Database,Field,Criteria),每个数据库函数都具有相同的这三个参数。这三个参数的含义如下。

① Database:指构成数据清单或数据库的单元格区域,包含字段名。数据库是包含一组相关数据的数据清单,其中包含相关信息的行为记录,而包含数据的列为字段。数据清单的第一行包含着每一列的列标题,即字段名。

② Field:用于指定函数所使用的数据列。数据清单中的数据列必须在第一行具有列标题。Field 可以是文本,即两端带引号的字段名,如"性别"或"数据结构";另外,Field 也可以是代表数据列在数据清单中所在位置的数字,如 1 表示第一列,2 表示第二列等。

③ Criteria:为一组包含给定条件的单元格区域。可以为 Criteria 参数指定任意区域,

只要它至少包含一个列标题和列标题下方用于设定条件的单元格区域。

（7）财务函数

EXCEL 提供了许多财务函数，这些函数大体上可分为四类：投资计算函数、折旧计算函数、偿还率计算函数、债券及其他金融函数。这些函数为财务分析提供了极大的便利。利用这些函数，可以进行一般的财务计算，如确定贷款的支付额、投资的未来值或净现值，以及债券或息票的价值等等。表 4-7 列出常用的投资计算财务函数。

表 4-7 财务函数

函数	功能说明
PMT	计算某项年金每期支付金额
PV	计算某项投资的净现值
FV	计算投资的未来值
NPV	在已知定期现金流量和贴现率的条件下计算某项投资的净现值

在财务函数中有两个常用的变量：f 和 b，其中 f 为年付息次数，如果按年支付，则 $f=1$；按半年期支付，则 $f=2$；按季支付，则 $f=4$。b 为日计数基准类型，如果日计数基准为"US(NASD)30/360"，则 $b=0$ 或省略；如果日计数基准为"实际天数/实际天数"，则 $b=1$；如果日计数基准为"实际天数/360"，则 $b=2$；如果日计数基准为"实际天数/365"，则 $b=3$ 如果日计数基准为"欧洲 30/360"，则 $b=4$。下面简要介绍表 4-7 中所列出的财务函数。

① PMT 函数。PMT 函数的格式为：

$$PMT(r,np,p,f,t)$$

该函数基于固定利率及等额分期付款方式，返回投资或贷款的每期付款额。其中，r 为各期利率，是一固定值，np 为总投资（或贷款）期，即该项投资（或贷款）的付款期总数，pv 为现值，或一系列未来付款当前值的累积和，也称为本金，fv 为未来值，或在最后一次付款后希望得到的现金余额，如果省略 fv，则假设其值为零（例如，一笔贷款的未来值即为零），t 为 0 或 1，用以指定各期的付款时间是在期初还是期末。如果省略 t，则假设其值为零。

例如，需要 10 个月付清的年利率为 8%的￥10 000 贷款的月支额为：PMT(8%/12,10,10000)，则计算结果为：－￥1 037.03。对于同一笔贷款，如果支付期限在每期的期初，则支付额应为：PMT(8%/12,10,10000,0,1)，其计算结果为：－￥1 030.16。

② PV 函数。PV 函数的格式为：

$$PV(r,n,p,fv,t)$$

计算某项投资的现值。年金现值就是未来各期年金现在的价值的总和。如果投资回收的当前价值大于投资的价值，则这项投资是有收益的。

例如，借入方的借入款即为贷出方贷款的现值。其中 r(rage)为各期利率。如果按 10%的年利率借入一笔贷款来购买住房，并按月偿还贷款，则月利率为 10%/12（即 0.83%）。可以在公式中输入 10%/12、0.83%或 0.0083 作为 r 的值；n(nper)为总投资（或贷款）期，即该项投资（或贷款）的付款期总数。对于一笔 4 年期按月偿还的住房贷款，共有 4＊12（即 48）个偿还期次。可以在公式中输入 48 作为 n 的值；p(pmt)为各期所应付给（或得到）的金额，其数值在整个年金期间（或投资期内）保持不变，通常 p 包括本金和利息，但不包括其他费用及税款。例如，￥10 000 的年利率为 12%的四年期住房贷款的月偿还额为￥263.33，可以在公式中输入

263.33作为p的值；fv为未来值，或在最后一次支付后希望得到的现金余额，如果省略fv，则假设其值为零（一笔贷款的未来值即为零）。

③ FV函数。FV函数的格式为：

$$FV(r,np,p,pv,t)$$

该函数基于固定利率及等额分期付款方式，返回某项投资的未来值。其中r为各期利率，是一固定值，np为总投资（或贷款）期，即该项投资（或贷款）的付款期总数，p为各期所应付给（或得到）的金额，其数值在整个年金期间（或投资期内）保持不变，通常P包括本金和利息，但不包括其他费用及税款，pv为现值，或一系列未来付款当前值的累积和，也称为本金，如果省略pv，则假设其值为零，t为数字0或1，用以指定各期的付款时间是在期初还是期末，如果省略t，则假设其值为零。

例如：FV(0.6%,12,−200,−500,1)的计算结果为￥3,032.90；FV(0.9%,10,−1000)的计算结果为￥10,414.87；FV(11.5%/12,30,−2 000,,1)的计算结果为￥69,796.52。

④ NPV函数。NPV函数的格式为：

$$NPV(r,v1,v2,\cdots)$$

该函数基于一系列现金流和固定的各期贴现率，返回一项投资的净现值。投资的净现值是指未来各期支出（负值）和收入（正值）的当前值的总和。其中，r为各期贴现率，是一固定值；$v1,v2,\cdots$代表1到29笔支出及收入的参数值，$v1,v2,\cdots$所属各期间的长度必须相等，而且支付及收入的时间都发生在期末，NPV按次序使用$v1,v2$来注释现金流的次序。所以一定要保证支出和收入的数额按正确的顺序输入。如果参数是数值、空白单元格、逻辑值或表示数值的文字表示式，则都会计算在内；如果参数是错误值或不能转化为数值的文字，则被忽略，如果参数是一个数组或引用，只有其中的数值部分计算在内。忽略数组或引用中的空白单元格、逻辑值、文字及错误值。

例如，假设第一年投资￥8 000，而未来三年中各年的收入分别为￥2 000，￥3 300和￥5 100。假定每年的贴现率是10%，则投资的净现值是：NPV(10%,−8 000,2 000,3 300,5 800)，其计算结果为：￥8 208.98。

（8）查找函数

Excel中的查找函数也很多，但在实际工作中会经常用到的查找函数有：MATCH()、LOOKUP()、HLOOKUP()、VLOOKUP()，这些查找函数不仅仅具有查对的功能，同时还能根据查找的结果和参数的设定得到我们需要的数值。特别是这几个函数的配合使用，并以逻辑函数IF()的辅助，用户就可以在两个或多个有一定关联的工作簿中动态生成新的数据列。

LOOKUP()、HLOOKUP()、VLOOKUP()函数的功能都是在数组或表格中查找指定的数值，并按照函数参数设定的值返回表格或数组当前列（行）中指定行（列）处的数值。

由于LOOKUP()函数在单行（列）区域查找数值，并返回第二个单行（列）区域中相同位置的数值，或是在数组的第一行（列）中查找数值，返回最后一行（列）相同位置处的数值，其适用范围具有比较大的局限性，在实际的应用中，通常使用更加灵活的HLOOKUP()和VLOOKUP()函数。

HLOOKUP()和VLOOKUP()的作用类似，其区别是HLOOKUP()在表格或数组的首行查找数值，返回表格或数组当前列中指定行的数值，而VLOOKUP()是在表格或数组

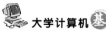

的首列查找数值，并返回表格或数组当前行中指定列的数值。这里所说的表格是按单元格地址设定的一个表格区域，如 A2:E8。VLOOKUP()函数的格式如下：

VLOOKUP(lookup_value,table_array,col_index_num,range_lookup)。

各参数说明如下。

① lookup_value——为需要在表格数组（数组：用于建立可生成多个结果或可对在行和列中排列的一组参数进行运算的单个公式。数组区域共用一个公式；数组常量是用作参数的一组常量。）第一列中查找的数值。Lookup_value 可以为数值或引用。若 lookup_value 小于 table_array 第一列中的最小值，VLOOKUP 将返回错误值 ♯N/A。

② table_array——为两列或多列数据。请使用对区域的引用或区域名称。table_array 第一列中的值是由 lookup_value 搜索的值。这些值可以是文本、数字或逻辑值。不区分大小写。

③ col_index_num——为 table_array 中待返回的匹配值的列序号。Col_index_num 为 1 时，返回 table_array 第一列中的数值；col_index_num 为 2，返回 table_array 第二列中的数值，以此类推。如果 col_index_num 小于 1，VLOOKUP 返回错误值 ♯VALUE!；如果大于 table_array 的列数，VLOOKUP 返回错误值 ♯REF!。

④ range_lookup——为一逻辑值，为 TRUE 或省略该值时，要求 table_array 第一行的数据必须升序排列，否则会得到错误的结果，同时表示待查找内容与查找内容近似匹配就可以了，如果不能精确匹配的话，则函数返回小于 lookup_value 的最大数值；如果为 FALSE，不需要 table_array 的数值进行排序，并要求精确匹配，如果没有找到则函数返回 ♯N/A。

📖 **任务设计**

1. 任务 1——数学函数和统计函数的应用

"数学函数和统计函数应用"工作表中的数据如图 4-25 所示，请使用相应函数计算总销售金额、最高销售金额、最低销售金额和平均销售金额；统计单价超过 3 000 元的销售记录条数；统计销售数量小于 20、在 20～30 之间，30～40 之间，大于 40 以上的记录各有几条。操作步骤如下。

产品销售一览表

序号	月份	业务员	产品	型号	单价	数量	金额		
0001	一月	张 红	三星	Galaxy S5 (G9008V)	3299.0	22.0	72578.0	总销售金额	
0002	二月	张 红	诺基亚	XL 4G (RM-1061)	599.0	40.0	23960.0		
0003	三月	张 红	飞利浦	W6618	1439.0	11.0	15829.0	最高销售额	
0004	四月	张 红	SONY爱立信	P1c	3771.0	16.0	60336.0		
0005	五月	张 红	飞利浦	I928	1599.0	22.0	35178.0	最低销售额	
0006	六月	张 红	海尔手机	HG-N93	2688.0	42.0	112896.0	平均销售额	
0007	一月	胡小飞	SONY爱立信	P1c	3771.0	35.0	131985.0		
0008	二月	胡小飞	海尔手机	HG-N93	2688.0	26.0	69888.0		
0009	三月	胡小飞	三星	Galaxy S5 (G9006W)	2799.0	23.0	64377.0	单价超过3000元的销售记录数	
0010	四月	胡小飞	海尔手机	HG-N93	2688.0	21.0	56448.0		
0011	五月	胡小飞	海尔手机	HG-K160	1688.0	33.0	55704.0		
0012	六月	胡小飞	SONY爱立信	P990c	2343.0	36.0	84348.0		
0013	一月	王 杰	诺基亚	Nokia N76	2200.0	23.0	50600.0	建立分段点	按销售数量分段统计
0014	二月	王 杰	三星	Galaxy S5 G9008W	3099.0	15.0	46485.0		
0015	三月	王 杰	SONY爱立信	P990c	2343.0	16.0	37488.0		
0016	四月	王 杰	飞利浦	PHILIPS 699	1480.0	25.0	37000.0		
0017	五月	王 杰	飞利浦	9@9k	1419.0	28.0	39732.0		
0018	六月	王 杰	SONY爱立信	P990c	2343.0	28.0	65604.0		
0019	一月	杨艳芳	诺基亚	Lumia 930 (RM-1087)	2699.0	46.0	124154.0		
0020	二月	杨艳芳	诺基亚	Lumia 830 (RM-984)	2058.0	18.0	37044.0		
0021	三月	杨艳芳	飞利浦	W8568	1899.0	32.0	60768.0		
0022	四月	杨艳芳	飞利浦	W9588	3239.0	29.0	93931.0		
0023	五月	杨艳芳	海尔手机	HG-K160	1688.0	13.0	21944.0		
0024	六月	杨艳芳	三星	Galaxy S5 (G9009W)	3299.0	45.0	148455.0		

图 4-25 "产品销售表"工作表

（1）求总销售金额（SUM 函数）

① 单击 I3 单元格，单击"编辑栏"左侧的"插入函数"按钮 f_x。

② 弹出"插入函数"对话框，单击"选择类别"文本框右侧下拉按钮，选择"统计"命令。在"选择函数"列表框中选择"SUM"函数。

③ 单击"确定"按钮，弹出"函数参数"对话框，单击 Number1 文本框右侧 按钮，在工作表中拖动鼠标选择参与计算的 H3：H26 单元格区域。选择好后，单击 按钮，返回"函数参数"对话框。

④ 单击"确定"按钮，完成公式的插入，在 I3 单元格中计算出总销售金额。

（2）求最高销售金额（MAX 函数）

① 单击 I5 单元格，单击"编辑栏"左侧的"插入函数"按钮 f_x。

② 弹出"插入函数"对话框，单击"选择类别"文本框右侧下拉按钮，选择"统计"命令。在"选择函数"列表框中选择"MAX"函数。

③ 单击"确定"按钮，弹出"函数参数"对话框，单击 Number1 文本框右侧 按钮，在工作表中拖动鼠标选择参与计算的 H3：H26 单元格区域。选择好后，单击 按钮，返回"函数参数"对话框。

④ 单击"确定"按钮，完成公式的插入，在 I5 单元格中计算出最高销售金额。

（3）求最低销售金额（MIN 函数）

① 单击 I7 单元格，单击"编辑栏"左侧的"插入函数"按钮 f_x。

② 弹出"插入函数"对话框，单击"选择类别"文本框右侧下拉按钮，选择"统计"命令。在"选择函数"列表框中选择"MIN"函数。

③ 单击"确定"按钮，弹出"函数参数"对话框，单击 Number1 文本框右侧 按钮，在工作表中拖动鼠标选择参与计算的 H3：H26 单元格区域。选择好后，单击 按钮，返回"函数参数"对话框。

④ 单击"确定"按钮，完成公式的插入，在 I7 单元格中计算出最低销售金额。

（4）求平均销售金额（AVERAGE 函数）

① 单击 I9 单元格，单击"编辑栏"左侧的"插入函数"按钮 f_x。

② 弹出"插入函数"对话框，单击"选择类别"文本框右侧下拉按钮，选择"统计"命令。在"选择函数"列表框中选择"AVERAGE"函数。

③ 单击"确定"按钮，弹出"函数参数"对话框，单击 Number1 文本框右侧 按钮，在工作表中拖动鼠标选择参与计算的 H3：H26 单元格区域。选择好后，单击 按钮，返回"函数参数"对话框。

④ 单击"确定"按钮，完成公式的插入，在 I9 单元格中计算出平均销售金额。

（5）统计单价超过 3 000 元的销售记录条数（COUNTIF 函数）

① 单击 I12 单元格，单击"编辑栏"左侧的"插入函数"按钮 f_x。

② 弹出"插入函数"对话框，单击"选择类别"文本框右侧下拉按钮，选择"统计"命令。在"选择函数"列表框中选择"COUNTIF"函数。

③ 单击"确定"按钮，弹出"函数参数"对话框，按图 4-26 所示输入各参数值。

④ 单击"确定"按钮，完成公式的插入，在 I12 单元格中计算出单价超过 3 000 元的销售

记录条数为 6 条。

（6）统计销售数量分布在不同数据段的记录数（FREQUENCY 函数）

① 建立分段点，根据分段区间分别在单元格 I16:I18 中输入 19,29,39。

② 选定存放统计结果的单元格区域 J16:J19。由于 FREQUENCY 函数根据分段区间统计的结果有多个，因此需要选择多个单元格来存放输出结果，且选定的单元格个数比分段点个数多 1。单击"编辑栏"左侧的"插入函数"按钮 f_x。

③ 弹出"插入函数"对话框，单击"选择类别"文本框右侧下拉按钮，选择"统计"命令。在"选择函数"列表框中选择"FREQUENCY"函数。

④ 单击"确定"按钮，弹出"函数参数"对话框，按图 4-27 所示输入各参数值。

=COUNTIF(F3:F26,">3000")

图 4-26　COUNTIF 函数的参数值

=FREQUENCY(G3:G26,I16:I18)

图 4-27　FREQUENCY 函数的参数值

⑤ 同时按"Ctrl＋Shift＋Enter"快捷键，在单元格区域 J16:J19 统计出销售数量分布在不同数据段的记录数。

完成计算后的工作表数据统计结果如图 4-28 所示。

	A	B	C	D	E	F	G	H	I	J
1					产品销售一览表					
2	序号	月份	业务员	产品	型号	单价	数量	金额	总销售金额	
3	0001	一月	张 红	三星	Galaxy S5 (G9008V)	3299.0	22.0	72578.0	1546732.0	
4	0002	二月	张 红	诺基亚	XL 4G (RM-1061)	599.0	40.0	23960.0	最高销售额	
5	0003	三月	张 红	飞利浦	W6618	1439.0	11.0	15829.0	148455.0	
6	0004	四月	张 红	SONY爱立信	P1c	3771.0	16.0	60336.0	最低销售额	
7	0005	五月	张 红	飞利浦	I928	1599.0	22.0	35178.0	15829.0	
8	0006	六月	张 红	海尔手机	HG-N93	2688.0	42.0	112896.0	平均销售额	
9	0007	一月	胡小飞	SONY爱立信	P1c	3771.0	35.0	131985.0	64447.2	
10	0008	二月	胡小飞	海尔手机	HG-N93	2688.0	26.0	69888.0		
11	0009	三月	胡小飞	三星	Galaxy S5 (G9006W)	2799.0	23.0	64377.0	单价超过3000元的销售记录数	
12	0010	四月	胡小飞	海尔手机	HG-N93	2688.0	21.0	56448.0	6	
13	0011	五月	胡小飞	海尔手机	HG-K160	1688.0	33.0	55704.0		
14	0012	六月	胡小飞	SONY爱立信	P990c	2343.0	36.0	84348.0		
15	0013	一月	王 杰	诺基亚	Nokia N76	2200.0	23.0	50600.0	建立分段点	按销售数量分段统计
16	0014	二月	王 杰	三星	Galaxy S5 G9008W	3099.0	15.0	46485.0	19	6
17	0015	三月	王 杰	SONY爱立信	P990c	2343.0	16.0	37488.0	29	10
18	0016	四月	王 杰	飞利浦	PHILIPS 699	1480.0	25.0	37000.0	39	4
19	0017	五月	王 杰	飞利浦	909k	1419.0	28.0	39732.0		4
20	0018	六月	王 杰	SONY爱立信	P990c	2343.0	28.0	65604.0		
21	0019	一月	杨艳芳	诺基亚	Lumia 930 (RM-1087)	2699.0	46.0	124154.0		
22	0020	二月	杨艳芳	诺基亚	Lumia 830 (RM-984)	2058.0	18.0	37044.0		
23	0021	三月	杨艳芳	飞利浦	W8568	1899.0	32.0	60768.0		
24	0022	四月	杨艳芳	飞利浦	W9588	3239.0	29.0	93931.0		
25	0023	五月	杨艳芳	海尔手机	HG-K160	1688.0	13.0	21944.0		
26	0024	六月	杨艳芳	三星	Galaxy S5 (G9009W)	3299.0	45.0	148455.0		

图 4-28　产品销售表的计算结果

2. 任务 2——逻辑函数、文本函数、日期和时间函数的应用

打开"其他函数应用"工作表，其数据如图 4-29 所示。根据 A 列空气污染指数，在 B 列对应的单元格中使用 IF 函数计算其空气质量状况：空气污染指数 201～300 的为"不佳"，空气污染指数 101～200 的为"普通"，空气污染指数 51～100 的为"良"，空气污染指数小于 50 的为"优"；根据 D 列员工的身份证号码，在 E 列计算每位员工的出生年月日；根据 F 列每位员工的工作日期，在 G 列计算每位员工的工龄。其操作步骤如下。

（1）统计空气质量状况（IF 函数）

① 选择单元格 B2，使其成为活动单元格，在"编辑栏"中输入公式：＝IF(A2＞200,"不佳",IF(A2＞100,"普通",IF(A2＞50,"良","优")))。

② 按"Enter"键，在 B2 单元格计算出空气质量状况为"不佳"。

③ 选定 B2 单元格，拖动填充柄到 B13 单元格，计算其他空气质量状况。

	A	B	C	D	E	F	G
1	空气污染指数	空气质量状况	姓名	身份证号码	出生年月	工作日期	工龄
2	211		王亚如	442333197806205829		2000-7-1	
3	94		李鹏	362322196805251232		1990-12-10	
4	213		孙越	362321197908102345		2001-8-9	
5	263		郑丽芳	442223196410059872		1987-1-25	
6	170		张佳丽	413211196602208976		1988-5-20	
7	51		叶晓楠	405512198012241234		2002-6-26	
8	69		周星星	221233197909281141		1999-10-18	
9	189		杨剑	221122196706250011		1990-4-5	
10	169		古月	414244196202202242		1984-3-21	
11	181		余云霞	414433195801253328		1980-9-5	
12	109		苏美蕴	362355197907110539		1999-6-19	
13	15		习斌	408822196003214111		1983-9-10	

图 4-29　"其他函数应用"工作表

（2）计算出生年月日（MID 函数）

① 选择单元格 E2，使其成为活动单元格，在"编辑栏"中输入公式：＝MID(D2,7,8)。

② 按"Enter"键，在 E2 单元格计算出的出生年月为"19780620"。

③ 选定 E2 单元格，拖动填充柄到 E13 单元格，计算其他出生年月。

（3）计算工龄（YEAR 函数）

① 选择单元格 G2，使其成为活动单元格，在"编辑栏"中输入公式：＝YEAR(NOW())－YEAR(F2)。

② 按"Enter"键，在 G2 单元格计算出的工龄为"12"。

③ 选定 G2 单元格，拖动填充柄到 G13 单元格，计算其他出生年月日。

完成计算后的"其他函数应用"工作表如图 4-30 所示。

	A	B	C	D	E	F	G
1	气污染指	空气质量状况	姓名	身份证号码	出生年月	工作日期	工龄
2	224	不佳	王亚如	442333197806205829	19780620	2000-7-1	15
3	213	不佳	李鹏	362322196805251232	19680525	1990-12-10	25
4	78	良	孙越	362321197908102345	19790810	2001-8-9	14
5	58	良	郑丽芳	442223196410059872	19641005	1987-1-25	28
6	265	不佳	张佳丽	413211196602208976	19660220	1988-5-20	27
7	271	不佳	叶晓楠	405512198012241234	19801224	2002-6-26	13
8	235	不佳	周星星	221233197909281141	19790928	1999-10-18	16
9	53	良	杨剑	221122196706250011	19670625	1990-4-5	25
10	164	普通	古月	414244196202202242	19620220	1984-3-21	31
11	191	普通	余云霞	414433195801253328	19580125	1980-9-5	35
12	5	优	苏美蕴	362355197907110539	19790711	1999-6-19	16
13	266	不佳	习斌	408822196003214111	19600321	1983-9-10	32

图 4-30　其他函数的应用结果

3．任务 3——数据库函数的应用

对"数据库函数"工作表中的产品销售数据进行计算，先根据"产品"分别统计出"三星""SONY 爱立信"两种产品的平均销售金额，要求条件区域建立在 J2：K3 单元格区域，计算结果存放在 J4：K4 单元格区域中；然后根据"产品"和"型号"统计出型号为"P990c"的"SONY 爱立信产品"的销售记录有几条，要求条件区域建立在J6：K7 单元格区域，计算结果放在 J8 单元格中，其操作步骤如下。

（1）建立条件区域

按照任务要求，在 J2：K3 单元格区域和 J6：K7 单元格区域建立条件，如图 4-31 所示。

I	J	K
条件：	产品	产品
	三星	SONY 爱立信
平均销售金额：		
条件：	产品	型号
	SONY 爱立信	P990c
销售记录数：		

图 4-31　建立条件区域

（2）统计三星、SONY 爱立信两种产品的平均销售金额

① 单击 J4 单元格，单击"编辑栏"左侧的"插入函数"按钮 f_x。

② 弹出"插入函数"对话框，单击"选择类别"文本框右侧下拉按钮，选择"数据库"命令。在"选择函数"列表框中选择"DAVERAGE"函数。

③ 单击"确定"按钮，弹出"函数参数"对话框，按图 4-32 所示输入各参数值。

④ 单击"确定"按钮，完成公式的插入，在 J4 单元格中计算出三星产品的平均销售金额。

⑤ 单击 J4 单元格，将鼠标指针移到填充柄，按住鼠标左键不放，将其拖到 K5 单元格后释放鼠标，计算出 SONY 爱立信产品的平均销售金额。

（3）统计型号为"P990c"的"SONY 爱立信产品"的销售记录数

① 单击 J8 单元格，单击"编辑栏"左侧的"插入函数"按钮 f_x。

② 弹出"插入函数"对话框，单击"选择类别"文本框右侧下拉按钮，选择"数据库"命令。在"选择函数"列表框中选择"DCOUNTA"函数（或 DCOUNT 函数）。

③ 单击"确定"按钮，弹出"函数参数"对话框，按图 4-33 所示输入各参数值。

=DAVERAGE($B$2:$H$26,$H$2,J2:J3)	=DCOUNTA($A$2:$H$26,$C$2,J6:K7)
图 4-32　DAVERAGE 函数的参数值	图 4-33　DCOUNTA 函数的参数值

④ 单击"确定"按钮，完成公式的插入，在 J8 单元格中计算出型号为"P990c"的"SONY 爱立信产品"的销售记录数。

完成计算后的"数据库函数"工作表数据如图 4-34 所示。

	A	B	C	D	E	F	G	H	I	J	K
1				产品销售一览表							
2	序号	月份	业务员	产品	型号	单价	数量	金额	条件：	产品	产品
3	0001	一月	张　红	三星	Galaxy S5 (G9008V)	3299.0	22.0	72578.0		三星	SONY爱立信
4	0002	二月	张　红	诺基亚	XL 4G (RM-1061)	599.0	40.0	23960.0	平均销售金额：	82973.75	75952.2
5	0003	三月	张　红	飞利浦	W6618	1439.0	11.0	15829.0			
6	0004	四月	张　红	SONY爱立信	P1c	3771.0	16.0	60336.0	条件：	产品	型号
7	0005	五月	张　红	飞利浦	I928	1599.0	22.0	35178.0		SONY爱立信	P990c
8	0006	六月	张　红	海尔手机	HG-N93	2688.0	42.0	112896.0	销售记录数：	3	
9	0007	一月	胡小飞	SONY爱立信	P1c	3771.0	35.0	131985.0			
10	0008	二月	胡小飞	海尔手机	HG-N93	2688.0	26.0	69888.0			
11	0009	三月	胡小飞	三星	Galaxy S5 (G9006W)	2799.0	23.0	64377.0			
12	0010	四月	胡小飞	海尔手机	HG-N93	2688.0	21.0	56448.0			
13	0011	五月	胡小飞	海尔手机	HG-K160	1688.0	33.0	55704.0			
14	0012	六月	胡小飞	SONY爱立信	P990c	2343.0	36.0	84348.0			
15	0013	一月	王　杰	诺基亚	Nokia N76	2200.0	23.0	50600.0			
16	0014	二月	王　杰	三星	Galaxy S5 G9008W	3099.0	15.0	46485.0			
17	0015	三月	王　杰	SONY爱立信	P990c	2343.0	16.0	37488.0			
18	0016	四月	王　杰	飞利浦	PHILIPS 699	1480.0	25.0	37000.0			
19	0017	五月	王　杰	飞利浦	909k	1419.0	28.0	39732.0			
20	0018	六月	王　杰	SONY爱立信	P990c	2343.0	28.0	65604.0			
21	0019	一月	杨艳芳	诺基亚	Lumia 930 (RM-1087)	2699.0	46.0	124154.0			
22	0020	二月	杨艳芳	诺基亚	Lumia 830 (RM-984)	2058.0	18.0	37044.0			

图 4-34　数据库函数的应用结果

4. 任务 4——财务函数的应用

打开"财务函数的应用"工作簿，该工作簿有三个工作表，分别为：

① "FV 函数的应用"工作表存放的数据是：假设某人两年后需要一笔比较大的学习费用支出，计划从现在起每月初存入 2 000 元，如果按年利 2.25%，按月计息（月利为 2.25%/12），那么两年以后该账户的存款额会是多少呢？

② "PV 函数的应用"工作表存放的数据是：假设要购买一项保险年金，该保险可以在今

后二十年内于每月末回报￥600,此项年金的购买成本为￥80 000,假定投资回报率为8%,那么该项年金的现值为多少呢?

③ "NPV函数的应用"工作表存放的数据是:假设开一家电器经销店,初期投资￥200 000,而希望未来一年中积年的收入分别为￥20 000、￥40 000、￥50 000、￥80 000和￥120 000。假定每年的贴现率是8%(相当于通贷膨胀率或竞争投资的利率),则投资的净现值的公式是多少呢?

请分别使用相应的财务函数对三个工作表的数据进行计算,其操作步骤如下。

(1)使用FV函数求某项投资的未来值

① 打开"财务函数应用"工作簿并切换到"FV函数的应用"工作表,在A9单元格输入公式:=FV(A2/12,A3,A4,A5,A6)。

② 按"Enter"键,计算出的两年后的存款金额为￥49 141.34,其结果如图4-35所示。

(2)使用PV函数求某项投资的现值

① 打开"财务函数应用"工作簿并切换到"PV函数的应用"工作表,在A7单元格输入公式:=PV(0.08/12,12*A4,A2,0)。

② 按"Enter"键,计算出的年金的现值为 -￥71 732.58,其结果如图4-36所示。

	A	B
1	数据	说明
2	2.25%	年利率
3	24	付款期总数
4	-2000	各期所应付金额
5		现值
6	1	各期的支付时间在期初
7		
8	公式	说明（结果）
9	￥49,141.34	两年后的存款金额:￥49,141.34

图4-35 FV函数的应用结果

	A	B
1	数据	说明
2	600	每月底一项保险年金的支出
3	8%	投资收益率
4	20	付款的年限
5		
6	公式	说明（结果）
7	￥-71,732.53	年金现值为:-￥71,732.58
8		负值表示这是一笔付款,也就是支出现金流。年金(￥-71,732.58)的现值小于实际支付的(￥80,000)。因此,这不是一项合算的投资。

图4-36 PV函数的应用结果

(3)使用NPV函数求某项投资的净现值

① 打开"财务函数应用"工作簿并切换到"NPV函数的应用"工作表,在A12单元格输入公式:=NPV(A2,A4：A8)+A3。

② 按"Enter"键,计算出该投资的净现值为￥32 976.06。

③ 如果该电器店营业到第六年,需要付出￥40 000重新装修门面,则六年后投资的净现值计算公式:=NPV(A2,A4：A8,A9)+A3。其结果如图4-37所示。

	A	B
1	数据	说明
2	8%	年贴现率,可表示整个投资的通货膨胀率或利率。
3	-200,000	初期
4	20,000	第一年的收益
5	40,000	第二年的收益
6	50,000	第三年的收益
7	80,000	第四年的收益
8	120,000	第五年的收益
9	-40,000	第六年装修费
10		
11	公式	说明（结果）
12	￥32,976.06	该投资的净现值
13	￥7,769.27	该投资的净现值,包括第六年中40,000的装修费

图4-37 NPV函数的应用结果

5．任务5——查找函数的应用

打开"查找函数应用"工作簿，在Sheet1工作表中有一份商品及单价数据，如图4-38所示。请根据在"查找商品名"列所选择的商品名，在数据区提取"单价"列数据，采用精确匹配0。假如在"查找商品名"列选择的商品为"铅笔"，则提取该商品对应的单价。其操作步骤如下。

	A	B	C	D	E
1	商品名	单价		查找商品名	提取商品名的单价
2	稿纸	5.00		铅笔	
3	台灯	15.00			
4	桌子	75.00			
5	铅笔	0.50			
6					

图4-38　Sheet1工作表的数据

① 打开"查找函数应用"工作簿并切换到"Sheet1"工作表，在A7单元格输入公式：＝VLOOKUP(D2,A2：B5,2,)。

② 按"Enter"键，提取出铅笔商品的单价为￥0.5。

任务三　创建销售统计图表

📖 任务描述

Excel工作表中的数据往往看起来不够直观明了，有时需要对多组数据进行对比、分析。借助图表功能，将表中数据按照需要生成某种类型的图表，利用图表的直观性用户很容易发现数据的某些关系、信息或规律。

📖 任务分析

为了更好的将工作表中的数据按照某种需要转换成合适的图表，需要了解不同类型图表的特点和功能，在此基础上对生成的图表进行格式的设置或内容的调整，便于方便快速的从图表中获取所需要的信息。

📖 知识链接

图表是数据的一种可视化表示形式。通过使用类似柱形或折线这样的元素，图表可按照图形格式显示系列数值数据，使用户更容易理解大量数据及不同数据系列之间的关系。

1．图表元素

图表中包含许多元素。默认情况会显示其中一部分元素，而其他元素可以根据需要进行添加。可以通过将图表元素移到图表中的其他位置、调整图表元素的大小或更改格式来更改图表元素的显示，也可以删除不希望显示的图表元素，如图4-39所示。

① 图表区。图表区是指整个图表及其全部元素。

② 绘图区。绘图区是指在二维图表中，通过轴来界定的区域，包括所有数据系列。在三维图表中，同样是通过轴来界定的区域，包括所有数据系列、分类名、刻度线标志和坐标轴标题。

③ 数据系列。数据系列是指在图表中绘制的相关数据点，这些数据源自数据表的行或列。图表中的每个数据系列具有唯一的颜色或图案并且在图表的图例中表示。可以在图表

中绘制一个或多个数据系列,但饼图只有一个数据系列。

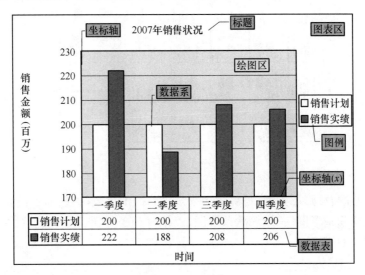

图 4-39　数据表元素

④ 坐标轴。坐标轴是指界定图表绘图区的线条,用作度量的参照框架。y 轴通常为垂直坐标轴并包含数据,x 轴通常为水平轴并包含分类,数据沿着横坐标轴和纵坐标轴绘制在图表中。

⑤ 图例。图例是一个方框,用于标识图表中的数据系列或分类指定的图案或颜色。

⑥ 图表标题。图表标题是说明性的文本,可以自动与坐标轴对齐或在图表顶部居中。

⑦ 数据标签。数据标签是指为数据标记提供附加信息的标签,数据标签代表源于数据表单元格的单个数据点或值。

2. 应用预定义的图表布局和图表样式

可以快速为图表应用 Excel 提供的预定义的图表布局和图表样式,也可以根据需要,手动更改各个图表元素(如图表区、绘图区、数据系列或图例)的布局和格式。

应用预定义的图表布局时,会有一组特定的图表元素(如标题、图例、模拟运算表或数据标签)按特定的排列顺序显示在图表中。可以从为每种图表类型提供的各种布局中进行选择。

应用预定义的图表样式时,会以所应用的文档主题为图表设置格式,以便图表与用户自己的主题颜色(一组颜色)、主题字体(一组标题和正文文本字体)及主题效果(一组线条和填充效果)匹配。

用户不能创建自己的图表布局或样式,但是可以创建包括所需的图表布局和格式的图表模板。

3. 常用图表类型

(1)柱形图

柱形图的主要用途为显示或比较多个数据组,显示一段时间内数据的变化情况,或者显示不同项目之间的比较情况。主要类型包括簇状柱形图、堆积柱形图、百分比堆积柱形图、三维簇状柱形图、三维堆积柱形图、三维百分比堆积柱形图、三维柱形图等,如

图 4-40 所示。

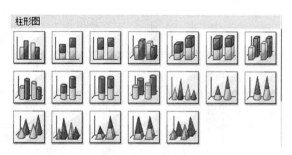

图 4-40　柱形图

（2）条形图

条形图的用途与柱形图类似，但更适用表现项目间的比较，类型如下：簇状条形图、堆积条形图、百分比堆积条形图、三维簇状条形图、三维堆积条形图、三维百分比堆积条形图、三维条形图，如图 4-41 所示。

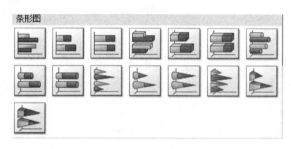

图 4-41　条形图

（3）折线图

折线图显示各个项目之间的对比及某一项目的变化趋势（如过去几年的销售总额）。类型如下：折线图、堆积折线图、百分比折线图、数据点折线图、堆积数据点折线图、百分比堆积数据点折线图、三维折线图，如图 4-42 所示。

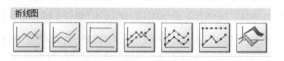

图 4-42　折线图

（4）饼图

饼图显示组成数据系列的项目在项目总和中所占的比例。饼图通常只显示一个数据系列。类型如下：饼图、三维饼图、复合饼图、分离型饼图、分离型三维饼图、复合条饼图，如图 4-43 所示。

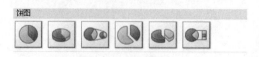

图 4-43　饼图

（5）XY 散点图

这种图表类型适宜比较成对的数值。例如，两组数据的不规则间隔。类型如下：散点图、平滑线散点图、无数据点平滑线散点图、折线散点图、无数据点折线散点图,如图4-44所示。

（6）面积图

面积图显示数值随时间或类别的变化趋势,通过显示已绘制的值的总和,面积图还可以显示部分与整体的关系。类型如下:面积图、堆积面积图、百分比堆积面积图、三维面积图、三维堆积面积图、三维百分比堆积面积图,如图4-45所示。

图4-44　散点图

图4-45　面积图

除此之外,Excel还提供了曲面图、气泡图、股价图、圆环图、雷达图等图表类型,在此不再赘述。

4. 创建基本图表

对于大多数图表(如柱形图和条形图),用户可以将工作表的行或列中排列的数据绘制到图表中。但是,某些图表类型(如饼图和气泡图)则需要特定的数据排列方式。创建图表的具体操作步骤如下。

① 在工作表上,排列要绘制在图表中的数据。数据可以排列在行或列中,Excel会自动确定将数据绘制在图表中的最佳方式。

② 选择需要用图表呈现的数据所在的单元格区域。如果只选择一个单元格,则Excel会自动将紧邻该单元格且包含数据的所有单元格绘制到图表中。

③ 选择"插入"→"图表"命令,执行下列操作之一:

• 单击图表类型,然后选择需要使用的图表子类型。

• 若要查看所有可用的图表类型,请单击 以启动"插入图表"对话框,然后单击相应

箭头以滚动方式浏览图表类型。当鼠标指针停留在任何图表类型或图表子类型上时,屏幕提示将显示图表类型的名称,如图4-46所示。默认情况下,图表作为图表嵌入在工作表内。如果要将图表放在单独的图表工作表中,则可以通过执行下列操作来更改其位置。

图4-46　选择图表类型

④ 单击嵌入图表中的任意位置以将其激活。将显示"图表工具",其中包含"设计"、"布局"和"格式"命令。

⑤ 选择"设计"→"位置"→"移动图表"命令。在"选择放置图表的位置"下,执行下列操作之一:

• 若要将图表显示在图表工作表中,请选择"新工作表"命令。

• 如果需要替换图表的建议名称,则可以在"新工作表"框中键入新的名称。

• 若要将图表显示为工作表中的嵌入图表,请单击"对象位于",然后在"对象位于"框中单击工作表。

任务设计

为"图表"工作表数据创建"员工销售业绩图表"，以便于更直观地分析对比员工的销售业绩，其操作步骤如下。

① 选择 A2：D6 单元格区域，单击"插入"→"图表"→"柱形图"按钮，在弹出的菜单中选择"三维簇状柱形图"插入图表，如图 4-47 所示。

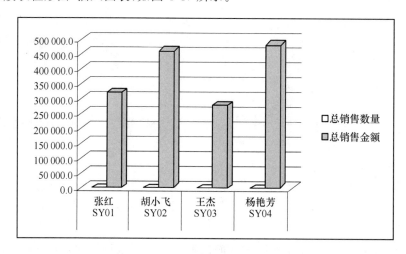

图 4-47　员工销售业绩图表 1

② 选择已插入的图表，单击"设计"→🖼️，弹出如图 4-48 所示的"选择数据源"窗口，从中删除"总销售数量"数据项。

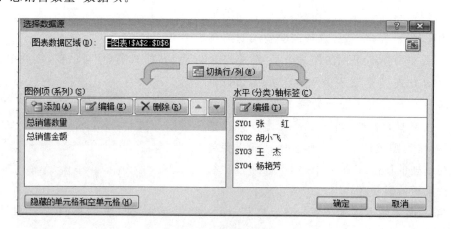

图 4-48　"选择数据源"窗口

③ 单击嵌入图表中的任意位置以将其激活，单击"设计"→"位置"→"移动图表"按钮。

④ 在弹出的"移动图表"对话框中，单击"对象位于"单选按钮，在其下拉列表框中选择"Sheet2"下拉，选项如图 4-50 所示。

⑤ 单击"确定"按钮，将此图表移动到"Sheet2"工作表中。双击"Sheet2"标签，将其重命名为"员工销售业绩图表"。

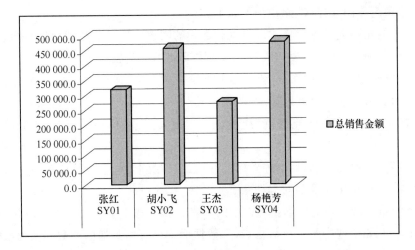

图 4-49　员工销售业绩图表 2

图 4-50　移动图表对话框

任务四　编辑员工销售业绩图表

任务描述

创建好图表之后,经常会根据不同的使用需要,对图表进行调整和设置,以最佳的图表形式向用户传达更多有用的信息。

任务分析

不同类型的图表对于分析不同的数据有着各自的优势。在分析不同数据时,有时需要将已经创建好的图表进行类型转换,以适合数据的查看和分析。同样,为了使图表更美观,既可以设置图表的外观样式,也可以通过直接套用默认样式,快速美化图表。

知识链接

创建图表后,用户可以设置它的外观。一种方式是快速为图表应用 Excel 提供的预定义的布局和样式;另一种方式可以根据需要自定义布局或样式,手动更改各个图表元素的布局和格式。

1. 更改图表的布局或样式

(1)应用预定义图表布局,操作步骤如下。

① 单击要使用预定义图表布局来设置其格式的图表中的任意位置。显示"图表工具",其中包含"设计"、"布局"和"格式"命令。

② 在"设计"命令上的"图表布局"组中,单击要使用的图表布局。

（2）应用预定义图表样式，操作步骤如下。

① 单击要使用预定义图表样式来设置其格式的图表中的任意位置，显示"图表工具"。

② 在"设计"命令上的"图表样式"组中，单击要使用的图表样式。

（3）手动更改图表元素的布局，操作步骤如下。

① 单击图表内的任意位置以显示"图表工具"。

② 在"格式"命令上的"当前选择"组中，单击"图表元素"框中的箭头，然后单击所需的图表元素。

③ 在"布局"命令上的"标签"→"坐标轴"或"背景"组中，单击与所选图表元素相对应的图表元素按钮，然后单击所需的布局命令。

④ 选择的布局命令会应用到已经选中的元素。如果选中了整个图表，数据标签将应用到所有数据系列；如果选中了单个数据点，则数据标签只应用到选中的数据系列或数据点。

2. 添加/删除标题和数据标签

为了使图表更易于理解，用户可以添加标题，如图表标题和坐标轴标题。坐标轴标题通常用于在图表中显示所有的坐标轴，包括三维图表中的竖（系列）坐标轴。某些图表类型（如雷达图）有坐标轴，但不能显示坐标轴标题；某些没有坐标轴的图表类型（如饼图和圆环图）也不能显示坐标轴标题。

用户还可以通过创建对工作表单元格的引用将图表标题和坐标轴标题链接到这些单元格中的相应文本。在对工作表中相应的文本进行更改时，图表中所链接的标题将会自动更新。

若要快速标识图表中的数据系列，用户可以向图表的数据点添加数据标签。默认情况下，数据标签链接到工作表中的值，在对这些值进行更改时数据标签会自动更新。

（1）添加图表标题，操作步骤如下。

① 单击需要添加标题的图表的任意位置以选中图表。

② 单击"布局"→"标签"→"图表标题"按钮，选择"居中覆盖标题"或"图表上方"命令。

③ 在图表中显示的"图表标题"文本框中键入所需的文本。若要插入换行符，请单击要换行的位置，将鼠标置于该位置，然后按"Enter"键。

④ 如果需要设置文本的格式，请选中文本，然后在"浮动工具栏"上单击需要的格式设置命令。

也可以使用功能区（"开始"命令上的"字体"组）上的格式设置按钮。若要设置整个标题的格式，用户可以右击该标题，选择"设置图表标题格式"命令，然后选择所需的格式设置命令。

（2）添加坐标轴标题，操作步骤如下。

① 单击需要添加坐标轴标题的图表的任意位置。单击"布局"→"标签"→"坐标轴标题"按钮。

② 若要向主要横（分类）坐标轴添加标题，请选择"主要横坐标轴标题"，然后选择所需的命令。如果图表有次要横坐标轴，还可以添加"次要横坐标轴标题"。

③ 如果需要设置文本的格式，请选中文本，然后在"浮动工具栏"上单击所需的格式设置命令。

（3）添加数据标签，操作步骤如下。

① 根据数据点类型，单击不同的图表位置。若要向所有数据系列的所有数据点添加数据标签，单击图表区；若要向一个数据系列的所有数据点添加数据标签，单击该数据系列中需要标签的任意位置；若要向一个数据系列中的单个数据点添加数据标签，单击包含要标记的数据点的数据系列，然后单击要标记的数据点。

② 在"布局"命令上的"标签"组中，单击"数据标签"按钮，然后单击所需的显示命令。

📖 **任务设计**

为了让"员工销售业绩图表"更美观，需要对图表布局及格式进行设置。添加图表标题"员工销售业绩图表"；坐标轴标题为"总销售金额"；图例放置于底部；设置"纵坐标（类别）轴"的数字格式为"货币"；设置图表的背景样式为"细微效果-强调颜色3"，其操作步骤如下。

① 在"员工销售业绩图表"工作表中选择图表，单击"布局"→"标签"→"图表标题"按钮。

② 在下拉菜单中选择"图表上方"命令。将文本框中的文字更改为"员工销售业绩图表"。

③ 单击"布局"→"标签"→"坐标轴标题"按钮，在下拉菜单中选择"主要纵坐标轴标题"→"竖排标题"命令。将文本框中的文字更改为"总销售金额"。

④ 单击"布局"→"标签"→"图例"按钮，在弹出的菜单中选择"在底部显示图例"命令，将图表的图例放置在图表的下方。

⑤ 单击选中"纵坐标（类别）轴"，单击右键，在弹出的菜单中选择"设置坐标轴格式"命令，选择坐标轴数字格式为货币类型。

⑥ 选中图表，单击"格式"→"形状样式"→"其他"按钮，在弹出的下拉列表框中选择"细微效果-强调颜色3"命令，设置图表的背景样式，如图4-51所示。

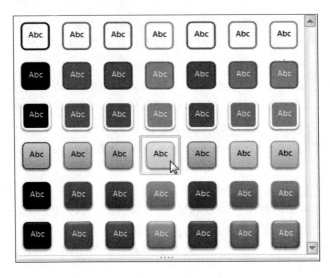

图4-51 图表背景样式

通过布局和格式设置，"员工销售业绩图表"效果如图 4-52 所示。

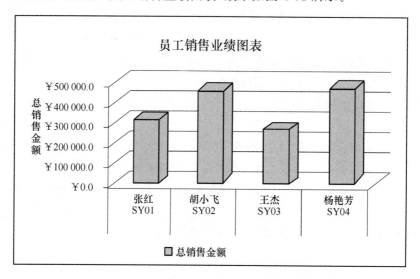

图 4-52　美化后的员工销售业绩图表

项目四　管理产品销售数据信息

在 Excel 中可以通过排序、筛选和分类汇总来分析数据，这为我们提供了很大的便利。图表可以非常直观地反映工作表中数据之间的关系，并可以方便地比较和分析数据。利用数据透视表和透视图可以灵活的显示和隐藏数据，也可以用不同的方式对数据进行汇总。

任务一　设置数据有效性

📖　任务描述

在日常工作中，需要处理的数据往往具有一定的取值范围，此时用户可以在 Excel 表中对需要输入的数据加以说明和约束，合理设置数据的有效性，从而避免不必要的错误出现。

📖　任务分析

在 Excel 中输入数据，有时会遇到要求某列或某个区域单元格数据具有唯一性的情况，如身份证号码、发票号码之类的数据，实际输入时有时会出现错误致使输入的数据相同。用户可以通过"数据有效性"来防止重复输入。同样，如果采用人工审核的方法，从浩瀚的数据中找到无效数据是件麻烦事，但用户使用 Excel 2010 的数据有效性，可以快速查找出表格中的无效数据。

📖　知识链接

使用数据有效性可以控制用户输入到单元格中的数据或数值类型。数据有效性是指从单元格的下拉列表中选择设置好的内容进行输入的方法。例如，用户可以使用数据有效性将需要输入的数据限制在某个日期范围、列表范围或者取值范围（如只能输入正整数）之内。

1. 设置数据有效性

设置单元格数据的有效性，不但可以增加数据的准确性，还可以增加输入数据的速度。设置数据有效性的具体操作步骤如下。

① 选择一个或多个需要验证的单元格。选择"数据"→"数据工具"→"数据有效性"命令，在弹出的菜单中选择"数据有效性"命令。

② 弹出"数据有效性"对话框，选择"设置"命令，在"允许"下拉列表框中选择所需要的数据有效性类型，如"整数""小数""日期"等命令。激活下面的文本框并输入有效性条件。如图 4-53 所示。

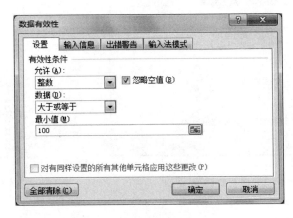

图 4-53 "数据有效性"对话框

③ 选择"输入信息"命令，在"标题"文本框中输入"请输入分数"。在"输入信息"文本框中输入"只能输入 100 以内的正整数"。

④ 单击"出错警告"命令，在"样式"下拉列表框中选择"警告"命令。在"标题"文本框中输入"输入有误"，在"错误信息"文本框中输入"用户输入的分数超出了允许范围"。

⑤ 设置好后单击"确定"按钮，返回工作表，单击 G21 单元格，在该单元格右下方显示一个输入信息提示框。

⑥ 向该单元格输入数值，如果输入的数值大于 100，将会弹出警告对话框。

2. 圈释错误数据

数据有效性条件并非尽善尽美，用户可以避开这些条件，通过从剪贴板粘贴或输入公式得出无效数据的途径输入无效数据。此外，创建和复制有效性条件时，Excel 并不检查单元格或单元格区域中当前的内容。从视觉上识别无效数据可以通过使用"圈释错误数据"功能。具体操作步骤如下。选择"数据"→"数据工具"→"数据有效性"命令，在弹出的菜单中选择"圈释无效数据"命令，在工作表中将用红色圈圈释出无效数据，如图 4-54 所示。

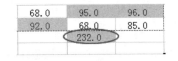

图 4-54 圈释错误数据

📖 **任务设计**

在"数据有效性"工作表中，使用"数据有效性"对数据清单自定义输入序列，实现当用户选中"月份"列的任一单元格时，在其右则显示一个下拉列表框箭头，并提供"一月"、"二月"、"三月"、"四月"、"五月"和"六月"等选择项供用户选择。

① 打开"产品销售数据信息"工作簿，"数据有效性"工作表数据。

② 单击选中 B3：B26 数据区域，单击"数据"→"数据有效性"按钮，在弹出的数据有效性对话框中，设置如图 5-55 所示内容。

③ 设置完数据有效性，选中"月份"列的任一单元格时，在其右则显示一个下拉列表框箭头，并提供"一月"、"二月"、"三月"、"四月"、"五月"和"六月"等选择项供用户选择，如图5-56所示。

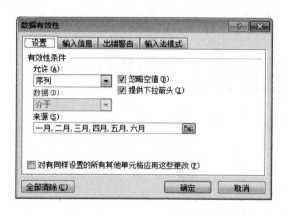

图 5-55　"数据有效性"对话框 　　　　　　　　图 5-56　"月份"列的数据可选项

任务二　数据排序

📖 任务描述

在日常工作中有时需要对一些数据进行排序，对数据进行排序有助于快速直观地呈现数据并更好地理解数据，有助于组织并查找所需数据。

📖 任务分析

对 Excel 数据进行排序是数据分析中不可缺少的组成部分。利用 Excel 提供的排序功能，我们可以方便地对名称列表按字母顺序排列，按从高到低的顺序编制产品存货水平列表，按颜色或图标对行进行排序，根据特定需要按照自定义序列排序等。

📖 知识链接

在 Excel 中可以对表格一列或多列中的数据按文本、数字、日期和时间的升序或降序进行排序；还可以按照自定义序列（如大小）或格式（如单元格颜色、字体颜色或图表集）进行排序。

1. 对列进行简单排序

如果对数据排序的结果要求不高，则可以使用简单排序功能。使用简单排序可以以表格中的某一列为准，将表格中的数据按升序或降序排列，以便观察和分析数据。具体操作步骤如下。

① 选择单元格区域中的一列数值数据，或者确保活动单元格位于包含数值数据的列表中。

② 在"数据"→"排序和筛选"组中，如果单击"升序"按钮⬆️则将数据按从小到大的顺序排列；如果单击"降序"按钮⬇️则将数据按从大到小的顺序排列。

2. 对行进行简单排序

① 选择单元格区域中的一行数据，或者确保活动单元格在表列中。

② 单击"数据"→"排序和筛选"→"排序"按钮，弹出"排序"对话框。

③ 单击"选项"按钮,在"排序命令"对话框中的"方向"下,选择"按行排序"单选按钮,然后单击"确定"按钮。

④ 在"列"下的"排序依据"框中,选择要排序的行及其他排序条件。

3. 多关键字复杂排序

利用简单排序只能对单列或单行进行排序。如果对排序结果有较高要求,可以使用多关键字排序条件来进行排序。多关键字排序的具体操作步骤如下。

① 打开要排序的工作表,单击数据区域中任意一个单元格,单击"数据"→"排序和筛选"→"排序"按钮。

② 弹出"排序"对话框,在"主要关键字"下拉列表框中选择排序的主要关键字。

③ 单击"添加条件"按钮,在"排序"对话框中添加"次要关键字"项,从其下拉列表框中选择次要关键字,如图 4-57 所示。

图 4-57　添加排序关键字

④ 继续单击"添加条件"按钮,可以添加更多的排序条件,也可以单击"删除条件"按钮来删除多余的条件。添加所需条件后,单击"确定"按钮。可以看到工作表中的数据按照关键字优先级进行了排序。

4. 自定义序列排序

在实际工作中,有时需要的并不是以 Excel 中默认的数字、汉字、笔画等排序规则进行的排序,而是根据特殊的使用要求进行一些特殊的排序。那么就可以通过自定义排序来完成,在进行排序之前需要先创建自定义排序的规则,自定义排序的具体操作步骤如下。

① 打开需要排序的工作表,选择"文件"命令,选择"选项"命令,在弹出的"Excel 选项"对话框中选择"高级"命令,下拉滚动条至"常规"列表,单击"编辑自定义列表"按钮,弹出"自定义序列"对话框。

② 选择"新序列"命令,在"输入序列"文本框中输入需要定义的序列(每行输入一项,按"Enter"键换行),单击"添加"按钮。

③ 单击"数据"→"排序和筛选"→"排序"按钮。弹出"排序"对话框,在"主要关键字"下拉列表框中选择排序的主要关键字,在"次序"下拉列表框中选择"自定义序列"命令。

④ 弹出"自定义序列"对话框,在"自定义序列"列表框中选择已定义的数据序列。

⑤ 确定无误后,单击"确定"按钮,返回工作表,可以看到数据按照自定义序列中的顺序进行了排序。

📖 **任务设计**

将"排序"工作表中的数据按照产品单价从高到低进行排序，以及按照自定义的产品名称顺序进行排序。操作步骤如下。

1. 按照产品单价由高到低进行排序

① 打开产品销售表工作簿，选择"排序"工作表中 A2：G26 数据区域。

② 选择"数据"→"排序"命令，弹出排序设置对话框，按照图 4-58 所示进行设置。

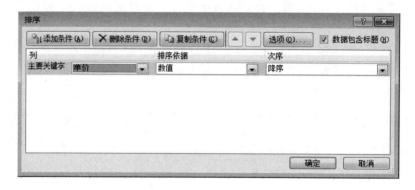

图 4-58 数据"排序"对话框

③ 按照产品单价从高到低进行排序的最终结果如图 4-59 所示。

<table>
<tr><td colspan="7" align="center">产品销售一览表</td></tr>
<tr><td>序号</td><td>月份</td><td>业务员</td><td>产品</td><td>型号</td><td>单价</td><td>数量</td></tr>
<tr><td>0004</td><td>四月</td><td>张 红</td><td>SONY爱立信</td><td>P1c</td><td>3771.0</td><td>16.0</td></tr>
<tr><td>0007</td><td>一月</td><td>胡小飞</td><td>SONY爱立信</td><td>P1c</td><td>3771.0</td><td>35.0</td></tr>
<tr><td>0001</td><td>一月</td><td>张 红</td><td>三星</td><td>Galaxy S5 (G9008V)</td><td>3299.0</td><td>22.0</td></tr>
<tr><td>0024</td><td>六月</td><td>杨艳芳</td><td>三星</td><td>Galaxy S5 (G9009W)</td><td>3299.0</td><td>45.0</td></tr>
<tr><td>0022</td><td>四月</td><td>杨艳芳</td><td>飞利浦</td><td>W9588</td><td>3239.0</td><td>29.0</td></tr>
<tr><td>0014</td><td>二月</td><td>王 杰</td><td>三星</td><td>Galaxy S5 G9008W</td><td>3099.0</td><td>15.0</td></tr>
<tr><td>0009</td><td>三月</td><td>胡小飞</td><td>三星</td><td>Galaxy S5 (G9006W)</td><td>2799.0</td><td>23.0</td></tr>
<tr><td>0019</td><td>一月</td><td>杨艳芳</td><td>诺基亚</td><td>Lumia 930 (RM-1087)</td><td>2699.0</td><td>46.0</td></tr>
<tr><td>0006</td><td>六月</td><td>张 红</td><td>海尔手机</td><td>HG-N93</td><td>2688.0</td><td>42.0</td></tr>
<tr><td>0008</td><td>二月</td><td>胡小飞</td><td>海尔手机</td><td>HG-N93</td><td>2688.0</td><td>26.0</td></tr>
<tr><td>0010</td><td>四月</td><td>胡小飞</td><td>海尔手机</td><td>HG-N93</td><td>2688.0</td><td>21.0</td></tr>
<tr><td>0012</td><td>六月</td><td>胡小飞</td><td>SONY爱立信</td><td>P990c</td><td>2343.0</td><td>36.0</td></tr>
<tr><td>0015</td><td>三月</td><td>王 杰</td><td>SONY爱立信</td><td>P990c</td><td>2343.0</td><td>16.0</td></tr>
<tr><td>0018</td><td>六月</td><td>王 杰</td><td>SONY爱立信</td><td>P990c</td><td>2343.0</td><td>20.0</td></tr>
<tr><td>0013</td><td>一月</td><td>王 杰</td><td>诺基亚</td><td>Nokia N76</td><td>2200.0</td><td>23.0</td></tr>
<tr><td>0020</td><td>二月</td><td>杨艳芳</td><td>诺基亚</td><td>Lumia 830 (RM-984)</td><td>2058.0</td><td>18.0</td></tr>
<tr><td>0021</td><td>三月</td><td>杨艳芳</td><td>飞利浦</td><td>W8568</td><td>1899.0</td><td>32.0</td></tr>
<tr><td>0011</td><td>五月</td><td>胡小飞</td><td>海尔手机</td><td>HG-K160</td><td>1688.0</td><td>33.0</td></tr>
<tr><td>0023</td><td>五月</td><td>杨艳芳</td><td>海尔手机</td><td>HG-K160</td><td>1688.0</td><td>13.0</td></tr>
<tr><td>0005</td><td>五月</td><td>张 红</td><td>飞利浦</td><td>I928</td><td>1599.0</td><td>22.0</td></tr>
<tr><td>0016</td><td>四月</td><td>王 杰</td><td>飞利浦</td><td>PHILIPS 699</td><td>1480.0</td><td>25.0</td></tr>
<tr><td>0003</td><td>三月</td><td>张 红</td><td>飞利浦</td><td>W6618</td><td>1439.0</td><td>11.0</td></tr>
<tr><td>0017</td><td>五月</td><td>王 杰</td><td>飞利浦</td><td>9@9k</td><td>1419.0</td><td>28.0</td></tr>
<tr><td>0002</td><td>二月</td><td>张 红</td><td>诺基亚</td><td>XL 4G (RM-1061)</td><td>599.0</td><td>40.0</td></tr>
</table>

图 4-59 产品单价从高到低排序结果

2. 按照自定义的产品名称顺序进行排序

① 打开产品销售表工作簿，选择"排序"工作表中 A2：H26 数据区域。

② 选择"数据"→"排序"命令，弹出排序设置对话框，在"次序"下拉列表框中选择"自定义序列"命令。

③ 弹出"自定义序列"对话框，在"输入序列"文本框中输入"三星，飞利浦，诺基亚，海尔手机，SONY 爱立信"序列，如图 4-60 所示。单击"添加"按钮。

图 4-60　"自定义序列"对话框

④ 单击"确定"按钮,返回"排序"对话框,按照自定义的产品名称顺序对表中数据进行排序,效果如图 4-61 所示。

产品销售一览表						
序号	月份	业务员	产品	型号	单价	数量
0001	一月	张 红	三星	Galaxy S5 (G9008V)	3299.0	22.0
0024	六月	杨艳芳	三星	Galaxy S5 (G9009W)	3299.0	45.0
0014	二月	王 杰	三星	Galaxy S5 G9008W	3099.0	15.0
0009	三月	胡小飞	三星	Galaxy S5 (G9006W)	2799.0	23.0
0022	四月	杨艳芳	飞利浦	W9588	3239.0	29.0
0021	三月	杨艳芳	飞利浦	W8568	1899.0	32.0
0005	五月	张 红	飞利浦	I928	1599.0	22.0
0016	四月	王 杰	飞利浦	PHILIPS 699	1480.0	25.0
0003	三月	张 红	飞利浦	W6618	1439.0	11.0
0017	五月	王 杰	飞利浦	9@9k	1419.0	28.0
0019	一月	杨艳芳	诺基亚	Lumia 930 (RM-1087)	2699.0	46.0
0013	一月	王 杰	诺基亚	Nokia N76	2200.0	23.0
0020	三月	杨艳芳	诺基亚	Lumia 830 (RM-984)	2058.0	18.0
0002	二月	张 红	诺基亚	XL 4G (RM-1061)	599.0	40.0
0006	六月	张 红	海尔手机	HG-N93	2688.0	42.0
0008	二月	胡小飞	海尔手机	HG-N93	2688.0	26.0
0010	三月	胡小飞	海尔手机	HG-N93	2688.0	21.0
0011	五月	胡小飞	海尔手机	HG-K160	1688.0	33.0
0023	五月	杨艳芳	海尔手机	HG-K160	1688.0	13.0
0004	四月	张 红	SONY爱立信	P1c	3771.0	16.0
0007	一月	胡小飞	SONY爱立信	P1c	3771.0	35.0
0012	六月	胡小飞	SONY爱立信	P990c	2343.0	36.0
0015	三月	王 杰	SONY爱立信	P990c	2343.0	16.0
0018	六月	王 杰	SONY爱立信	P990c	2343.0	28.0

图 4-61　按照自定义产品名称顺序进行排序的结果

任务三　数据筛选

📖　任务描述

通过筛选数据,可以快速地查找和使用单元格区域或工作表中数据的子集。例如,可以通过筛选仅查看所指定的值,如最大值、最小值或重复值。对单元格区域或工作表中的数据进行筛选后,就可以重新应用筛选以获得最新的结果,或者清除筛选结果来重新显示所有数据。

📖　任务分析

在日常工作中,有时需要找出实际感兴趣的数据或某些特定的数据,面对 Excel 工作表中的大量数据，我们可以借助 Excel 提供的筛选功能，快速便捷地找到所需的数据。

📖 **知识链接**

通过筛选工作表中的信息，可以快速查找数值。通过筛选一个或多个数据列，用户可以显示需要的内容，排除其他内容。在筛选数据时，如果一个或多个列中的数值不能满足筛选条件，整行数据都会被隐藏起来。用户可以按数字值或文本值进行筛选，或按单元格颜色筛选那些设置了背景色或文本颜色的单元格。Excel 2010 中的筛选方法有以下三种。

1．使用自动筛选

自动筛选提供了快速查找工作表中数据的功能，只需要简单操作就能筛选出所需的数据。其操作步骤如下。

① 打开需要进行筛选的工作表，单击数据区域中任何一个单元格。单击"数据"→"排序和筛选"→"筛选"按钮 。

② 单击列标题中的 按钮，会显示一个"筛选器"选择列表。

③ 从列表中选择值并进行搜索，这是最快的筛选方法。在启用了筛选功能的列中单击 按钮时，该列中的所有值都会显示在列表中。

④ 设置筛选的条件。根据需要可以选择按颜色筛选或者数字筛选（筛选内容是文本时会有文本筛选）。也可以直接在搜索文本框中输入要搜索的内容，或者在数据列表中选中和清除用于显示从数据列中找到的值的复选框。

⑤ 单击"确定"按钮，即可看到工作表中只显示符合筛选条件的数据。

2．使用自定义筛选

如果通过一个筛选条件无法获得所需要的筛选结果，用户可以使用 Excel 的自定义筛选功能。自定义筛选可以设定多个筛选条件，使筛选出的数据更接近预期结果，而且在筛选的过程中具有很大的灵活性。其操作步骤如下。

① 打开需要进行筛选操作的工作表，单击数据区域中任何一个单元格。单击"数据"→"排序和筛选"→"筛选"按钮。

② 单击列标题中右侧的下拉按钮，在弹出的菜单中选择"数字筛选"→"自定义筛选"命令，弹出"自定义自动筛选方式"对话框。

③ 选择一个条件，然后选择或输入其他条件。如果单击"与"按钮组合条件，即筛选结果必须同时满足两个或更多条件；而如果选择"或"按钮时只需要满足多个条件之一即可。

④ 单击"确定"按钮，返回工作表可以看到筛选出满足自定义筛选条件的数据。

3．使用高级筛选

与简单的"自动筛选"相比，Excel 的高级筛选条件则较为复杂。例如，需要满足三个或三个以上筛选条件时就可以使用高级筛选，高级筛选还可以设置公式筛选条件。

要使用高级筛选，首先需要在要进行筛选的工作表中创建一个条件区域。条件即是用户设置的条件式，用来限制数据在工作表中出现的方式。

4．清除筛选

当我们对筛选出的结果进行相关的操作后，需要回到筛选前工作表的数据，可以清除对特定列的筛选或清除所有筛选。清除筛选的具体操作步骤如下。

① 清除对列的筛选。在多列单元格区域或工作表中清除对某一列的筛选，单击该列标题上的"筛选"按钮 ，在弹出的列表中选择"从'列标题'中清除筛选"命令，即可清除对该列的筛选。

② 如果要清除工作表中的所有筛选并重新显示所有行。单击"数据"→"排序和筛选"→"清除"按钮。

📖 **任务设计**

在"自定义筛选"工作表中使用"自定义筛选"筛选出销售金额大于￥100 000的销售记录；在"高级筛选"工作表中运用"高级筛选"功能，筛选出在"产品"列中包含"三星"且"金额"大于￥100 000的数据行。操作步骤如下。

1. 使用"自定义筛选"筛选出销售金额大于￥100 000的销售记录

① 打开"数据筛选"工作表，单击数据区域中任何一个单元格。单击"数据"→"排序和筛选"→"筛选"按钮 。

② 单击"金额"列标题中的按钮 ▼，弹出筛选器选择列表。

③ 设置筛选的条件。在弹出的筛选器选择列表中选择"数字筛选"→"大于"命令。

④ 弹出"自定义自动筛选方式"对话框，在"金额"文本框中选择大于￥100 000。

⑤ 单击"确定"按钮，筛选出销售金额大于￥100 000的销售记录，如图4-62所示。

产品销售一览表							
序号 ▼	月份 ▼	业务员 ▼	产品 ▼	型号 ▼	单价 ▼	数量 ▼	金额 ↓
0006	六月	张 红	海尔手机	HG-N93	2688.0	42.0	112896.0
0007	一月	胡小飞	SONY爱立信	P1c	3771.0	35.0	131985.0
0019	一月	杨艳芳	诺基亚	930（RM-	2699.0	46.0	124154.0
0024	六月	杨艳芳	三星	y S5（G9	3299.0	45.0	148455.0

图4-62 自定义筛选结果

2. 根据"高级筛选"工作表中的数据，筛选出在"产品"列中包含"三星"且"金额"大于￥100 000的数据行

使用高级筛选的具体操作步骤如下。

① 打开要进行筛选的工作表，在工作表中的J2：K3单元格区域创建一个条件区域，即在该单元格区域中输入筛选条件，如图4-63所示。

② 单击"数据"→"排序和筛选"→"高级"按钮，弹出"高级筛选"对话框。

③ 根据实际需要，在"方式"中选择"在原有区域显示筛选结果"或"将筛选结果复制到其他位置"。这里我们选择"在原有区域显示筛选结果"单选按钮。

④ 单击"列表区域"右侧的 按钮，选择要进行筛选的数据区域。单击"列表区域"右侧的 按钮，还原"高级筛选"对话框。单击"条件区域"右侧的 按钮，选择已经设置好的条件区域J2：K3。

⑤ 单击"条件区域"右侧的 按钮，还原"高级筛选"对话框，如图4-64所示。

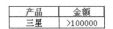

产品	金额
三星	>100000

图4-63 筛选条件区域　　　　　图4-64 "高级筛选"对话框

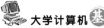

⑥ 单击"确定"按钮，返回工作表，可以看到高级筛选结果如图 4-65 所示。

	A	B	C	D	E	F	G	H
2	序号	月份	业务员	产品	型号	单价	数量	金额
26	0024	六月	杨艳芳	三星	y S5 (G9	3299.0	45.0	148455.0

图 4-65　高级筛选结果

任务四　数据分类汇总

📖　任务描述

日常工作中，有时需要在工作表中按照某种需要对满足条件的数据进行汇总，以便于能够方便、直观地看到数据统计结果。

📖　任务分析

将"数据分类汇总"工作表中的数据，创建分类汇总，按月份对产品销售表中产品的数量和金额进行汇总求和。完成分类汇总后，选择删除该汇总，将数据还原。

📖　知识链接

1. 创建分类汇总

在分类汇总前需要确保数据区域中需要进行分类汇总计算的每一列的第一个单元格都具有一个标签，每一列包含相同含义的数据，并且该区域不包含任何空白行或空白列。并且在分类汇总前，需要对分类字段进行排序。创建分类汇总的具体操作步骤如下。

① 打开需要进行分类汇总的工作表，单击数据区域中任意一个单元格。选择"数据"→"排序"命令，对数据按照"月份"列标题进行自定义序列排序。

② 单击"数据"→"分类汇总"按钮。

③ 弹出如图 4-66 所示的"分类汇总"对话框，在"分类字段"下拉列表框中选择已经排序的字段名称"月份"。在"汇总方式"下拉列表框中选择"求和"。在"选定汇总项"下拉列表框中选择要进行汇总的项目，即"数量"和"金额"。

图 4-66　"分类汇总"对话框

④ 设置完成后，单击"确定"按钮，即可显示汇总结果，如图 4-67 所示。

1 2 3		A	B	C	D	E	F	G	H
	2	序号	月份	业务员	产品	型号	单价	数量	金额
	3	0007	一月	胡小飞	SONY爱立信	P1c	3771.0	35.0	131985.0
	4	0013	一月	王　杰	诺基亚	Nokia N76	2200.0	23.0	50600.0
	5	0019	一月	杨艳芳	诺基亚	930 (RM	2699.0	46.0	124154.0
	6		一月　汇总					104.0	306739.0
	7	0002	二月	张　红	诺基亚	G (RM-10	599.0	40.0	23960.0
	8	0008	二月	胡小飞	海尔手机	HG-N93	2688.0	26.0	69888.0
	9	0014	二月	王　杰	三星	y S5 G90	3099.0	15.0	46485.0
	10	0020	二月	杨艳芳	诺基亚	830 (RM	2058.0	18.0	37044.0
	11		二月　汇总					99.0	177377.0
	12	0003	三月	张　红	飞利浦	W6618	1439.0	11.0	15829.0
	13	0009	三月	胡小飞	三星	y S5 (G9	2799.0	23.0	64377.0
	14	0015	三月	王　杰	SONY爱立信	P990c	2343.0	16.0	37488.0
	15	0021	三月	杨艳芳	飞利浦	W8568	1899.0	32.0	60768.0
	16		三月　汇总					82.0	178462.0

图 4-67　分类汇总结果

2．删除分类汇总

当对工作表进行了分类汇总之后希望返回工作表最初状态,则需要删除已经生成的分类汇总。删除分类汇总的具体操作步骤如下。

① 单击分类汇总表中数据区域中任一单元格。单击"数据"→"分类汇总"按钮。

② 弹出"分类汇总"对话框,单击"全部删除"按钮。单击"确定"按钮,即可删除所有分类汇总,将工作表恢复到汇总前的状态。

任务五 数据透视表

📖 **任务描述**

对于数据量庞大的 Excel 工作表,当用户需要对其中的数据进行多种复杂比较时,可以使用数据透视表来完成。

📖 **任务分析**

为了能够灵活操作和分析表格中的各种数据,用户可以使用数据透视表。数据透视表具有很强的交互性,在创建数据透视表后,用户可以根据需要对数据进行多种排序和筛选,还可以显示区域中的明细数据。

📖 **知识链接**

数据透视表是一种非常有用的数据分析工具,无须借助公式或函数就能够自动汇总和分析数据。与分类汇总及分级显示通过修改用户表格的结构进而显示对数据的汇总不同,数据透视表是在工作簿里创建新的元素,当用户添加或编辑表格中的数据时,所做出的更改也将在数据透视表上显示。

1．创建数据透视表

制作完用于创建数据透视表的源数据后,就可以使用数据透视表向导创建数据透视表了。具体操作步骤如下。

① 打开需要创建数据透视表的工作表,单击"插入"→"表格"→"数据透视表"按钮(或者单击"数据透视表"右侧的下拉按钮,再选择"数据透视表"命令),打开"创建数据透视表"对话框。

② 在"请选择要分析的数据"命令组中,选中"选择一个表或区域"单选按钮,单击"表/区域"文本框右侧的 📷 按钮。

③ 在工作表中选择需要作为创建数据透视表数据的单元格区域,单击 📷 按钮返回"创建数据透视表"对话框。

④ 在"选择放置数据表透视表的位置"命令组中选择创建的位置,如"新工作表"。

⑤ 单击"确定"按钮,即可根据选择的位置在工作表中创建数据透视表。在右侧显示"数据透视表字段列表"窗格。

2．添加和删除数据透视表中的字段

在 Excel 中,创建的默认数据透视表中是没有数据的。可以将"数据透视表字段列表"窗格中的字段添加到数据透视表。"数据透视表字段列表"窗格分为上下两个区域:上方的字段区域显示了数据透视表中可以添加的字段,下方的 4 个布局区域用于排列和组合字段。数据透视表字段列表中的四个区域分别如下。

① 报表筛选:添加字段到报表筛选区可以使该字段包含在数据透视表的筛选区域中,

以便对其中独特的数据项进行筛选。

② 列标签：添加一个字段到列标签区域可以在数据透视表顶部显示来自该字段的独特值。

③ 行标签：添加一个字段到行标签区域可以沿数据透视表左边的整个区域显示来自该字段的独特值。

④ 数值：添加一个字段到数值区域，可以使该字段包含在数据透视表的值区域中，并使用该字段中的值进行指定的计算。

⑤ 将字段添加到数据透视表的方法有以下几种方法。

- 在字段区域选中字段名称旁边的复选框，字段将按默认位置移动到布局区域的列表框中。
- 右击字段区域的字段名称，在弹出的菜单中选择相应的命令"添加到报表筛选""添加到列标签""添加到行标签""添加到值"。将选择的字段移动到布局区域的某个指定列表框中。
- 在字段名上单击并按住鼠标左键，将其拖到布局区域的列表框中。

⑥ 删除字段主要有以下几种方法。

- 直接将字段从布局区域拖动到布局区域外。
- 取消字段区域中字段名称左侧的复选框。
- 在布局区域中单击字段名称，在弹出的菜单中选择"删除字段"命令。

3. 改变数据透视表中数据的汇总方式

在 Excel 中，数据透视表字段的汇总方式默认为"求和"，可以根据需要更改汇总方式，以便分析不同的数据结果。具体操作步骤如下。

① 右击需要改变汇总方式的字段中任一单元格，在弹出的快捷菜单中选择"值字段设置"命令。

② 弹出"值字段设置"对话框，选择"汇总方式"命令，在列表框中选择新的汇总方式，如选择"最大值"命令。

③ 单击"确定"按钮，即可看到数学的最大值数据。

4. 创建切片器

在 Excel 2010 中，可以选择使用切片器来筛选数据。单击切片器提供的按钮可以筛选数据透视表数据。除了快速筛选之外，切片器还会指示当前筛选状态，从而便于我们轻松、准确地了解已筛选的数据透视表中所显示的内容。

5. 创建数据透视图

数据透视图以图形形式表示数据透视表中的数据，此时数据透视表称为相关联的数据透视表。数据透视图是交互式的，可以对其进行排序或筛选，来显示数据透视表数据的子集。创建数据透视图时，数据透视图筛选器会显示在图表区中，以便对数据透视图中的基本数据进行排序和筛选。在相关联的数据透视表中对字段布局和数据所做的更改，会立即反映在数据透视图中。与标准图表一样，数据透视图报表显示数据系列、类别、数据标记和坐标轴。用户可以更改图表类型及其他命令，如标题、图例位置、数据标签和图表位置。

📖 **任务设计**

以"数据透视表"工作表中的产品销售数据作为数据源创建数据透视表，以反映不同月份,不同业务员的产品平均销售金额情况,业务员作为行字段,产品作为列字段,月份字段作为筛选字段,并将透视表命名为"平均销售金额透视表";设置产品销售基本信息透视表格式;创建"月份"和"产品"切片器,用以筛选查看不同月份不同产品的产品销售情况;创建产品销售基本信息透视图。操作步骤如下。

1. 创建产品销售基本信息透视表

① 打开"数据透视表"工作表,单击"插入"→"表格"→"数据透视表"按钮。

② 打开"创建数据透视表"对话框,在"请选择要分析的数据"命令组中,选中"选择一个表或区域"单选按钮,单击"表/区域"文本框右侧的 按钮。

③ 在工作表中选择作为创建数据透视表数据的单元格区域 A2:H26,单击 按钮返回"创建数据透视表"对话框。在"选择放置数据表透视表的位置"命令组中选择"新工作表"命令,如图 4-68 所示。

图 4-68 创建数据透视表 1

④ 单击"确定"按钮,即可根据选择的位置在工作表中创建数据透视表。在右侧显示"数据透视表字段列表"窗格,如图 4-69 所示。

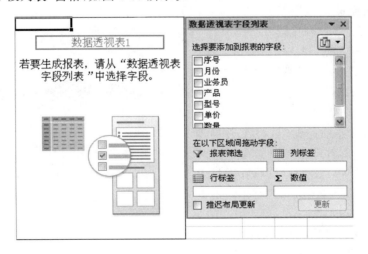

图 4-69 创建数据透视表 2

⑤ 双击新建的工作表标签,将其重命名为"产品销售基本信息透视表"。

⑥ 在数据透视表字段列表窗格中,将"产品"字段拖到"列标签"区域,将"业务员"字段

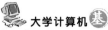

添加到"行标签"区域,将"月份"字段添加到"报表筛选"区域,将"金额"字段添加到"数值"区域,并修改"金额"字段的总计方法为求平均值。完成的产品销售基本信息透视表结果如图4-70所示。

月份	(全部)					
平均值项:金额	列标签					
行标签	三星	飞利浦	诺基亚	海尔手机	SONY爱立信	总计
胡小飞	64377			60680	108166.5	77125
王 杰	46485	38366	50600		51546	46151.5
杨艳芳	148455	77349.5	80599	21944		81049.33333
张 红	72578	25503.5	23960	112896	60336	53462.83333
总计	82973.75	47073	58939.5	63376	75952.2	64447.16667

图4-70 产品销售基本信息透视表

2. 设置产品销售基本信息透视表格式

① 单击"数据透视表字段列表"窗格右上角的"关闭"按钮将窗格关闭。

② 单击透视表中任一单元格,单击"设计"→"数据透视表样式"→"其他"按钮,在弹出的下拉列表框中选择"数据透视表样式中等深浅7"。

③ 右击数据透视表中代表数据总计的单元格,如G4,在弹出快捷菜单中选择"数字格式"命令。

④ 弹出"设置单元格格式"对话框,在"分类"列表框中选择"货币"命令,并设置小数点后面保留2位有效数字,单击"确定"按钮。格式化处理后的数据透视表如图4-71所示。

月份	(全部)					
平均值项:金额	列标签					
行标签	三星	飞利浦	诺基亚	海尔手机	SONY爱立信	总计
胡小飞	￥64,377.00			￥60,680.00	￥108,166.50	￥77,125.00
王 杰	￥46,485.00	￥38,366.00	￥50,600.00		￥51,546.00	￥46,151.50
杨艳芳	￥148,455.00	￥77,349.50	￥80,599.00	￥21,944.00		￥81,049.33
张 红	￥72,578.00	￥25,503.50	￥23,960.00	￥112,896.00	￥60,336.00	￥53,462.83
总计	￥82,973.75	￥47,073.00	￥58,939.50	￥63,376.00	￥75,952.20	￥64,447.17

图4-71 格式化处理后的数据透视表

3. 创建切片器

① 单击"插入"→"筛选器"→"切片器"按钮,弹出"插入切片器"对话框,勾选"月份"复选框,单击"确定"按钮,建立"月份"切片器。

② 单击"插入"→"筛选器"→"切片器"按钮,弹出"插入切片器"对话框,勾选"产品"复选框,单击"确定"按钮,建立"产品"切片器。

③ 单击切片器中的命令,将在透视表中显示符合要求的教师信息。如在"六月"切片器中选择"SONY爱立信",将在透视表中显示"六月份SONY爱立信"产品的销售信息,如图4-72所示。

4. 创建产品销售基本信息透视图

① 单击前面完成的产品销售基本信息透视表中任一单元格,单击"插入"→"图表",弹出"插入图表"对话框,选择"柱形图"类型中的"三维簇状柱形图"。单击"确定"

图4-72 月份和产品切片器

按钮,在透视表中插入了数据透视图,如图 4-73 所示。

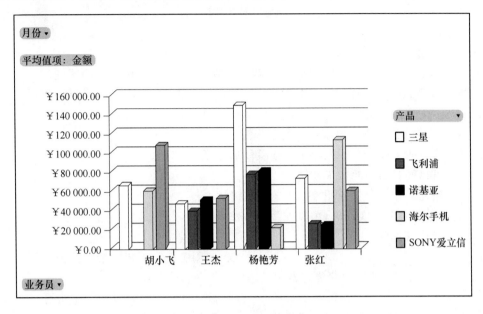

图 4-73　三维簇状柱形透视图

　　② 右击创建的数据透视图,在弹出的快捷菜单中选择"移动图表"命令,弹出"移动图表"对话框。在"对象位于"下拉列表框中选择"Sheet2"命令。

　　③ 单击"确定"按钮,自动切换到"Sheet2"工作表,拖动图表到合适位置,并将"Sheet2"标签重命名为"产品销售基本信息透视图"。

　　④ 在"数据透视图筛选"窗格中,单击"月份"下拉按钮,在弹出的下拉列表中先取消选中"全部"复选框,再选中"六月";单击"业务员"下拉按钮,在弹出的下拉列表中先取消选中"全部"复选框,再选中"胡小飞"和"杨艳芳"。

　　⑤ 单击"确定"按钮,将在图表中只显示"六月份胡小飞和杨艳芳"两位业务员的销售的数据,如图 4-74 所示。

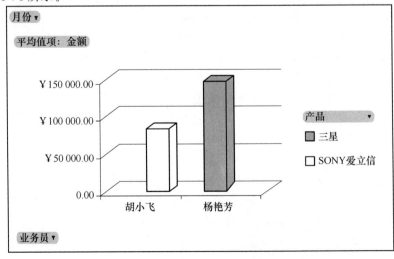

图 4-74　数据筛选透视图

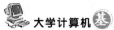

练 习 四

一、选择题

1. 在 Excel 2010 中，"工作表"是用行和列组成的表格，分别用(　　)区别。

    A. 数字和数字　　B. 数字和字母　　　C. 字母和字母　　　D. 字母和数字

2. 有关"新建工作簿"有下面几种说法，其中正确的是(　　)。

    A. 新建的工作簿会覆盖原先的工作簿

    B. 新建的工作簿在原先的工作簿关闭后出现

    C. 可以同时出现两个工作簿

    D. 新建工作簿可以使用"Shift＋N"快捷键

3. 若要重新对工作表命名，可以使用的方法是(　　)。

    A. 单击表标签　　　　　　　　　B. 双击表标签

    C. "F5"　　　　　　　　　　　　D. 使用窗口左下角的滚动按钮

4. 在 Excel 2010 工作簿的单元格中可输入(　　)。

    A. 字符　　　　　B. 中文　　　　　C. 数字　　　　　D. 以上都可以

5. 下面哪一个选项不属于"单元格格式"对话框中数字标签的内容(　　)。

    A. 字体　　　B. 货币　　　　C. 日期　　　　D. 分数

6. 假设当前活动单元格在 B2，然后选择了冻结窗格命令，则冻结了(　　)。

    A. 第一行和第一列　　　　　　　B. 第一行和第二列

    C. 第二行和第一列　　　　　　　D. 第二行和第二列

7. 编辑栏中的符号"√"表示(　　)。

    A. 确认输入　　　B. 取消输入　　　C. 编辑公式　　　D. 编辑文字

8. 以下选项中的哪一个可以实现将工作表页面的打印方向指定为横向(　　)？

    A. 进入页面设置对话框中的页面标签，选中"方向"选区下的"横向"单选框

    B. 进入文件菜单下的"打印预览"选项，选中"方向"选区下的"横向"单选框

    C. 进入页面设置对话框中的工作表标签，选中"方向"选区下的"横向"单选框

    D. 单击常用工具栏中的"打印预览"按钮

9. 要选定若干个不相邻的工作表，正确的操作是(　　)。

    A. 单击第一个工作表标签，在按住"Shift"键的同时单击最后一个标签

    B. 从第一个工作表标签开始，拖动鼠标至最后一个工作表标签

    C. 按住"Ctrl"键的同时，依次单击需选定的工作表标签

    D. 按住"Shift"键的同时，依次单击需选定的工作表标签

10. 要选定若干个不连续的单元格区域，正确的操作是(　　)。

    A. 按住"Ctrl"键的同时，依次单击需选定区域

    B. 按住"Ctrl"键的同时，依次拖动选定不连续区域

    C. 先单击选定第一个单元格，在按住"Shift"键的同时单击最后一个单元格

    D. 按住"Shift"键的同时，依次拖动选定区域

11. 在创建图表之前，要选择数据，必须注意(　　)。

    A. 可以随意选择数据

B. 选择的数据区域必须是连续的矩形区域

C. 选择的数据区域必须是矩形区域

D. 选择的数据区域可以是任意形状

12. 要反映数据发展变化的趋势,应使用图表中的(　　)。

  A. 柱形图　　　　B. 饼图　　　　C. 折线图　　　　D. 环形图

13. 在 Excel 2010 中,使用图表向导为工作表中的数据建立图表,正确的说法是(　　)。

  A. 图表中的图表类型一经选定建立图表后,将不能修改

  B. 只能为连续的数据区建立图表,数据区不连续时不能建立图表

  C. 只能建立一张单独的图表工作表,不能将图表嵌入到工作表中

  D. 当数据区中的数据系列被删除后,图表中的相应内容也会被删除

14. 以下各项,对 Excel 2010 中的筛选功能描述正确的是(　　)。

  A. 按要求对工作表数据进行排序

  B. 隐藏符合条件的数据

  C. 只显示符合设定条件的数据,而隐藏其他

  D. 按要求对工作表数据进行分类

15. 对工作表中的数据分类汇总后,左上角出现"1""2""3"三个按钮,若单击按钮"3",结果是(　　)。

  A. 只显示各类的汇总值

  B. 只显示总的汇总值

  C. 显示各条记录明细及各类的汇总值

  D. 只显示第三类的汇总值

二、上机实训

实训一　制作成绩考核登记表

📖　**实训目的**

使用 Excel 2010 的基本操作(工作簿、单元格、工作表的基本操作,工作表的格式化,数据的输入与填充等)设计并格式化成绩考核登记表。

📖　**实训内容**

① 新建一个工作簿,在"Sheet1"工作表制作如图 4-75 所示的成绩考核登记表。将"Sheet1"工作表重命名为"成绩考试登记表",并将工作簿保存为:实训 4-1 成绩考核登记表。

② 按图 4-75 所示输入成绩考核登记表的内容。

③ 将表格的第一行标题"××学院计算机应用基础课程"合并及居中(单元格区域 A1:L1),字体格式设置为:隶书、18 号、黑色、加粗。

④ 将表格的第二行标题"成绩考核登记表"合并及居中(单元格区域 A2:L2),字体格式设置为:黑体、16 号、黑色、加粗。

⑤ 在表格的第二行后面插入 2 行,然后输入第三行标题:(2011～2012 学年第　二　学期);第四行标题:商　务　英　语专业　　11　级　　8　　班;字体格式设置为:宋体、12 号、黑色。

⑥ 将表格的列标题(即第 5 行至第 7 行)加上灰色−25%底纹,字体为:宋体、11 号、黑色。

⑦ 将表格除标题行外其他内容对齐方式设置为垂直、水平均居中,行高设置为 16。

⑧ 将表格的外边框线设为双实线,内边框线设为细实线。

××学院计算机应用基础课程

成绩考核登记表

学号	项目 / 日期 / 考核方式 / 成绩 / 姓名	平时成绩明细 10/03 实上训机	01/04 实上训机	06/05 报实告验	28/05 实上训机	10/06 实上训机	22/06 报实告验	平时成绩总评	期末上机成绩	期末总评成绩	备注
	叶晓丽	90	92	98	90	95	96		78		
	赖小艳	60	60	60	60	76	50		91		
	邓敏	60	80	80	60	75	75		69		
	何倩	90	80	80	75	85	60		76		
	郑辉	60	60	60	60	85	65		88		
	王志敏	80	80	90	75	90	90		84		
	李素花	90	90	92	92	90	95		87		
	刘小荣	90	90	75	75	90	80		69		
	钟燕清	60	60	60	60	40	45		50		
	张丽丽	90	85	85	90	40	40		66		
	吴小清	90	90	70	90	85	75		69		
	杨玲	70	85	85	60	80	80		82		
	叶小芬	85	90	80	85	40	70		69		
	王静屏	60	65	55	60	60	50		83		
	关春玲	70	60	70	60	45	80		76		
	何敏灵	60	66	60	65	80	70		84		

任课教师(签盖)：__________　　系负责人(签盖)：__________

月　日　　月　日

图 4-75　成绩考核登记表

⑨ 使用数据填充在“学号”列输入学生的学号，如 2011040101，2011040102……2011040116。

⑩ 使用公式计算每位学生的平时成绩总评，计算方式为每位学生平时成绩明细之和除以 6，并设置平时成绩总评为整数。

⑪ 使用公式计算每位学生的期末总评成绩，计算公式为：期末总评成绩＝平时成绩总评＊30％＋期末上机成绩＊70％，并设置期末总评成绩为整数。

⑫ 使用“条件格式”将“期末总评成绩”高于 85 分（包括 85 分）的标为蓝色加粗，低于 60 分的标为红色加粗。

实训结果

成绩考核登记表的制作结果如图 4-76 所示。

××学院计算机应用基础课程

成绩考核登记表

（2011~2012 学年第 二 学期）

商 务 英 语　专业 11 级 8 班

学号	项目 / 日期 / 考核方式 / 成绩 / 姓名	平时成绩明细 10/03 实机	01/04 实机	06/05 报验	28/05 实机	10/06 实机	22/06 报验	平时成绩总评	期末上机成绩	期末总评成绩	备注
2011040101	叶晓丽	90	92	98	90	95	96	94	78	83	
2011040102	赖小艳	60	60	60	60	76	50	61	91	82	
2011040103	邓敏	60	80	80	60	75	75	72	69	70	
2011040104	何倩	90	80	80	75	85	60	78	76	77	
2011040105	郑辉	60	60	60	60	85	65	65	88	81	
2011040106	王志敏	80	80	90	75	90	90	84	84	84	
2011040107	李素花	90	90	92	92	90	95	92	87	88	
2011040108	刘小荣	90	90	75	75	90	80	83	69	73	
2011040109	钟燕清	60	60	60	60	40	45	54	50	51	
2011040110	张丽丽	90	85	85	90	40	40	72	66	68	
2011040111	吴小清	90	90	70	90	85	75	83	69	73	
2011040112	杨玲	70	85	85	60	80	80	77	82	80	
2011040113	叶小芬	85	90	80	85	40	70	75	69	71	
2011040114	王静屏	60	65	55	60	60	50	58	83	76	
2011040115	关春玲	70	60	70	60	45	80	64	76	72	
2011040116	何敏灵	60	66	60	65	80	70	67	84	79	

任课教师(签盖)：__________　　系负责人(签盖)：__________

月　日　　月　日

图 4-76　成绩考核登记表操作结果

实训二 制作学生成绩统计表

📖 **实训目的**

使用 Excel 2010 提供的公式和丰富的函数对学生成绩表进行统计。

📖 **实训内容**

① 打开"学生成绩统计表"工作簿,其 Sheet1 工作表内容如图 4-77 所示。

成绩 学号 学科	姓名	性别	大学 心理学	高等 数学	大学 英语	计算机 应用基础	思想道 德修养	总分	名次	等级	分段点	统计不 同分数 段人数	产生12个 随机数
2011050201	张三	男	75	75	65	97	88						
2011050202	李四	男	92	58	76	84	66						
2011050203	王五	女	64	46	90	35	38						
2011050204	叶小飞	男	78	74	65	70	85						
2011050205	张晋晋	男	90	84	88	80	90						
2011050206	刘欣然	女	73	68	82	64	88						
2011050207	林子涵	男	60	56	52	60	49						
2011050208	杨亲敬	女	78	91	54	87	96						
2011050209	王菊	男	68	68	75	88	79						
2011050210	陈小平	女	76	65	74	86	82						
2011050211	林露露	女	85	80	92	92	85						
2011050212	邓锋	男	90	92	89	95	90						
数据统计	平均分:												
	最高分:												
	最低分:												
	及格人数:												
	及格率:												

图 4-77 学生成绩统计表

② 使用函数计算每位学生的总分。

③ 使用函数计算每门课程的平均分、最高分、最低分、及格人数和及格率。

④ 根据每位学生的总分计算其排名(提示:使用 RANK 函数)。

⑤ 设置计算后的平均分小数点保留 2 位,及格率用百分比表示。

⑥ 根据学生的总分统计等级,如果总分≥425 分,则等级为优秀;400 分≤总分<425 分,则等级为良好;300 分≤总分<400 分,则等级为合格;总分<300 分,则等级为不合格(提示:使用 IF 函数)。

⑦ 使用频率分布统计函数统计不同分数段:总分≥425 分,400 分≤总分<425 分,300 分≤总分<400 分,总分<300 分分别有多少人?(提示:使用 FREQUENCY 函数,且显示计算结果时需要同时按"Ctrl+Shift+Enter"组合键)。

⑧ 产生 12 个介于[100,150]间的随机整数(提示:使用 RAND 函数)。

📖 **实训结果**

学生成绩表的统计结果如图 4-78 所示。

实训三 图表的绘制与编辑

📖 **实训目的**

为"学生成绩图表"工作簿数据创建"学生成绩图表",以便于更直观地分析学生成绩,并对图表布局及格式进行设置。

📖 **实训内容**

① 打开"学生成绩图表"工作簿,选择 A2:H20 单元格区域,单击"插入"→"图表"→"柱形图"按钮,在弹出的菜单中选择"三维簇状柱形图",在学生成绩表中插入图表,如图 4-79 所示。

	A	B	C	D	E	F	G	H	I	J	K	L	M	N	O
1					**2011级××班成绩表**										
2	成绩 学科 学号	姓名	性别	大学 心理学	高等 数学	大学 英语	计算机 应用基础	思想道 德修养	总分	名次	等级	分段点	统计不 同分数 段人数	产生12 个随机数	
3	2011050201	张三	男	75	75	65	97	88	400	5	良好	299	2	105	
4	2011050202	李四	男	92	58	76	84	66	376	8	合格	399	5	142	
5	2011050203	王五	女	64	46	90	35	38	273	12	不合格	425	3	124	
6	2011050204	叶小飞	男	78	74	65	70	85	372	10	合格		2	126	
7	2011050205	张晋晋	男	90	84	88	80	90	432	2	优秀			123	
8	2011050206	刘欣然	女	73	68	82	64	88	375	9	合格			104	
9	2011050207	林子涵	男	60	56	52	60	49	277	11	不合格			103	
10	2011050208	杨亲敬	女	78	91	54	87	96	406	4	良好			134	
11	2011050209	王菊	男	68	68	75	88	79	378	7	合格			113	
12	2011050210	陈小平	女	76	65	74	86	82	383	6	合格			112	
13	2011050211	林露露	女	85	80	78	92	85	420	3	良好			127	
14	2011050212	邓锋	男	90	92	89	95	90	456	1	优秀			144	
15	数据统计	平均分:		77.42	71.42	74.00	78.17	78.00							
16		最高分:		92	92	90	97	96							
17		最低分:		60	46	52	35	38							
18		及格人数:		12	9	10	11	10							
19		及格率:		100%	75%	83%	92%	83%							

图 4-78　学生成绩表统计结果

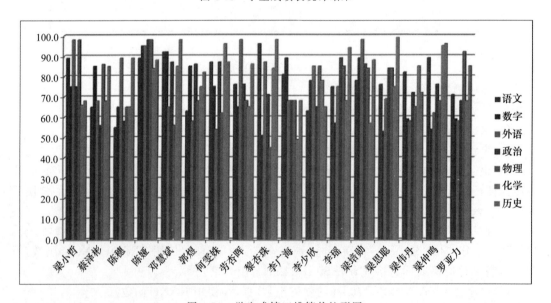

图 4-79　学生成绩三维簇状柱形图

② 单击嵌入图表中的任意位置以将其激活,单击"设计"→"位置"→"移动图表"按钮。

③ 在弹出的"移动图表"对话框中,选择"对象位于"单选按钮,在其下拉列表框中选择"Sheet2",如图 4-80 所示。

④ 单击"确定"按钮,将此图表移动到"Sheet2"工作表中。双击"Sheet2"标签,将其重命名为"学生成绩图表"。

⑤ 在"学生成绩图表"工作表中选择图表,单击"布局"→"标签"→"图表标题"按钮。

⑥ 在下拉菜单中选择"图表上方"命令。将文本框中的文字更改为"学生成绩图表"。

⑦ 单击"布局"→"标签"→"坐标轴标题"按钮,在下拉菜单中选择"主要纵坐标轴标题"→"竖排标题"命令。将文本框中的文字更改为"学生成绩"。

图 4-80　移动图表对话框

⑧ 单击"布局"→"标签"→"图例"按钮,在弹出的菜单中选择"在底部显示图例"命令,将图表的图例放置在图表的下方。

⑨ 单击选中"水平(类别)轴",单击右键,在弹出的菜单中选择"设置坐标轴格式"命令。

⑩ 弹出"设置坐标轴格式"对话框,选择"对齐方式"命令,单击"文字方向"文本框右侧下拉按钮,选择"堆积"命令,单击"关闭"按钮。

⑪ 选中图表,单击"格式"→"形状样式"→"其他"按钮,在弹出的下拉列表框中选择"细微效果-强调颜色 3"命令。设置图表的背景样式。

⑫ 单击"格式"→"艺术字样式"→"其他"按钮,在弹出的下拉列表框中选择"渐变填充-强调文字颜色 6,内部阴影"命令,设置图表背景样式。通过布局和格式设置,"学生成绩图表"效果如图 4-81 所示。

　📖　**实训结果**

"学生成绩图表"的制作编辑结果如图 4-81 所示。

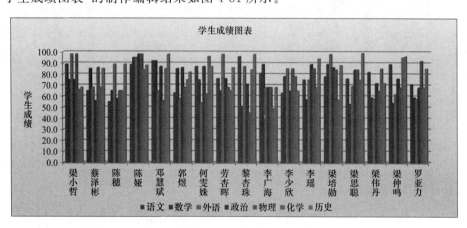

图 4-81　美化后的学生成绩图表

实训四　统计学生成绩表

　📖　**实训目的**

使用 Excel 2010 的数据管理功能,对学生成绩表进行统计。

　📖　**实训内容**

打开"统计学生成绩表"工作簿,Sheet1 工作表的数据如图 4-82 所示。

① 将 Sheet1 工作表的数据复制 6 份，依次重命名为排序、分类汇总、高级筛选、数据库函数、数据透视表、数据有效性。

② 将"排序"工作表中的数据，按"姓名"对学生成绩表进行升序排序。

③ 将"分类汇总"工作表中的数据，按"班级"对学生成绩表中的各科成绩进行汇总求平均值。

④ 根据"高级筛选"工作表中的数据，筛选出"语文"、"数学"和"外语"三科成绩都大于等于 80 分的数据行。

⑤ 在"数据库函数"工作表中，使用数据库函数统计出不同班级的人数，以及不同班级的最高数学成绩。

⑥ 以"数据透视表"工作表作为数据源创建数据透视表，以反映不同班级、男女生的语文、数学、外语三科的平均成绩，保留一位有效数字，"性别"作为行字段，"班级"作为筛选字段，删除总计项，并将透视表命名为"班级男女生平均成绩透视表"。

⑦ 在"数据有效性"工作表中，使用"数据有效性"对数据清单自定义输入序列，实现当用户选中"班级"列的任一单元格时，在其右则显示一个下拉列表框箭头，并提供"高二 1 班"、"高二 2 班"和"高二 3 班"等选择项供用户选择。

📖 实训结果

分类汇总的结果如图 4-82 所示。

		班级	姓名	性别	语文	数学	外语	政治	物理	化学	历史
					学生成绩表						
	3	高二1班	梁小哲	男	89.0	75.0	98.0	75.0	98.0	66.0	68.0
	4	高二1班	郭煜	男	63.0	85.0	58.0	86.0	68.0	75.0	82.0
	5	高二1班	蔡杏珠	女	96.0	51.0	87.0	71.0	45.0	84.0	98.0
	6	高二1班	李少欣	男	63.0	78.0	85.0	65.0	85.0	78.0	65.0
	7	高二1班	梁思聪	男	76.0	53.0	69.0	84.0	84.0	75.0	99.0
	8	高二1班	罗亚力	男	71.0	59.0	58.0	68.0	92.0	68.0	85.0
	9	高二1班 平均值			76.3	66.8	75.8	74.8	78.7	74.3	82.8
	10	高二2班	蔡泽彬	男	65.0	85.0	68.0	56.0	86.0	68.0	85.0
	11	高二2班	陈娅	女	89.0	95.0	95.0	98.0	98.0	84.0	88.0
	12	高二2班	劳杏晖	男	76.0	65.0	98.0	76.0	68.0	65.0	86.0
	13	高二2班	李广海	男	81.0	89.0	68.0	68.0	68.0	49.0	68.0
	14	高二2班	李庆波	男	59.0	59.0	76.0	62.0	87.0	43.0	78.0
	15	高二2班	李瑶	女	75.0	57.0	75.0	89.0	85.0	68.0	94.0
	16	高二2班	梁伟丹	男	82.0	59.0	58.0	72.0	65.0	85.0	72.0
	17	高二2班 平均值			75.3	72.7	76.9	74.4	79.6	66.0	81.6
	18	高二3班	陈穗	男	55.0	65.0	89.0	58.0	65.0	65.0	89.0
	19	高二3班	邓慧斌	男	92.0	92.0	65.0	87.0	56.0	85.0	98.0
	20	高二3班	何雯姝	女	87.0	75.0	54.0	87.0	62.0	96.0	87.0
	21	高二3班	梁培勋	男	78.0	89.0	68.0	86.0	84.0	57.0	88.0
	22	高二3班	梁仲鸣	男	89.0	54.0	62.0	76.0	68.0	95.0	96.0
	23	高二3班 平均值			80.2	75.0	73.6	78.8	67.0	79.6	91.6
	24	总计平均值			77.0	71.4	75.6	75.8	75.8	72.6	84.8

图 4-82　分类汇总的结果

高级筛选的结果如图 4-83 所示。

班级	姓名	性别	语文	数学	外语	政治	物理	化学	历史
高二2班	陈娅	女	89.0	95.0	95.0	98.0	98.0	84.0	88.0

图 4-83　高级筛选的结果

数据库函数的统计结果如图 4-84 所示。

	班级	班级	班级
	高二1班	高二2班	高二3班
人数	6	7	5
数学最高分	85	95	92

图 4-84　数据库函数的统计结果

数据透视表的结果如图 4-85 所示。

	A	B	C	D
1	班级	(全部)		
2				
3	行标签	平均值项:语文	平均值项:数学	平均值项:外语
4	男	74.2	71.9	75.0
5	女	86.8	69.5	77.8

图 4-85　数据透视表的结果

数据有效性的结果如图 4-86 所示。

图 4-86　数据有效性的结果

模块五 演示文稿制作 PowerPoint 2010

 学习目标

- 了解 PowerPoint 2010 特点和功能。
- 了解演示文稿的工作界面。
- 掌握制作演示文稿的方法。
- 熟练掌握演示文稿的基本操作。
- 熟练掌握美化幻灯片的方法。
- 掌握幻灯片的放映设置。
- 了解演示文稿的共享和安全。

通过 PowerPoint 2010，可以使用文本、图形、照片、视频、动画和更多手段来设计具有视觉震撼力的演示文稿。创建 PowerPoint 2010 演示文稿后，可以随后亲自放映演示文稿，通过 Web 进行远程发布，或与其他用户共享文件。

新增的视频和图片编辑功能及增强功能是 PowerPoint 2010 的新亮点。此版本提供了许多与同事一起轻松处理演示文稿的新方式。此外，切换效果和动画运行起来比以往更为平滑和丰富，并且现在它们在功能区中有自己的选项卡。新增了许多 SmartArt 图形版式（包括一些基于照片的版式）。现在，此版本提供了多种可以更加轻松的广播和共享演示文稿的方式。PowerPoint 2010 的新增功能如下。

1. 创建、管理并与他人协作处理演示文稿

PowerPoint 2010 引入了一些绝佳的新工具，可以使用这些工具有效地创建、管理并与他人协作处理演示文稿。例如，在新增的 Backstage 视图中管理文件，与同事共同创作演示文稿，自动保存演示文稿的多种版本，将幻灯片组织为逻辑节，合并和比较演示文稿，在不同窗口中使用单独的 PowerPoint 演示文稿文件，从任意位置操作演示文稿。

2. 视频、图片和动画增强功能

PowerPoint 2010 引入了视频和照片编辑新增功能和增强功能，在演示文稿中可以嵌入、编辑和播放视频或音频，也可以将演示文稿转换为视频。图片处理的功能更加丰富，可以向幻灯片中添加屏幕截图，新增的 SmartArt 图形不仅包括基于文字的图形，还有一些是基于图片的。此外，切换效果和动画分别具有单独的选项卡，并且比以往更为平滑和丰富。

3. 更有效地提供和共享演示文稿

PowerPoint 2010 提供了一些分发和提供演示文稿的新方法。例如，音频和视频文件可以直接嵌入到演示文稿中，这种嵌入式文件避免了发送多个文件的需要；Windows Live

账户或组织提供的广播服务可直接向远程观众广播幻灯片；辅助功能检查器可识别并解决 PowerPoint 文件中的辅助功能问题；如果想在幻灯片上强调要点时，可将鼠标指针变成激光笔。

项目一　制作产品介绍演示文稿

任务一　演示文稿的创建

📖 任务描述

创建演示文稿是制作演示文稿的第一步。本次任务创建一个空白的演示文稿，并将演示文稿保存为"产品介绍.pptx"。

📖 任务分析

创建一个演示文稿，先要启动演示文稿软件，然后在选择幻灯片的版式，接着保存演示文稿，退出演示文稿软件。要完成创建演示文稿的操作需要掌握下面几个知识。

① 演示文稿软件启动和退出。

② 认识 PowerPoint 2010 的工作界面。

③创建演示文稿的方法。

📖 知识链接

1. PowerPoint 2010 的工作界面

工作界面是工作者编辑演示文稿的一个工作平台，学习演示文稿制作之前先要了解 PowerPoint 2010 的工作界面。PowerPoint 2010 启动后，进入 PowerPoint 2010 的工作界面，如图 5-1 所示。

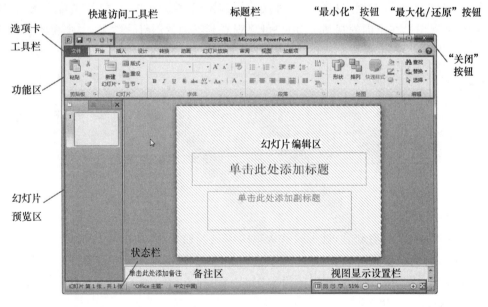

图 5-1　PowerPoint 2010 的工作界面

在"自定义快速访问工具栏"上用户可以自行设置快速启动功能命令。

"选项卡工具栏"包含了 PowerPoint 2010 的所有功能和设置选项。选项卡包括"文件"、"开始"、"插入"、"设计"、"转换"、"动画"、"幻灯片放映"、"审阅"、"视图"和"加载项"。在 PowerPoint 2010 版中，"文件"选项卡对应 Backstage 视图，其他选项卡都有与之对应对的功能区，例如，图 5-1 中的功能区对应的是"开始"选项卡。

"功能区"包含了一些功能按钮，不同选项卡对应的功能区中的按钮都不相同。"开始"选项卡对应的功能区显示的是"剪贴板"、"幻灯片"、"字体"、"段落"、"绘图"和"编辑"功能的操作图标与按钮。"插入"选项卡对应的功能区显示的是在 PowerPoint 演示文稿中可以插入的元素，如文本框、图片、艺术字、剪贴画、特殊字符、对象、音频和视频等。"设计"选项卡对应的功能区主要放置了有关演示文稿的主题和背景的设置项。"转换"选项卡对应的功能区是设置每张幻灯片切换方式的参数。"动画"选项卡对应的功能区显示的是用户进行自定义动画的所要执行的操作和功能。"幻灯片放映"选项卡对应的功能区显示的是用户进行幻灯片放映操作所要设置的选项和功能。

"幻灯片预览区"中包括了"幻灯片"和"大纲"预览视图，这方便用户进行幻灯片的管理和编辑。

"幻灯片编辑区"可以看成一个舞台，在这里对指定的幻灯片进行添加元素、输入对象、编辑文本等操作。

"备注区"一般是用来对幻灯片中的内容进行必要的补充说明，但不会显示在放映屏幕上。

"状态栏"是用来显示当前光标所在的位置信息和文稿信息。

"视图显示设置栏"可以切换演示文稿的视图和设置幻灯片的显示比例。

2．演示文稿视图

PowerPoint 2010 为用户提供了 4 种演示文稿视图：普通视图、幻灯片浏览视图、阅读视图和备注页视图。在不同的视图下，用户可以观看到不同的幻灯片效果，每个视图有它特定的作用。进入各视图的命令都可以在"视图"选项卡对应的功能区找到，如图 5-2 所示。

图 5-2 "视图"选项卡窗格

（1）普通视图

PowerPoint 2010 启动后，进入的默认视图就是普通视图，如图 5-1 所示。在普通视图中，用户可以看到预览视图区、幻灯片编辑区和备注区，预览视图区中包括了幻灯片窗格和大纲窗格。用户可分别编辑这些区的内容。

（2）幻灯片浏览视图

幻灯片浏览视图可以让用户查看演示文稿中的所有幻灯片，让用户能够快速定位到所要查看的幻灯片。

（3）备注页视图

在备注页视图中，用户可以编辑备注窗格中的内容。在备注页视图中编辑备注有别于普通视图的备注窗格的编辑，在此视图中，用户能够为备注页添加图片内容。

（4）阅读视图

在幻灯片阅读视图下，演示文稿的幻灯片内容将以全屏的形式显示出来，如果用户设置了动画效果和幻灯片切换等，此视图会将全部效果显示出来。

3. 幻灯片

在 PowerPoint 中，幻灯片是一个舞台，能将文本、图表、音频和视频等元素或对象更生动直观地表达出来。演示文稿是由一张张幻灯片组合而成，每张幻灯片是演示文稿中既相互独立又相互联系的内容，它们是通过制作者构想的某种剧本而关联在一起。

4. 幻灯片版式

打开 PowerPoint 时自动出现的单个幻灯片有两个占位符（占位符：一种带有虚线或阴影线边缘的框，绝大部分幻灯片版式中都有这种框。在这些框内可以放置标题及正文，或者是图表、表格和图片等对象。），一个用于标题格式，另一个用于副标题格式。PowerPoint 2010 还提供其他种类的占位符，如用于图片和 SmartArt 图形的占位符。

幻灯片上占位符的排列称为布局，PowerPoint 2010 包含 11 种内置的标准布局，它们统称为版式。在版式中可以添加文字和对象占位符，但不能直接在幻灯片中添加占位符。版式本身只定义了幻灯片上要显示内容的位置和格式设置信息。用户也可以创建自定义版式以满足特定的组织需求。向演示文稿中添加新幻灯片时，同时可选择新幻灯片的版式。

📖 任务设计

认识了演示文稿的基础知识后，接下来进行创建演示文稿的操作。

1. 启动 PowerPoint 2010

PowerPoint 2010 软件的启动跟 Windows 下其他应用程序的启动一样，可以通过下面三种方式启动。

① 从 windows 的"开始"菜单上启动。

② 使用桌面的快捷菜单启动。

③ 双击已有的演示文稿文档启动。

通过前两种方法启动 PowerPoint 2010 后，将进入如图 5-1 所示的工作界面。

2. 创建演示文稿

使用 windows 开始菜单或桌面快捷方式启动 PowerPoint 2010 后，PowerPoint 2010 会自动新建一个空白演示文稿。除此之外，在启动 PowerPoint 2010 后，还可以通过以下步骤创建新的演示文稿。

① 单击"文件"选项卡，打开 Backstage 视图，单击"新建"按钮，切换到新建演示文稿的主页，如图 5-3 所示。

② 选择模板或主题。系统内置了多种模板和主题供用户使用，包括空白演示文稿、样本模板和主题。图 5-3 所示界面的右边窗格是选定主题或模板的预览图。例如，在"可用的模板和主题"列表框中选中"空白演示文稿"，然后在预览图的下方单击"创建"图标可创建一

个新的空白演示文稿。

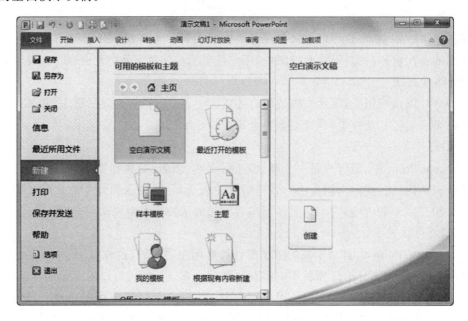

图 5-3　新建演示文稿的主页

3. 添加文本

新建的幻灯片默认使用的是"标题幻灯片"版式,这种版式由一个"主标题文本框"和一个"副标题文本框"组成,如图 5-4 所示。在主标题文本框中输入文本"产品介绍",副标题文本框中输入文本"青花瓷介绍"。

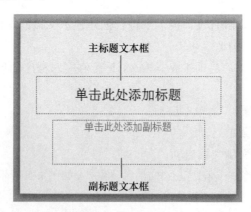

图 5-4　"标题幻灯片"版式

4. 保存演示文稿

第一次保存演示文稿的操作步骤如下。

① 单击"文件"选项卡,进入 Backstage 视图中单击"保存"按钮。

② 弹出"另存为"对话框,选择演示文稿的保存目录,在"文件名"文本框中输入文件名"产品介绍",在"保存类型"中选择文件类型"PowerPoint 演示文稿(＊.pptx)",如图 5-5 所示。

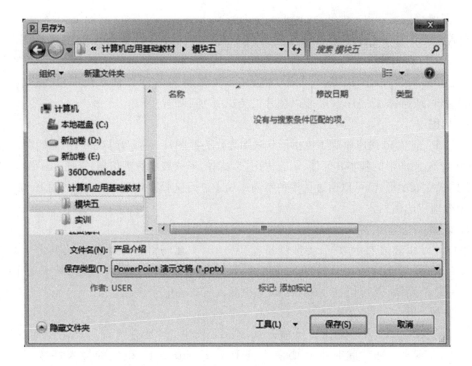

图 5-5 "另存为"对话框

③ 单击"保存"按钮。如果演示文稿不是第一次保存,可以直接单击"快速访问工具栏"上的保存按钮"![]"。

5. 关闭演示文稿

关闭演示文稿的方法有如下三种。

① 直接单击工作界面右上角的"关闭"按钮。

② 按组合键"Alt＋F4"。

③ 切换到"文件"选项卡,然后单击"关闭"按钮。

任务二　演示文稿的编辑

　　📖　**任务描述**

给"产品介绍"演示文稿添加文本框、艺术字、图片、形状和表格。

　　📖　**任务分析**

幻灯片的元素或对象包括文本、图像、插图、符号、媒体和其他应用程序对象等。编辑幻灯片就是向幻灯片中添加这些元素,并对幻灯片元素进行编辑和设置格式。

　　📖　**知识链接**

1. 文本

文本是幻灯片中用来描述信息的最基本元素。一般来说,在幻灯片中,文本不会单独地出现在幻灯片中,而是要放在某个对象中。这些放在文本内容的容器可以是文本框、艺术字、页眉和页脚、日期和时间、幻灯片编号、形状等对象。

2. 图像

图像包括了图片、剪贴画和屏幕截图。图片是指保存在计算机中的图片格式文件，如.jpg、.bmp、.png和.gif等。剪贴画是PowerPoint 2010提供的内置在程序里的图像。屏幕截图是PowerPoint 2010的一个新功能，用户可以将当前计算机系统中正在运行的应用程序的窗口，或屏幕上的任意矩形以图片的方式添加到幻灯片中。

3. 插图

PowerPoint 2010版本中除了提供形状和图表作为插图外，还新增了SmartArt插图。形状为用户提供了绘制图形的基本几何体；图表为用户以图的形式展示数据信息；SmartArt图形是信息和观点的视觉表示形式，可以通过从多种不同布局中进行选择来创建SmartArt图形，从而快速、轻松、有效地传达信息。

4. 表格

用户可以用表格展示数据，使数据易读、易理解。在幻灯片中添加表格共有4种方法：在PowerPoint中创建表格及设置表格格式；从Word中复制和粘贴表格；从Excel中复制和粘贴一组单元格；还可以在PowerPoint中插入Excel电子表格。

5. 符号

一般的符号可以通过键盘直接输入到演示文稿中，但是有些符号就不能通过输入法进行输入，如符号"☎"，此时则需要使用到PowerPoint 2010提供的插入特殊符号功能。除了插入特殊符号，PowerPoint 2010还为用户提供了数学公式的输入。插入数据公式方法：切换至"插入"选项卡，在符号组中选择"公式"图标"**π**"，则会在幻灯片中自动添加一个公式对象，用户可以通过"公式工具"分类下的"设计"选项卡的功能区来输入数学公式，如图5-6所示。

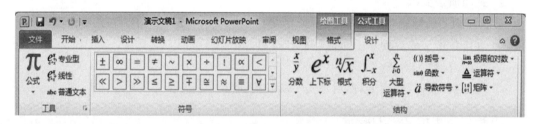

图5-6　公式工具"设计"选项卡功能区

6. 链接

放映演示文稿时，用户希望能使用如"下一页""返回"等按钮或展示其他外部文件，可以使用演示文稿中的链接功能。在PowerPoint中，链接有超链接和动作两种。超链接和动作可以是从一张幻灯片到同一演示文稿中另一张幻灯片的连接，也可以是从一张幻灯片到不同演示文稿中另一张幻灯片、电子邮件地址、网页或文件的连接。超链接为用户提供了一个单击动作，而动作为用户提供了"鼠标单击"和"鼠标移过"两个动作。

7. 对象

使用对象可以向演示文稿添加通过其他应用程序编辑的文档，如Excel、Word、数学公式和Openoffice的文档等。向幻灯片添加对象的方法：切换至"插入"选项卡，在文本命令组中单击插入对象图标"▦"，弹出"插入对象"对话框，如图5-7所示，然后在"对象类型"中选择要创建的新对象。

图 5-7 "插入对象"对话

📖 **任务设计**

1. 编辑文本

在 PowerPoint 2010 中,单击"插入"选项卡,在文本命令组中包括了文本框、页脚和页眉、艺术字、日期和时间及幻灯片编号等功能图标。下面介绍为"产品介绍"演示文稿添加文本框和艺术字,艺术字内容为"青花瓷"。

（1）添加文本框

在创建演示文稿的第 1 张幻灯片中可以添加标题和副标题,是因为幻灯片应用了"标题幻灯片"版式,版式中有文本框占位符。在演示文稿中添加文本的具体操作步骤如下。

① 选定幻灯片。在"普通视图"下的幻灯片预览区中选定第 1 张幻灯片。

② 插入新幻灯片。单击"开始"选项卡,在"幻灯片"命令组中,单击"新建幻灯片"按钮旁边的下拉箭头,选择"空白"的幻灯片版式,如图 5-8 所示。

③ 插入文本框。选定空白的幻灯片,然后单击"插入"选项卡,在"文本"组中,单击"文本框"旁边的箭头,在下拉菜单中选择"横排文本框"命令。在空白幻灯片中按下鼠标左键,然后拖动鼠标绘制文本框,最后释放鼠标左键。

④ 设置文本格式。设置文本格式的方

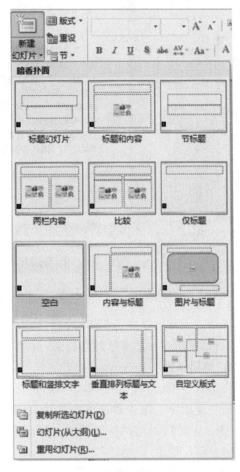

图 5-8 插入新幻灯片

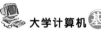

法如同 Word、Excel 的方法,使用"开始"选项卡下的"字体"和"段落"组里的功能,可以设置文本的字体、字形、字号、颜色、对齐方式等格式。

（2）插入艺术字

① 选择艺术字样式。单击"插入"选项卡,在"文本"命令组中单击"艺术字"按钮,在弹出的"艺术字样式"库中选择所需的艺术字样式,此处选择"填充-白色,轮廓-强调文字颜色1"样式。

② 添加文本。在编辑区中的艺术字文本框中输入"青花瓷",并在"开始"选项卡中将其字体设置为"隶书",字号设置为 44 号。

③ 设置艺术字格式。单击"格式"选项卡,在"艺术字样式"组中,单击"文本效果"按钮,选择"映像"命令,在弹出的列表框中单击"紧密映像,接触"按钮,如图 5-9 所示。在"艺术字样式"栏中还可以设置"文本填充"和"文本轮廓",从而设置艺术字的轮廓和填充颜色。

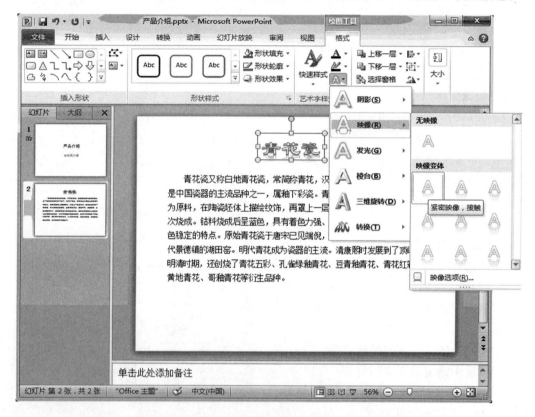

图 5-9　设置艺术字文本

详细的设置可以单击"艺术字样式"组底部的按钮 ，弹出"设置文本效果格式"对话框,在对话框中设置艺术字的颜色、边框、效果等样式。

2. 编辑图像

在 PowerPoint 2010 中,单击"插入"选项卡,在图像组中包括了图片、剪贴画、屏幕截图和相册功能图标。图片和剪贴画的编辑方法与 Word 2010 的方法相似,屏幕截图功能是 PowerPoint 2010 新增的一项功能。下面主要介绍图片编辑和屏幕截图功能的使用。

（1）插入图片

为"产品介绍"演示文稿的第 1 张幻灯片添加 1 幅图片,具体操作如下。

① 单击"插入"选项卡，在图像组中单击图片图标，在弹出的"插入图片"对话框中从本地磁盘中选择所需的图片添加到幻灯片中，并调整图像大小让其布满整张幻灯片。

② 设置图片的层次。右击图片从弹出的快捷菜单中选择"置于底层"→"置于底层"命令，将图片置于其他的元素的下方。所得效果如图 5-10 所示。

图 5-10　编辑图片的效果

（2）屏幕截图

单击"屏幕截图"按钮时，可以插入一个系统正在运行的程序窗口，也可以使用"屏幕剪辑"工具选择屏幕上的任意矩形框。正在运行的程序窗口会以缩略图的形式显示在"可用视窗"列表中，将鼠标指针悬停在缩略图上时，会弹出工具提示，其中显示了程序名称和文档标题。如图 5-11 所示。

1. 编辑插图

在 PowerPoint 2010 中，单击"插入"选项卡，在插图组中包括了形状、SmartArt 和图表。下面介绍为演示文稿添加形状。

① 单击"插入"选项卡，在插图组中单击"形状"，弹出如图 5-12 所示形状库列表。在形状库列表中选择"星与旗帜"分类的"横卷形"，在幻灯片上拖动鼠标绘制形状。

② 添加文本。右击添加的形状，在弹出的快捷菜单中选择"编辑文字"命令，则可在形状中输入文本，在"开始"选项卡中可以对文本的字体、字号等格式进行设置。

③ 设置形状样式。双击形状，切换到"格式"选项卡，可以执行此选项卡的功能区中的功能对形状进行轮廓、填充颜色和文本效果等格式的设置。

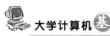

图 5-11　屏幕截图

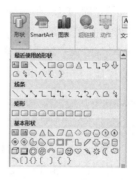

图 5-12　形状列表框

2. 编辑表格

在 PowerPoint 中插入表格的操作与在 Word 中插入表格的操作类似。为"产品介绍"演示文稿添加表格，显示清雍正各类瓷器成交价，具体操作方法如下。

① 添加幻灯片。新建一张"标题和内容"版式的幻灯片。

② 创建表格。在内容文本框中单击"插入表格"按钮▦，弹出"插入表格"对话框，在对话框中输入表格的列数为 4，行数为 6。在表格的单元格中填入数据。

③ 设计表格。双击表格，切换到表格工具"设计"选项卡，可以对表格的样式、表格边框和填充等进行设置。

④ 设置表格布局。双击表格，切换到表格工具"布局"选项卡，可以对表格的行、列进行添加、删除和合并操作，可以设置表格中文字的对齐方式和表格的尺寸。

经过上述的操作后，得到最终的效果图如图 5-13 所示。

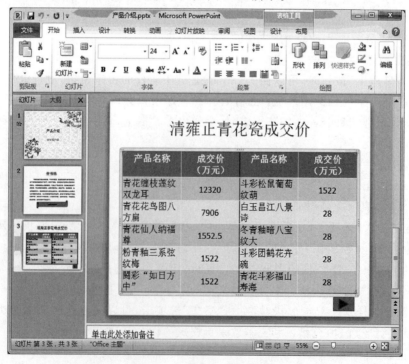

图 5-13　添加表格的效果图

3. 编辑链接

在设计幻灯片的时候,用户通过单击目录来浏览相关内容,可以使用幻灯片中的链接实现,链接的内容可以是文件、网址、电子邮件和演示文稿中其他幻灯片等,链接的类型包括超链接和动作链接。为"产品介绍"演示文稿文字添加超链接,为幻灯片添加下一页的动作链接。

(1) 添加超链接

PowerPoint 2010 可以为文本和对象建立超链接,给演示文稿的文本添加超链接,连接到某一文件的具体操作步骤如下。

① 选择第 3 张幻灯片中"美丽的青花瓷"文本内容,然后切换到"插入"选项卡,在"链接"组中单击超链接图标🌐,弹出"插入超链接"对话框,如图 5-14 所示。

图 5-14　插入超链接

② 在"链接到"列表框中选择"现有文件或网页",并在"查找范围"选择文件的路径,在文件浏览列表中选择所需的文件,然后单击"确定"按钮。

建立超链接文本内容后在幻灯片上显示自动添加了下画线的格式,在播放此幻灯片时,鼠标移到此文本上方,鼠标指针会变成手的开关,此时单击即可链接到指定的文件。

(2) 添加动作链接

动作链接可以响应鼠标发出的两个动作:单击对象和移过对象。为了方便播放演示文稿,PowerPoint 为用户提供了已定义的动作按钮形状。为演示文稿添加下一页的动作链接具体操作步骤如下。

① 选定幻灯片,切换到"开始"选项卡,在绘图组中单击形状图标🔲按钮,从列表中选中动作按钮分类中的"前进或下一项"动作按钮。

② 在幻灯片的右下角位置绘制"下一项"动作按钮,弹出"动作设置"对话框,如图 5-15所示。

③ 设置动作链接选项。在"动作设置"对话框中切换至"单击鼠标"选项卡,可以设

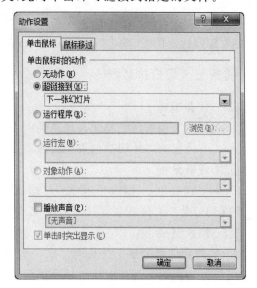

图 5-15　"动作设置"对话框

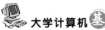

置单击鼠标时的动作,其中包括无动作、超链接到、运行程序、执行宏和对象动作。"超链接到"设置项表示超链接到演示文稿中的某张幻灯片,此处选择"下一张幻灯片"选项。"运行程序"设置项表示执行指定的应用程序。对象动作表示执行对象本身拥有的动作,如视频对象拥有"播放"的动作。用户还可以设置动作执行时的声音效果。切换至"鼠标移过"选项卡,设置鼠标移过对象时发生的动作,设置方法相同。

④ 设置动作链接之后,在幻灯片播放时,只要鼠标执行了单击或移过,那么幻灯片就会根据动作的设置执行命令。

4. 浏览演示文稿

切换到"幻灯片浏览"视图下浏览所有幻灯片,如图 5-16 所示,具体操作方法有如下两种。

图 5-16　幻灯片浏览图

① 在普通视图中,单击视图右下角的"视图显示设置区"的"幻灯片浏览"图标。
② 在普通视图中,单击"视图"选项卡,在演示文稿视图组中单击"幻灯片浏览"按钮。

任务三　幻灯片放映

📖　任务描述

制作演示文稿的目的就是在观众面前展示,演示文稿是以放映的方式展示的。本任务为演示文稿设置幻灯片切换效果和放映幻灯片。

📖　任务分析

PowerPoint 2010 提供了多种幻灯片放映方式,包括"从头开始"、"从当前幻灯片开始"和"广播幻灯片"等,还提供了用户自定义放映方式和计时排练。

📖　知识链接

1. 幻灯片切换效果

幻灯片切换效果是在放映幻灯片期间从一张幻灯片移到下一张幻灯片时在"幻灯片放映"视图中出现的动态效果。可以通过设置控制切换效果的速度,添加声音,甚至还可以对切换效果的属性进行自定义。

幻灯片切换效果的所有命令都设置在"转换"选项卡中,如图 5-17 所示。对演示文稿中的每张幻灯片都可以设置切换效果,如果要使所有幻灯片都应用相同的幻灯片切换效果,在"转换"选项卡的"计时"命令组中,单击"全部应用"按钮。

图 5-17　"转换"选项卡

2．幻灯片放映

为了方便放映演示文稿,在窗口右下角的视图显示设置栏中单击"幻灯片放映"按钮图标 ,即可从当前幻灯片开始进行放映,也可以在"幻灯片放映"选项卡中选择"从头开始"或"从当前幻灯片开始"功能按钮。关于幻灯片放映设置的所有命令都设在"幻灯片放映"选项卡中。

📖 任务设计

为"产品介绍"演示文稿设置切换效果,设置幻灯片的切换效果、设置计时和声音等方面进行操作,具体操作步骤如下。

1．添加切换效果

① 选中第 1 张幻灯片,单击"转换"选项卡,在"切换到此幻灯片"命令组中,单击要应用于该幻灯片的幻灯片切换效果。若要查看更多切换效果,可单击"其他"按钮 。弹出如图 5-18所示的"切换方案"窗格,选择"细微型"分类下的"擦除"切换效果。

② 单击"效果选项"按钮,弹出"效果选项"列表,如图 5-19 所示,选择"从右上部"选项,完成切换效果的设置。

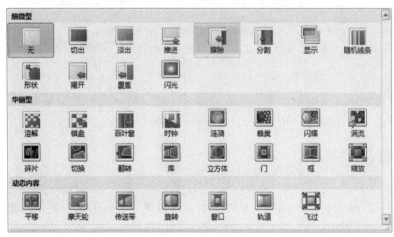

图 5-18　"切换方案"窗格　　　　　　　图 5-19　"效果选项"列表

2．设置计时

（1）设置声音

在"转换"选项卡的"计时"命令组中,单击"声音"旁的下拉箭头,然后执行下列操作之一，如图 5-20 所示。

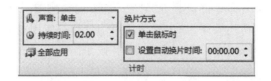

图 5-20　设置计时

① 选择列表中所需的声音，如"单击"。

② 若列表中没有所需的声音，可选择"其他声音"，找到要添加的声音文件，然后单击"确定"按钮。

（2）设置时间

在"转换"选项卡上"计时"组中的"持续时间"框中，输入切换幻灯片时所需的秒数。如图 5-20 所示。

（3）设置换片方式

指定当前幻灯片在多长时间后切换到下一张幻灯片，可采用下列步骤之一。

① 若要在单击鼠标时切换幻灯片，在"切换"选项卡的"计时"组中，选择"单击鼠标时"复选框。如图 5-20 所示。

② 若要在经过指定时间后自动切换幻灯片，在"切换"选项卡的"计时"命令组中，在时间框中输入所需的秒数。

3. 放映幻灯片

若要在"幻灯片放映"视图中从第一张幻灯片开始查看演示文稿，请在"幻灯片放映"选项卡上的"开始放映幻灯片"命令组中，单击"从头开始"按钮。如图 5-21 所示。

图 5-21　放映幻灯片

若要在"幻灯片放映"视图中从当前幻灯片开始查看演示文稿，请在"幻灯片放映"选项卡上的"开始放映幻灯片"命令组中，单击"从当前幻灯片开始"按钮。

任务四　演示文稿的发布和打印

📖　**任务描述**

制作演示文稿的主要目的是资料的共享和信息的展示。编辑演示文稿是发布演示文稿的前提，在完成了演示文稿的编辑后，进入演示文稿的发布和打印阶段。

📖　**任务分析**

PowerPoint 2010 提供了多种演示文稿发布方式，包括发布到幻灯片库、发布到 SharePoint、发布为 PDF 文档、发布为视频、打包为 CD 和创建讲义。

📖　**知识链接**

用户按照自己的要求可以将演示文稿发布为不同的文件类型。为了可以重用幻灯片，可以将演示文稿发布并保存到幻灯片库中;为了与其他用户共享演示文稿,可以将演示文稿发布到 SharePoint;为了方便网络传输和更好地共享文件,可以将演示文稿发布为 PDF 文档;为了将演示文稿的素材添加到一个文件夹中,可以将演示文稿打包成 CD;为了方便演讲者进行精彩的演讲,可以将演示文稿以讲义的形式发布。

1. 幻灯片库和 SharePoint

幻灯片库是保存在本地计算机中幻灯片存储位置,方便用户进行幻灯片的重用文件。SharePoint 库是 SharePoint 网站上的位置,用户可以在其中存储和管理与团队成员共享的文件。向库中添加文件后,其他人也能够读取和编辑它们,具体取决于这些成员的权限。使用 SharePoint 需要使用 SharePoint Workspace 2010 软件。

2. 打包为 CD

演示文稿中包括了图片、音频和视频等外部文档,尽管在 PowerPoint 2010 中这些文档都作为演示文稿的一部分,但是在移动演示文稿后,用户难以对其中的幻灯片进行修改。而且当演示文稿移动到没有 PowerPoint 软件的计算机上,演示文稿是无法打开的。将演示文稿打包为 CD,就可以将所有的外部文档添加到一个文件夹中,上述问题立即得到解决。

3. 创建讲义

在演讲者进行演讲时,听众可以使用讲义来了解演讲者所讲述的内容,并且可以在讲义上做笔记。创建好的讲义是演讲成功的一个更有效的方法。

📖 **任务设计**

PowerPoint 2010 提供多种的发布方式,下面介绍 5 种发布方式,将"产品介绍"演示文稿分别发布到 SharePoint,发布为 PDF 文档,发布为视频,打包为 CD 和创建讲义。

1. 发布到 SharePoint

① 选择"文件"选项卡列表下的"保存与发送"→"保存到 SharePoint"命令,单击"另存为"按钮,弹出"另存为"对话框。

② 在"另存为"对话框中,设置保存的类型和选择保存文档的路径,然后单击"保存"按钮。

2. 发布为 PDF 文档

① 选择"文件"选项卡列表下的"保存与发送"→"创建 PDF/XPS 文档"命令,单击"创建 PDF/XPS"按钮,弹出"发布为 PDF 或 XPS"对话框。

② 在"发布为 PDF 或 XPS"对话框中,设置保存的类型和选择保存文档的路径,单击"选项"按钮,弹出"选项"对话框,如图 5-22 所示。

③ 在"选项"对话框中,范围设置为"全部";发布内容为幻灯片,然后单击"确定"按钮,返回"发布为 PDF 或 XPS"对话框,单击"保存"按钮。

3. 发布为视频

① 切换至"文件"选项卡,选择"保存并发送"→"创建视频"命令,然后进行设置。

② 设置显示尺寸。在显示的设置下拉列表中选择"计算机和 HD 显示"项。

③ 设置录制演示文稿。此时可以设置视频的计时和旁白。

④ 设置播放演示文稿。在界面中设置视频中每张幻灯片占的时间,以秒为单位。

⑤ 设置完成后,单击"创建视频"按钮,弹出"另存为"对话框,选择视频保存的路径和视频保存文件名,然后单击"保存"按钮。

图 5-22 "选项"对话框

4. 打包为 CD

切换至"文件"选项卡，选择"保存并发送"→"将演示文稿打包成 CD"命令，单击"打包成 CD"按钮，弹出"打包成 CD"对话框，如图 5-23 所示。在"将 CD 命名为"文本框中输入 CD 的名称，如"产品介绍 CD"。

5. 创建讲义

① 切换至"文件"选项卡，选择"保存并发送"→"创建讲义"命令，单击"创建讲义"按钮，弹出"发送到 Microsoft Word"对话框，如图 5-24 所示。

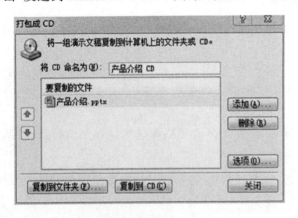

图 5-23 将演示文稿打包成 CD

图 5-24 设置对话框

② 在"Microsoft Word 使用的版式"选项框中选择一种版式，在此选择"备注在幻灯片旁"。在"将幻灯片添加到 Micrsoft Word 文档"选项框中选择"粘贴"单选框。"粘贴"表示将演示文稿中幻灯片以图片形式复制到 Word 文档；"粘贴链接"表示将演示文稿中的幻灯片以链接的方式复制到 Word 文档中，双击链接可以对 Word 中的幻灯片对象进行修改。

6. 打印幻灯片

打印幻灯片之前需要设置打印选项,包括份数、打印机、要打印的幻灯片、每页幻灯片数、颜色选项等,然后打印幻灯片。打印设置如图 5-25 所示。

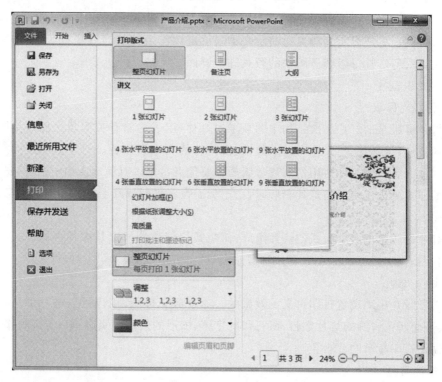

图 5-25 打印设置

在"文件"选项卡中"打印"下的"份数"框中,输入要打印的份数。在"打印机"下,选择要使用的打印机,如果要以彩色打印,则需选择彩色打印机。在"设置"下,可以设置打印所有幻灯片和仅打印当前显示的幻灯片,或按编号打印特定幻灯片,如 1,3。

若要在一整页上打印一张幻灯片或多张幻灯片,可以在"打印版式"中进行设置,除此之外若要在幻灯片周围打印一个细边框,可选择"幻灯片加框"。

若要在特定的纸张上打印幻灯片,可单击"根据纸张调整大小"进行设置。

若要增大分辨率、混合透明图形及在打印作业上打印柔和阴影,可单击"高质量"按钮。在使用"高质量"进行打印时,打印演示文稿所需时间可能较长。为了防止可能造成的计算机性能下降,在打印完成后需清除"高质量"选择。

设置完毕后,单击"打印"按钮,即可打印演示文稿。

项目二 编辑公司简介演示文稿

任务一 幻灯片母板设计

📖 任务描述

演示文稿中的幻灯片一般都应保持一致的风格,有相同的背景和字体。此时,使用

PowerPoint 的幻灯片母版来设计一套顶级的幻灯片，规范演示文稿中的幻灯片，从而为用户制作演示文稿节省时间和统一主题，保证演示文稿的完整性和统一性。

📖 **任务分析**

母版是对演示文稿内容的一种规范标准。在 PowerPoint 2010 中有 3 种母版：幻灯片母版、讲义母版、备注母版。对美化演示文稿起决定性作用的是幻灯片母版，演示文稿母版的设计是指对幻灯片母版和母版中的版式进行设计。

📖 **知识链接**

1. 幻灯片母版

幻灯片母版是幻灯片层次结构中的顶层幻灯片，用于存储有关演示文稿的主题和幻灯片版式的信息，包括背景、颜色、字体、效果、占位符的大小和位置。每个演示文稿至少包含一个幻灯片母版。修改和使用幻灯片母版的主要优点是可以对演示文稿中的每张幻灯片进行统一的样式更改。使用幻灯片母版时，由于无需在多张幻灯片上键入相同的信息，因此节省了时间。

幻灯片母版是由多个版式幻灯片组成，而版式幻灯片的内容是多种占位符，包括内容、文本、图、图表、表格、SmartArt、媒体和剪贴画等。

2. 讲义母版

讲义母版是用来设置打印讲义的效果的。通过讲义母版，用户可以进行讲义打印的页面尺寸、页面所包含的幻灯片数目、所打印的字体、图形的效果和页脚页眉等设置操作，还可以设置讲义打印显示的背景色。

3. 备注母版

备注母版是用来设计打印备注页的。使用备注母版，用户可以设置备注页打印的方式，设置备注页的字体、效果和颜色等主题选项。设置好备注母版，在打印备注页的时候，系统会按照备注母版进行打印备注页操作。

📖 **任务设计**

为"公司简介"演示文稿的所有幻灯片的左下角添加一个公司图标，修改母版中"幻灯片标题"版式中主标题的字体，添加一个新的幻灯片版式，具体操作如下。

1. 添加对象

① 切换至"视图"选项卡，在"母版视图"组中选择"幻灯片母版"，进入幻灯片母版视图，如图 5-26 所示。这是幻灯片母版，它会影响其下层的幻灯片版式。此幻灯片母板中包含了标题、文字、日期、幻灯片编号和页脚等 5 个占位符。

② 选择缩略图中的幻灯片母板，切换到"插入"选项卡，在"图像"组中选择"图片"按钮，添加公司的 logo 图片。

2. 修改字体

在幻灯片母版视图中，选中幻灯片母版中的第 2 张幻灯片版式"标题和内容"版式，选中标题占位符中的文本"单击此处编辑母版标题样式"。设置字体的大小为"42"，设置字体为"楷体，加粗"，颜色为"红色"。设置好之后，演示文稿中所有使用了该版式的幻灯片的标题都将是 42 号楷体、加粗、红色。

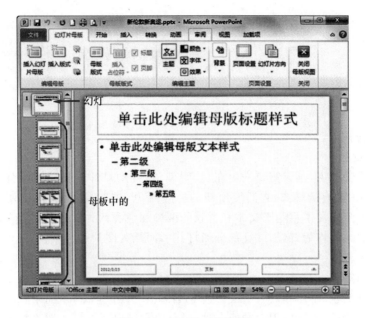

图 5-26 幻灯片母版视图

3．添加版式

① 在幻灯片母版视图中，切换至"幻灯片母版"选项卡，在"编辑母版"组中选择"插入版式"按钮，为幻灯片母版添加了一个名为"自定义版式"的版式，其包含了标题、日期、幻灯片编号和页脚等 4 个占位符。

② 在"自定义版式"幻灯片中删除标题占位符，然后切换至"幻灯片母版"选项卡，在母版版式组中单击"插入占位符"，在下拉列表中选择"图片"菜单项，然后在编辑区中绘制图片占位符的大小，对图片占位符的大小和位置进行必要的调整。

③ 重命名版式。右击右边窗格上的"自定义版式"幻灯片，在弹出的快捷菜单中选择"重命名版式"命令，弹出"重命名版式"对话框，在版式名称文本框中输入"图片显示"，然后单击"重命名"按钮。

④ 退出幻灯片母版视图。单击"幻灯片母版"选项卡中的"关闭母版视图"图标。或切换至"视图"选项卡，在"演示文稿视图"组中单击"普通视图"图标。

对幻灯片母版的修改是不需要保存的，在修改的同时也就作用于所有的幻灯片，当关闭幻灯片母版视图后，就可以查看到幻灯片母版对所有幻灯片的影响效果。

任务二　幻灯片设计

📖　任务描述

为了使演示文稿拥有统一的色彩，使得演示文稿的设计更加和谐，更加符合设计者的要求，用户需要对演示文稿进行设计。

📖　任务分析

PowerPoint 2010 的"设计"选项卡为用户提供了设计幻灯片的工具，如图 5-27 所示，包括设置幻灯片的背景和主题的选择，设计主题的颜色、字体和效果等。用户使用"设计"选项卡的工具还可以从已有的主题文件中导入主题，以及保存当前使用的主题设计。

图 5-27 "设计"选项卡

◫ **知识链接**

1. 幻灯片背景

演示文稿要吸引人，不仅需要内容充实、明确，而且幻灯片的美感也十分重要。背景样式是 PowerPoint 独有的样式，它们使用新的主题颜色（主题颜色：文件中使用的颜色的集合）模式，新的模型定义了将用于文本和背景的两种深色和两种浅色。在整个幻灯片后面可以插入图片或剪贴画作为背景，或在部分幻灯片后面插入图片作为水印，还可以在幻灯片后面插入颜色作为背景。

2. 幻灯片主题

主题由主题颜色、字体和效果组成。PowerPoint 2010 提供了多种内置的主题，在制作演示文稿时，用户可以直接应用一种或多种主题，可以从已保存的主题文档中导入主题。

（1）主题颜色

修改主题颜色对演示文稿的更改效果最为显著。PowerPoint 内置了多种主题颜色，查看内置主题颜色的方法：切换至"设计"选项卡，在"主题"组中单击"颜色"按钮 ，弹出"主题颜色"列表。

主题颜色包含 12 种颜色槽，通过设置这 12 种颜色槽来创建新的主题颜色，创建主题颜色的方法：切换至"设计"选项卡，在"主题"组中单击"颜色"按钮，选择"新建主题颜色"命令，弹出"新建主题颜色"对话框，如图 5-28 所示。设计 12 种颜色槽后，在名称文本框中输入新主题的名称，然后单击"保存"按钮。

图 5-28 "新建主题颜色"对话框

（2）主题字体

对整个文档使用一种字体始终是一种美观且安全的设计选择。当需要营造对比效果时，小心地使用两种字体将是更好的选择。每个 Office 主题均定义了两种字体：一种用于标题；另一种用于正文文本。新建主题字体的方法：切换至"设计"选项卡，在主题组中单击"字体"按钮，选择"新建主题字体"菜单项，弹出"新建主题字体"对话框，如图 5-29 所示；设置相应的字体，然后单击"保存"按钮。

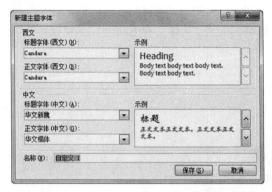

图 5-29 "新建主题字体"对话框

（3）主题效果

主题效果指定如何将效果应用于图表、SmartArt 图形、形状、图片、表格、艺术字和文本。通过使用主题效果库，可以替换不同的效果集以快速更改这些对象的外观。虽然用户不能创建自己的主题效果集，但是可以选择要在自己的主题中使用的效果。PowerPoint 内置的主题效果的查看方式：切换至"设计"选项卡，在主题组中单击"效果"按钮。

  📖 **任务设计**

为"公司简介"演示文稿应用一种主题，设置文稿中幻灯片的背景格式，并将其保存成一种主题。

1. 应用主题

为"公司简介"应用一种主题的具体操作步骤如下。

① 切换至"设计"选项卡，在"主题"组中单击主题列表的旁边的下拉列表显示按钮，显示所有的幻灯片主题，如图 5-30 所示。

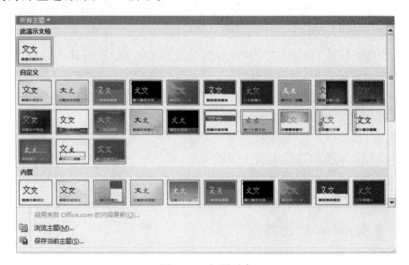

图 5-30 主题列表

② 在主题列表中单击所需的主题图标,即可将指定的主题应用到所有幻灯片中。

如果在主题列表中右击所需的主题图标,则会弹出快捷菜单,如图 5-31 所示,选择"应用于选定幻灯片"选项后,便可为演示文稿应用多种不同的主题。

如果在制作演示文稿之前,用户从其他组员中获得了主题文档,那么可以导入此主题文档,具体的操作步骤:在主题列表中,选择"浏览主题"命令,弹出"选择主题或主题文档"对话框,选择以"thmx"为扩展名的主题文档,然后单击"应用"按钮即可。

图 5-31 主题应用右击菜单

2. 设置背景格式

选中要设置背景的幻灯片,单击"设计"选项卡上"背景"栏上的按钮 可弹出设置背景格式对话框,如图 5-32 所示。

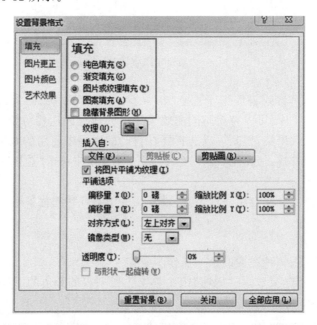

图 5-32 设置背景格式

在此对话框中不仅可以将幻灯片背景设为纯色或渐变色,而且还可以插入图片作为背景。选择图片作为背景之后,可以通过"图片更正"、"图片颜色"和"艺术效果"选项设置图片格式。例如,选择"图片颜色"选项,在"重新着色"栏,将图片设置为"冲蚀"效果,可以使幻灯片拥有水印效果。

3. 保存主题

如果希望以后可以使用当前演示文稿的主题,用户可保存主题,具体操作步骤:在主题列表中,如图 5-30 所示,选择"保存当前主题"命令,弹出"保存当前主题"对话框,在文件名文本框中输入文件名"公司简介",然后单击"保存"按钮。

任务三 编辑 SmartArt 图形

📖 **任务描述**

使用 SmartArt 图形为"公司简介"演示文稿中创建一个组织结构图。

📖 **任务分析**

如果希望通过插图说明公司或组织中的上下级关系，可以创建一个使用组织结构图布局的 SmartArt 图形。

📖 **知识链接**

SmartArt 图形是信息和观点的视觉表示形式。可以通过从多种不同布局中进行选择来创建 SmartArt 图形，从而快速、轻松、有效地传达信息。

创建 SmartArt 图形时，需选择一种 SmartArt 图形类型，如"流程"、"层次结构"、"循环"或"关系"。每种类型的 SmartArt 图形包含几个不同的布局。选择了一个布局之后，可以很容易地切换 SmartArt 图形的布局或类型。新布局中将自动保留大部分文字和其他内容及颜色、样式、效果和文本格式。

在"文本"窗格中添加和编辑内容时，SmartArt 图形会自动更新，即根据需要添加或删除形状。还可以在 SmartArt 图形中添加和删除形状以调整布局结构，添加或删除形状及编辑文字时，形状的排列和这些形状内的文字量会自动更新，从而保持 SmartArt 图形布局的原始设计和边框。

📖 **任务设计**

在"公司简介"演示文稿中新建一张"标题和内容"版式的幻灯片，先在标题栏中输入"组织机构"，再按照文件"组织机构.jpg"提供的信息，在文本框中插入组织结构图，操作步骤如下。

① 添加组织结构图。单击内容文本框中的"插入 SmartArt 图形"按钮，弹出"选择 SmartArt 图形"对话框，如图 5-33 所示。在"层次结构"布局列表中，选择"组织结构图"。

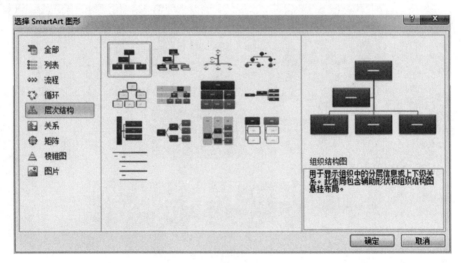

图 5-33 选择 SmartArt 图形

② 添加形状。双击图中的最顶层的形状，在弹出"SmartArt 工具"的"设计"选项卡中单击"添加形状"右边的下拉按钮，选择"添加助理"，如图 5-34 所示。

③ 输入文本。分别在图中的各形状中输入"股东会""监事会""董事会""总裁"等文本。

④ 设置布局。选择"总裁"文本框，在"SmartArt 工具"的"设计"选项卡中的"创建图

形"命令组中单击"布局"右边的下拉按钮，选择"标准"，如图 5-35 所示。设置好布局之后，便可在"总裁"文本框的下面继续添加形状，方法与第 2 步类似。

图 5-34　添加形状

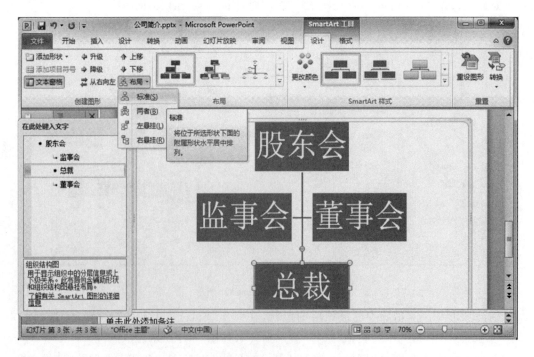

图 5-35　设置布局

⑤ 修改形状大小。添加好所有的形状之后,选中"总裁"文本框下方所有的形状(按住"Shift"键单击鼠标或拖动鼠标框选),拖动鼠标调整所选形状的大小,或在"SmartArt 工具"的"格式"选项卡"大小"命令组中设置。

⑥ 更改文字方向。选中要更改文字方向的形状,单击鼠标右键选择"设置形状格式"命令,在弹出的对话框中选择文本框,如图 5-36 所示,在"文字版式"栏设置文字方向为"竖排"。

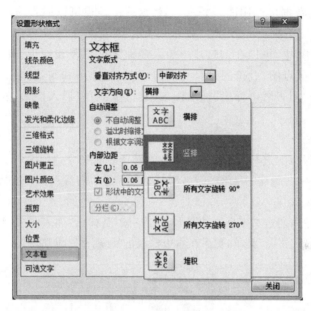

图 5-36 设置形状格式

⑦ 设置 SmartArt 样式。单击 SmartArt 图形的边框,在"SmartArt 工具"的"设计"选项卡中的"SmartArt 样式"栏将 SmartArt 图形设置为"强烈效果"。编辑完成之后的组织结构图如图 5-37 所示。

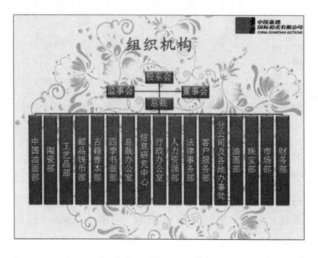

图 5-37 编辑组织结构

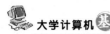

任务四　编辑销售数据图表

📖　任务描述

根据 Excel 文件"公司销售数据.xlsx"中的数据，给"公司简介"演示文稿中的幻灯片添加销售数据图表。

📖　任务分析

Excel 文件中的数据可以用图表表示，同样这些图表也可以插入演示文稿的幻灯片中。

📖　知识链接

PowerPoint 2010 中，可以在幻灯片中插入多种数据图表和图形，如柱形图、折线图、饼图、条形图、面积图、散点图、股价图、曲面图、圆环图、气泡图和雷达图。在"插入"选项卡上的"插图"组中，单击"图表"，可弹出"插入图表"对话框。在"插入图表"对话框中，选择插入的图表类型。

📖　任务设计

为公司产品销售情况进行图表展示，具体的操作步骤如下。

① 添加新幻灯片。新建一张幻灯片，版式为"标题和内容"。在标题文本框中输入"公司各类产品成交情况"。

② 添加图表。单击左边文本框中的"插入图表"按钮，弹出"插入图表"对话框，如图 5-38 所示。在模板列表中选择"饼图"菜单，然后在右边框双击"分离型三维饼图"。

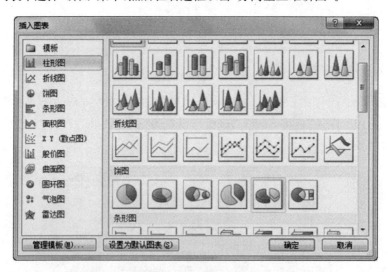

图 5-38　"插入图表"对话框

③ 选择数据源。打开 Excel 文件"公司销售数据.xlsx"，选中幻灯片中的图表，在"图表工具"选项卡组的"设计"选项卡中单击"选择数据"按钮，弹出"选择数据源"对话框，先删除"图例项（系列）"中原有的系列，再单击"添加"按钮，系列名称选择"2015 年"（E2 单元格），系列值选择 E3：E9 区域。在"水平（分类）标签轴"中单击"编辑"按钮，然后选择 A3：A9区域，如图 5-39 所示。

④ 设置布局和格式。在图表工具"布局"选项卡中设置图例在底部显示，在"数据标签"按钮中选择"其他数据选项标签"弹出"设置数据标签格式"对话框，如图 5-40 所示，在标签

选项中选择"百分比"和"显示引导线",设置好数据标签格式之后,单击"关闭"按钮。单击图表标题,设置图表标题为"2015年各类艺术品成交情况"。设置完成后的效果,如图5-41所示。

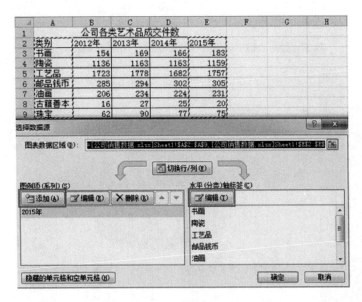

图 5-39　选择数据源

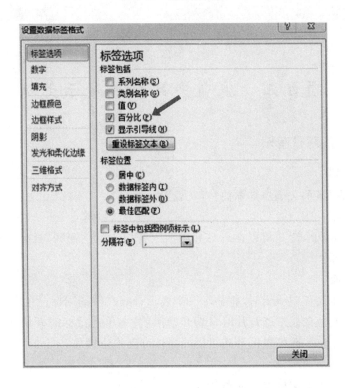

图 5-40　设置数据标签格式

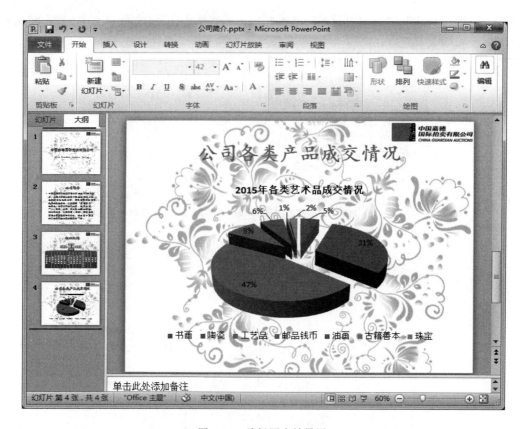

图 5-41　编辑图表效果图

项目三　编辑产品相册演示文稿

任务一　添加背景音乐

📖　任务描述

为"产品相册"演示文稿添加歌曲"青花瓷"。

📖　任务分析

在 PowerPoint 中，用户可以在幻灯片中插入音乐、声音、视频、视频剪辑、声音剪辑、网络视频和录制声音。

📖　知识链接

在幻灯片上插入音频剪辑时，将显示一个表示音频文件的图标。在放映演示文稿时，可以将音频剪辑设置为在显示幻灯片时自动开始播放、在单击鼠标时开始播放或播放演示文稿中的所有幻灯片。甚至可以循环连续播放媒体直至停止播放。

📖　任务设计

为"产品相册"演示文稿添加歌曲"青花瓷"步骤如下。

① 选择"产品相册"演示文稿中的第 1 张幻灯片，切换到"插入"选项卡，在"媒体"组中单击"音频"图标🔊，选择"文件中的音频"命令，弹出"插入音频"对话框，选择音频的路径和

类型,将指定的音频添加到幻灯片中。

② 设置格式。双击幻灯片中刚添加的音频对象图标,出现"音频工具"选项卡组,选择"格式"选项卡,如图 5-42 所示。在此可以设置音频对象图标的格式。

图 5-42 音频格式设置工

③ 设置音频的播放方式。选中音频对象图标,切换到"播放"选项卡,可以执行预览音频、设置音频播放时间、对音频进行裁剪、音频播放方式和声量等操作,如图 5-43 所示。例如,在"音频选项"命令组中设置开始方式为"跨幻灯片播放"、"循环播放,直到停止"、"放映时隐藏"和"播完返回开头"。

图 5-43 音频播放设置工具

任务二 幻灯片动画设计

📖 任务描述

演示文稿中的动画设计能让幻灯片中的元素舞动起来,让演示文稿更具活力,更吸引观众的眼球。本任务是为"产品相册"演示文稿的所有幻灯片中的元素设计不同的动画。

📖 任务分析

幻灯片动画是对幻灯片中的元素进行动画效果的设置,让幻灯片中的元素动起来。动画效果是施加到幻灯片元素(文本框、图片、图形、媒体、SmartArt 图形和图表等)的。PowerPoint 2010 内置了四种类型的动画样式:进入效果、强调效果、退出效果和动作路径,为每种动画效果提供了效果选项设置,提供"动画窗格"统一管理同一张幻灯片内的动画效果,设置动画触发方式、开始时间和结束时间。

📖 知识链接

PowerPoint 2010 中有以下四种不同类型的动画效果。

① "进入"效果表示元素进入幻灯片的方式。例如,可以使对象逐渐淡入焦点、从边缘飞入幻灯片或者跳入视图中。

② "强调"效果表示元素在幻灯片中突出显示的效果,这些效果的示例包括使对象缩小或放大、更改颜色或沿着其中心旋转。

③ "退出"效果表示元素退出幻灯片的动画效果,这些效果包括使对象飞出幻灯片、从

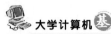

视图中消失或者从幻灯片旋出。

④ "动作路径"效果表示元素可以在幻灯片上按照某种路径舞动的动画效果。使用这些效果可以使对象上下移动、左右移动或者沿着星形或圆形图案移动。

📖 **任务设计**

1. 添加动画效果

为"产品相册"演示文稿的每张幻灯片中的元素添加动画效果，并设置动画执行的顺序。以第2张幻灯片为例，具体操作步骤如下。

① 添加动画。选中第2张幻灯片，选择幻灯片中所有对象，然后切换至"动画"选项卡，在"动画"组中单击"动画样式"列表框中的下拉列表图标，显示"动画样式"窗格，如图5-44所示。

图 5-44　"动画样式"窗格

② 设置动画效果。选择"进入"分类栏下的"飞入"动画效果，然后单击"效果选项"下拉列表，从"效果选项"列表中选择"自左上部"选项。幻灯片内的元素添加动画效果后，系统自动在元素的左上角添加一个编号。

③ 添加声音。单击"动画"命令组右下角的"显示其他效果选项"图标 ⌐，弹出该动画的"效果选项"对话框，如图5-45所示。在对话框中可以设置动画伴随的声音，动画效果的时间等。

单击"高级动画"命令组中的"添加动画"按钮,可以对同一个对象添加多个动画。

2. 管理动画效果

① 在高级动画组中单击"动画窗格"按钮,显示动画窗格,如图 5-46 所示,单击编号为 5 的动画,对该动画重新排序,将动画移至第一位。

图 5-45　动画效果选项对话框　　　　　　　图 5-46　动画窗格

② 选中其余 5 个动画,在动画效果后单击下拉列表箭头,从下拉列表菜单中选择"从上一项之后开始"选项,这表示这些动画在第一个动画执行结束后自动执行。

任务三　排练计时

📖　**任务描述**

为"产品相册"演示文稿,设置排练计时,使文稿按照排练计时的时间自动放映。

📖　**任务分析**

自动放映幻灯片时,需要给每张幻灯片设置播放时间。可以通过排练计时控制每张幻灯片的放映时间,时间会被记录下来,在自动放映幻灯片时按照排练时设置的时间放映。

📖　**知识链接**

PowerPoint 2010 提供了"排练计时"功能,可以给每张幻灯片设置合适的播放时间。排练计时功能按钮在"幻灯片放映"选项卡的"设置"命令组中。

📖　**任务设计**

为"产品相册"演示文稿进行排练计时和设置幻灯片放映,具体操作步骤如下。

① 切换至"幻灯片放映"选项卡,单击"排练计时"按钮,进行演示文稿排练计时。这时会放映幻灯片,左上角出现一个可以计时的录制框,如图 5-47 所示,通过这上面的按钮可以控制幻灯片中各动画元素的播放时间。

图 5-47　录制框

② 演示文稿排练计时结束后,单击"设置幻灯片放映"按钮,弹出"设置放映方式"对话框,如图 5-48 所示。"放映类型"选择"在展台浏览(全屏幕)";"放映幻灯片"选择"全部";"换片方式"选择"如果存在排练时间,则使用它",然后单击"确定"按钮。

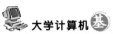

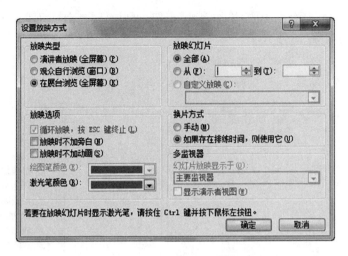

图 5-48　设置幻灯片方式

③ 单击"放映幻灯片"按钮便可按照排练计时设置的时间播放幻灯片。

知识拓展

知识拓展　PowerPoint 模板

若要使演示文稿的普通幻灯片中包含精心编排的元素和颜色、字体、效果、样式及版式，可以使用模板(.potx 文件)。创建文稿时，可以应用 PowerPoint 的内置模板、自己创建并保存到计算机中的模板、从 Microsoft Office.com 或第三方网站下载的模板。

1．使用模板创建演示文稿

PowerPoint 2010 允许应用内置模板、应用自己的自定义模板，以及在 Office.com 上的多种可用模板中进行搜索。Office.com 提供了多种常用的 PowerPoint 模板供您选择，其中包括演示文稿和设计幻灯片。

若使用 PowerPoint 2010 模板创建演示文稿，可执行下列操作。

① 在"文件"选项卡上，单击"新建"按钮。

② 在"可用的模板和主题"下，可选择"最近打开的模板""我的模板""样本模板"中的模板，然后单击"创建"按钮。若要在 Office.com 上查找模板，可在"Office.com 模板"下单击相应的模板类别，选择所需的模板，然后单击"下载"按钮，将 Office.com 中的模板下载到计算机上；也可以从 PowerPoint 中搜索 Office.com 上的模板。在"在 Office.com 上搜索模板"框中，键入一个或多个搜索词，然后单击箭头按钮进行搜索。

③ 选择好所需的模板之后，单击"创建"按钮，就可以使用模板创建演示文稿。

2．创建模板

若要自己创建 PowerPoint 模板，请执行以下操作。

① 打开一个空演示文稿，然后在"视图"选项卡上的"母版视图"组中单击"幻灯片母版"。在"幻灯片母版"视图中的幻灯片缩略图窗格中，幻灯片母版是较大的幻灯片图像，而相关的版式较小，位于幻灯片母版下面。在"幻灯片母版"视图中可以对母版中的版式进行修改。

② 在此可设置颜色和背景，也可将主题应用到演示文稿(以便在版式中包括颜色、格式

设置和效果），或更改背景，或设置演示文稿中所有幻灯片的页面方向。

③ 若要保存模板，请单击"文件"选项卡，然后单击"另存为"按钮。

④ 在"文件名"框中，输入文件名。

⑤ 在"保存类型"列表中，选择"PowerPoint 模板(.potx)"，然后单击"保存"按钮。自己创建的模板将保存到 Templates 文件夹（位于 C：\Program Files\Microsoft Office\Templates\）中，以使其更易于查找。

练 习 五

一、选择题

1. 演示文稿是由（　　）组合而成。
   A. 文本框　　　　B. 图形　　　　　　C. 幻灯片　　　　D. 版式

2. 在 PowerPoint 中，链接有（　　）两种。
   A. 超链接和动作　B. 超链接和宏　　　C. 宏和动作　　　D. 超链接和对象

3. （　　）是幻灯片层次结构中的顶层幻灯片，用于存储有关演示文稿的主题和幻灯片版式的信息，包括背景、颜色、字体、效果、占位符大小和位置。
   A. 母版　　　　　B. 讲义母版　　　　C. 备注母版　　　D. 幻灯片母版

4. PowerPoint 2010 演示文稿的扩展名是（　　）。
   A. .pptx　　　　B. .doc　　　　　　C. .pot　　　　　D. .xlsx

5. 排练计时的作用（　　）是。
   A. 让演示文稿自动放映
   B. 让演示文稿人工放映
   C. 让演示文稿中的幻灯片按照预先设置的时间放映
   D. 以上都不可以

6. 幻灯片（　　）视图方式不能修改幻灯片上内容。
   A. 普通　　　　　B. 幻灯片浏览　　　C. 大纲　　　　　D. 备注

7. 在 PowerPoint 中，以文档方式存储在磁盘上的文件称为（　　）。
   A. 幻灯片　　　　B. 工作簿　　　　　C. 演示文稿　　　D. 影视文档

8. 有关幻灯片的注释，说法不正确的是（　　）。
   A. 注释信息只出现在备注页视图中
   B. 注释信息可在备注页视图中进行编辑
   C. 注释信息不能随同幻灯片一起播放
   D. 注释信息可出现在幻灯片浏览视图中

9. 如果要从一张幻灯片以"横向棋盘"方式切换到下一张幻灯片，应使用（　　）命令。
   A. 添加动画　　　B. 动作设置　　　　C. 切换到此幻灯片 D. 动画方案

10. 要以连续循环方式播放幻灯片，应使用（　　）命令。
    A. 动画方案　　　B. 幻灯片切换　　　C. 自定义放映　　　D. 设置放映方式

11. 在演示文稿的编辑中，若要选定全部对象，可按（　　）快捷键。
    A. "Ctrl＋A"　　B. "Ctrl＋C"　　　　C. "Ctrl＋V"　　　　D. "Ctrl＋S"

12. 如果对一张幻灯片使用系统提供的版式，对其中各个对象的占位符（　　）。

A. 能用具体内容去替换，不可删除

B. 能移动位置，也不能改变格式

C. 可以删除不用，也可以在幻灯片中插入新的对象

D. 可以删除不用，但不能在幻灯片中插入新的对象

13. 在PowerPoint 2010中，若要更换另一种幻灯片的版式，下列操作正确的是（　　）。

    A. 单击"插入"选项卡"幻灯片"组中"版式"命令按钮

    B. 单击"开始"选项卡"幻灯片"组中"版式"命令按钮

    C. 单击"设计"选项卡"幻灯片"组中"版式"命令按钮

    D. 以上说法都不正确

14. 在PowerPoint中要选定多个图形或图片时，需（　　）然后用鼠标单击要选定的图形对象。

    A. 先按住Alt键　　　　　　　　B. 先按住Home键

    C. 先按住Shift键　　　　　　　D. 先按住DEL键

15. 在PowerPoint 2010中，选定了文字、图片等对象后，可以插入超链接，超链接中所链接的目标可以是（　　）。

    A. 计算机硬盘中的可执行文件　　B. 其他幻灯片文件（即其他演示文稿）

    C. 同一演示文稿的某一张幻灯片　　D. 以上都可以

二、上机实训

实训一　制作企业宣传演示文稿

📖 **实训目的**

1. 掌握幻灯片的基本操作，编辑文本和设置文本格式，设置幻灯片版式，在幻灯片中编辑插图和媒体。

2. 掌握幻灯片母版的设计，在幻灯片母版中设置各种占位符的格式，编辑幻灯片母版中的版式。

3. 掌握幻灯片的美化操作，包括给幻灯片元素设计动画，设幻灯片背景、主题。

4. 掌握幻灯片放映方式的设置，幻灯片切换方式的设置，使用"排练计时"设置幻灯片的播放时间。

📖 **实训内容**

打开"公司简介.pptx"演示文稿，进行如下操作。

① 编辑幻灯片母版。在幻灯片母版中插入图片"企业图标.jpg"，移动图片至幻灯片母版的右上角位置，图片置于底层。在幻灯片母版左下角插入文本框，文本框内容输入自己的名字，文字设置为宋体，18号，红色。

② 编辑SmartArt图形。在第4张幻灯片中插入基本棱锥图并输入文本，文本内容从上到下分别为管理、行政、销售团队、客户服务队伍、研发队伍。将基本棱锥图更改颜色为"彩色-强调文字颜色"，SmartArt图形样式设置为"三维-砖块场景"。

③ 编辑图片。在第5张幻灯片中插入图片"插图.jpg"，将图片移至幻灯片的右下角，并将图片置于底层。

④ 编辑艺术字。在第6张幻灯片总插入艺术字"因为有你 心存感激"，艺术字样式为第四行第一列，字体设置为隶书，54号。

⑤ 插入媒体剪辑。在第 1 张幻灯片中插入音乐文件"九月菊花-纯音乐.mp3",放映时隐藏图标,跨幻灯片播放,裁剪音频使音乐 10 秒后开始播放,音乐循环播放直到结束幻灯片的放映才停止。

⑥ 编辑超链接。将第 1 张幻灯片底部的网址设置为超链接,链接到该网址的相应网站。

⑦ 编辑图表。在第 5 张幻灯片后面插入一张新幻灯片,幻灯片版式为"标题和内容"版式。在内容文本框中插入三维簇状柱形图,图表数据来源选择"公司业绩.xlsx"文件中的数据,图例在图表底部显示,设置数据轴格式,最大值设置为 15,主要刻度单位为 3。

⑧ 设计动画。将第 2 张幻灯片中的文本内容设置动画为底部飞入,速度设置为中速。将第 3 张幻灯片中的 4 个文本框均设置动画为擦除,自左侧,速度均设置为中速。

⑨ 设置幻灯片背景。将所有幻灯片背景设置为"蓝色面巾纸"文理。

⑩ 设置幻灯片切换方式。将所有幻灯片的切换方式设置为垂直百叶窗。

⑪ 设置幻灯片放映。使用"排练计时",演示文稿中每个元素的播放时间均为 3 秒。设置幻灯片的放映方式为"在展台浏览(全屏幕)"。

　📖　**实训结果**

本实训所编辑的演示文稿浏览效果如图 5-49 所示。

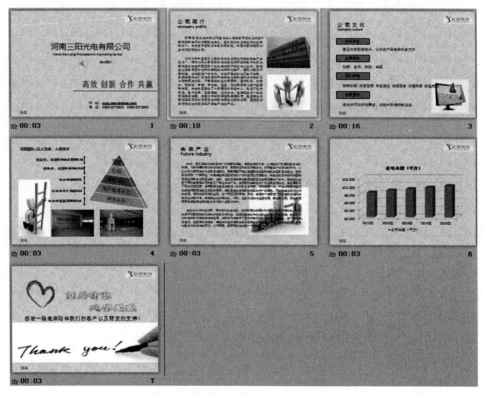

图 5-49　"公司简介"演示文稿效果图

模块六 计算机一级考证实训

模拟试题(一)

一、单选题(每小题 1 分,共 15 小题,共 15 分)

1. 在 PowerPoint 中,(   )说法是不正确的。
   A. 可以在幻灯片浏览视图中对演示文稿进行整体修改
   B. 演示文稿不能转换成 Web 页
   C. 可以在演示文稿中插入图表
   D. 可以将 Excel 的数据直接导入幻灯片上的数据表

2. PowerPoint 2010 演示文稿的扩展名为(   )。
   A. .htm   B. .ppt   C. .pptx   D. .pps

3. 在 Windows 系统中切换窗口可以通过任务栏的按钮切换,也可按(   )键和按"win+tab"键来切换。
   A. "Shift+tab"   B. "Ctrl+Shift"   C. "Ctrl+tab"   D. "Alt+tab"

4. 计算机的特点是处理速度快、计算精度高、存储容量大、可靠性高、工作全自动以及(   )。
   A. 体积小巧   B. 适用范围广、通用性强
   C. 便于大规模生产   D. 造价低廉

5. 已知 D2 单元格的内容为=B2*C2,当 D2 单元格被复制到 E3 单元格时,E3 单元格的内容为(   )。
   A. =B3*C3   B. =C3*D3   C. C2*D2   D. B2*C2

6. 电子邮件地址的一般格式为(   )。
   A. IP 地址@域名   B. 用户名@域名
   C. 域名@用户名   D. 域名@IP 地址

7. 计算机病毒主要造成(   )。
   A. 硬盘驱动器的破坏   B. 内存的损坏
   C. CPU 的损坏   D. 程序和数据的破坏

8. 关于 Word 修订,下列说法错误的是(   )。
   A. 不同的修订者的修订会用不同颜色显示
   B. 所有修订都用同一种比较鲜明的颜色显示
   C. 在 Word 中可以针对某一修订进行接受或拒绝修订
   D. 在 Word 中可以突出显示修订

9. Internet 实现了分布在世界各地的各类网络互联，其最基础和核心的协议是（   ）。

    A. HTML   B. HTTP   C. TCP/IP   D. FTP

10. 在浏览网页的过程中，为了方便再次访问某个比较感兴趣的网页，比较好的方法是（   ）。

    A. 为此页面建立地址簿

    B. 为此页面建立浏览

    C. 将该页面地址用笔抄写到笔记本上

    D. 将该页面加入到收藏夹中

11. 下列选项中在 Winrar 软件工作界面中不存在的是（   ）。

    A. 地址栏   B. 菜单栏、工具栏

    C. 内容窗口、状态栏   D. 任务栏

12. 在 Word 中，丰富的特殊符号是通过（   ）输入的。

    A. 专门的符号按钮   B. "插入"菜单中的"符号"按钮

    C. "格式"菜单中的"插入符号"命令   D. "区位码"方式

13. 关于删除 Excel 工作表，以下叙述错误的是（   ）。

    A. 删了工作表时，可单击工具栏的"撤销"按钮撤销删除操作

    B. 作表的删除是永久性删除，不可恢复

    C. 行"编辑/删除工作表"菜单命令可删除当前工作表

    D. 击当前工作表标签，再从快捷菜单中选"删除"可删除当前工作表

14. cd-rom 的存储容量大约是（   ）。

    A. 4.7 GB   B. 650 MB   C. 4.7 MB   D. 1 GB

15. 计算机网络最突出的优点是（   ）。

    A. 信息量大   B. 文件传输快   C. 存储容量大   D. 资源共享

二、Windows 操作题（每小题 2.5 分，共 6 小题，共 15 分）

1. 请将位于"D:\模拟试题（一）\kaoshi\windows\testdir"上的文件"advadu.htr"复制到目录"D:\模拟试题（一）\kaoshi\windows\its95pc"内。

2. 请在"D:\模拟试题（一）\kaoshi\windows"目录下搜索（查找）文件夹"seen3"，并删除。

3. 使用 Windows 的"记事本"创建文件：boat，存放于"D:\模拟试题（一）\kaoshi\windows\mine"文件夹中，文件类型为 txt，文件内容如下（内容不含空格或空行）：

    渔舟唱晚忘却喧嚣

4. 请在"D:\模拟试题（一）\kaoshi\windows"目录下搜索（查找）文件"myguang.txt"，并把该文件的属性改为"隐藏"，其他属性全部取消。

5. 请将位于"D:\模拟试题（一）\kaoshi\windows\your\your2"上的文件"y1.txt"移动到目录"D:\模拟试题（一）\kaoshi\windows\your\your1"内。

6. 请将压缩文件"D:\模拟试题（一）\kaoshi\windows\aaaa.rar"里面被压缩的文件夹 cccc 解压到"D:\模拟试题（一）\kaoshi\windows\bbbb"目录下，把压缩包里面被压缩的文件"gggg.doc"解压到"D:\模拟试题（一）\kaoshi\windows\eeee\ffff"内。

三、Word 操作题(共 6 题,共 26 分)

1. 请打开 D:\模拟试题(一)\kaoshi\doc\210021.docx 文档,完成以下操作:(注:文本中每一回车符作为一段落,没有要求操作的项目请不要更改)

① 在文档第一段的后面插入一个特殊符号,该符号字体为 wingdings,字符代码 108;

② 设置文档第二～第四段的编号(如下图 6-1 所示)。自定义编号样式为:甲,乙,丙……,编号格式为甲,字体为黑体,标准色绿色;

③ 在文档第六段后面插入一个自动换行符;

④ 保存文件。

甲　不是从山水的襁褓里分娩出来的我,能有一天实现走遍山水的愿望,但时

乙　于是,在泼墨的山水画里找寻连绵白缓缓地,缓缓地返回那片葱郁的地回到那些久远却又清晰的记忆里。

丙　在我儿时的记忆里,家中的房屋就是

图 6-1　添加项目编号后的结果

2. 请打开 D:\模拟试题(一)\kaoshi\doc\210022.docx 文档,完成以下操作:(注:文本中每一回车符作为一段落,没有要求操作的项目请不要更改)

① 设置文本第二段的字体格式为:黑体,加粗,字号四号,标准色深红字体,标准色绿色双下划线;

② 设置文档第三段段落格式为:段前段后间距均为 2 行;

③ 设置该文档纸张大小为 b5 纸,上下页边距均为 2 厘米;

④ 保存文件。

3. 请打开 D:\模拟试题(一)\kaoshi\doc\210025.docx 文档,完成以下操作:(注:文本中每一回车符作为一段落,没有要求操作的项目请不要更改)

① 设置文档纸张大小为 b5 纸;页眉边距为 50 磅,页脚边距为 30 磅;

② 统计文档第五段的字符数(不计空格),并把统计结果(即字符个数的数值)填写在第六段文档的字符后面;

③ 将文档第八段平均分为三栏;

④ 保存文件。

4. 请打开 D:\模拟试题(一)\kaoshi\doc\210020.docx 文档,完成以下操作:(注:文本中每一回车符作为一段落,没有要求操作的项目请不要更改)

① 插入页眉,居中内容为"各类体育器材进售价格表",标准色红色字体;插入页脚,内容为"第 1 页,第 2 页,第 3 页……",内容中数字为该页码值(该值自动随页数变化),不含空格,居中;

② 创建一个名为 god 的新样式。样式格式:宋体,字号四号,标准色蓝色字体;文字右对齐;

③ 使用本文档的内容建立一个表格,表格数据已给出,数据间隔为空格,建好表格后将表格宽度设为 8 厘米,并添加标准色蓝色单线外边框,效果如图6-2 所示;(提示:使用文字转换表格功能);

④ 保存文件。

体育器材	进价	售价	数量
羽毛球	20	30	100
足球	60	78	30
篮球	100	120	50
排球	50	67	50

图 6-2　表格效果图

5. 请打开 D:\模拟试题(一)\kaoshi\doc\210023.docx 文档,完成以下操作:(注:文本中每一回车符作为一段落,没有要求操作的项

目请不要更改)

① 在文档第一段文字"落花灯"后插入脚注,脚注位置在页面底端,脚注内容为"旧时以油灯照明,灯芯烧残落下时似小亮花";

② 在文档第二段中选择文字"心扉"插入书签,书签名为"心情";

③ 设置文档第四段首字下沉,字体隶书,下沉行数2;

④ 打开修订功能,将第五段内容为"事实上已无欢喜"的"欢喜"改为彷徨,关闭修订功能;

⑤ 保存文件。

6. 请打开 D:\模拟试题(一)\kaoshi\doc\210024.docx 文档,完成以下操作:(注:文本中每一回车符作为一段落,没有要求操作的项目请不要更改)

① 为文档中第一段设置标准蓝色单实线边框,底纹填充颜色为标准色绿色,均应用于文字;

② 在文档页面中插入自定义文字水印,内容为"厦门",楷体字体,标准色紫色;

③ 在文档任意位置插入一个竖排文本框,文本框内容为"鼓浪屿";

④ 在文档最后一段中插入一张名为"210024.jpg"的图片。设置图片格式布局为:四周文字环绕,图片大小高度绝对值5厘米、宽度8厘米、去掉"锁定纵横比",水平对齐方式相对于栏左对齐;

⑤ 在文档第三段以名为"cde"的有效样式为本文档建立一级目录;

⑥ 保存文件。

四、Excel 操作题(共 5 题,共 22 分)

1. 请打开 D:\模拟试题(一)\kaoshi\xls\220248.xlsx 文件,并按指定要求完成有关的操作:(注:没有要求操作的项目请不要更改,不用指定函数或公式不得分)

① 根据"家电销售单价""家电销售数量"两个工作表提供的数据,在"家电销售总价"工作表统计家电销售的总价;

② 保存文件。

2. 请打开 D:\模拟试题(一)\kaoshi\xls\220030.xlsx 工作簿文件,并按指定要求完成有关的操作:(注:没有要求操作的项目请不要更改)

① 自动调整工作表的 a 至 e 列的列宽格式;

② 对工作表中"本月数"列按"数值排序"选项进行升序排序;

③ 保存文件。

3. 请打开 D:\模拟试题(一)\kaoshi\xls\220032.xlsx 工作簿文件,并按指定要求完成有关的操作:(注:没有要求操作的项目请不要更改)

① 设置 sheet1 表中 a1 单元格格式为 16 磅黑体字、标准色蓝色字体;合并 a1:f1 单元格并将内容居中显示;

② 使用表中 a2:b6 以及 d2:d6 区域的数据制作图表,图表类型为簇状圆柱图,图表上方标题为"全国、中部地区 2012 年农村外出从业劳动力从业地区构成百分比",在左侧显示图例;

③ 保存文件。

4. 请打开 D:\模拟试题(一)\kaoshi\xls\220034.xlsx 工作簿文件,并按指定要求完成

有关的操作：(注：没有要求操作的项目请不要更改)

① 在"成绩表"工作表的 f3：f12 单元格区域分别用公式计算出每人的"平均分"；

② 把工作簿中的 sheet1 工作表改名为"学生信息表"；

③ 保存文件。

5. 请打开 D：\模拟试题(一)\kaoshi\xls\220031. xlsx 工作簿文件，并按指定要求完成有关的操作：(注：没有要求操作的项目请不要更改)

① 使用条件格式工具对"学生成绩统计表"工作表中 e3：e10 区域("成绩"列)的有效数据按不同的条件设置显示格式。其中成绩高于 80 分，设置填充背景为标准色红色；成绩介于 60 到 80 之间的，则设置标准色蓝色字体；(条件格式中的值需为输入的值，不能为单元格引用项)

② 设置 d3：d10 区域下拉列表选项的值，选项的值排列顺序如图 6-3 所示；(提示：必须通过"数据有效性"进行设置，条件来源不能引用区域只能输入相应的项目值，项目值的顺序不能有错，否则不得分)

图 6-3　下拉列表选项设置效果

③ 保存文件。

五、PowerPoint 操作题(共 4 小题，共 15 分)

1. 请打开 D：\模拟试题(一)\kaoshi\ppt\810054. pptx 演示文稿，按要求完成下列各项操作并保存：(注意：没有要求操作的项目请勿更改)

① 设置演示文稿幻灯片大小为 b4 纸张，幻灯片方向改为横向，备注和大纲改为横向；

② 将第二张幻灯片的版式更改为"两栏内容"；

③ 在第二张幻灯片的右侧内容框中插入路径为 D：\模拟试题(一)\kaoshi\ppt\810054. jpg 的图片文件，设置图片的大小，其中高为 14.79 厘米，宽为 10.09 厘米；

④ 保存文件。

2. 请打开 D：\模拟试题(一)\kaoshi\ppt\810055. pptx 演示文稿，按要求完成下列各项操作并保存：(注意：没有要求操作的项目请勿更改)

① 设置第二张幻灯片放映的切换方式为"平移"，效果选项为"自右侧"；持续时间为 2.00 秒，自动换片时间为 3.00；

② 设置演示文稿所有幻灯片的设计主题为"凤舞九天"样式；

③ 在所有幻灯片插入演示文稿的页脚，内容为"巴黎旅游景点"，选择"日期和时间"选项，并设为固定时间：2013/11/09；

④ 保存文件。

3. 请打开 D：\模拟试题(一)\kaoshi\ppt\810056. pptx 演示文稿，按要求完成下列各项操作并保存：(注意：没有要求操作的项目请勿更改)

① 将第一张幻灯片的副标题处文字字体格式设置为：黑体、28 磅、标准色红色；将文字

右对齐；

② 设置幻灯片放映方式：选择"循环放映，按 esc 键终止"选项，设置放映幻灯片范围从第 1 张到第 3 张幻灯片；

③ 在演示文稿最后面插入一张空白版式的幻灯片；

④ 保存文件。

4. 请打开 D:\模拟试题（一）\kaoshi\ppt\810057.pptx 演示文稿，按要求完成下列各项操作并保存：（注意：没有要求操作的项目请勿更改）

① 建立第三张幻灯片文字"第一节 注意"的超链接，链接位置为第四张幻灯片"4. 第一节注意"；

② 在第三张幻灯片右下角插入一个形状：箭头总汇里的虚尾箭头，设置形状颜色为：标准色黄色；

③ 设置第四张幻灯片中标题文字的动画效果为："飞入"、方向"自左下部"、持续时间 2 秒（中速）、动作窗格：从上一项之后开始；

④ 保存文件。

六、网络题（共 2 题，共 7 分）

1. 请使用 IE 浏览器登录上"中国生物科技"，地址是 http://www.zgswkjw.net/，请你打开栏目为"生物健康"下链接名称为"健康养生：3 种辣味食物是防癌好帮手"的页面，将该网页保存为 myfile.htm，保存类型为"网页，仅 html"，编码为默认，保存路径为 D:\模拟试题（一）\kaoshi\windows\website。

2. 请登录"大学生"网，地址是 http://www.studentdog.com/，以自己的学号作为用户名和密码注册一个用户，将注册成功后的登录页面进行屏幕截图，并通过画图软件将截图以 .jpg 格式保存到 D:\模拟试题（一）\kaoshi\windows\downloaddir 文件夹里，文件名为"大学生网站登录页面"。

模拟试题（二）

一、单选题（每小题 1 分，共 15 小题，共 15 分）

1. 发送电子邮件时，如果对方没有开机，那么邮件将（　　）。
   A. 开机时重新发送 　　　　　　　　B. 退回给发件人
   C. 保存在邮件服务器上 　　　　　　D. 丢失

2. 下列关于 Word 的叙述中，不正确的是（　　）。
   A. 设置了"保护文档"的文件，如果不知道口令，就无法打开它
   B. 从"文件"菜单中选择"打印预览"命令，在出现的预览视图下，既可以预览打印结果，也可以编辑文本
   C. 表格中可以填入文字、数字、图形
   D. Word 可以同时打开多个文档，但活动文件只有一个

3. 在 PowerPoint 中，插入超链接所链接的目标，不能是（　　）。

A. 其他应用程序的文档　　　　　　B. 幻灯片中的某个对象

C. 同一演示文稿的某张幻灯片　　　D. 另一个演示文稿

4. 在 PowerPoint 2010 中，下列有关保存演示文稿的说法中正确的是（　　）。

A. 能够保存为.docx 格式的文档文件

B. 只能保存为.pptx 格式的演示文稿

C. 不能保存为.gif 格式的图形文件

D. 能够保存为.ppt 格式的演示文稿

5. 计算机网络的目标是实现（　　）。

A. 数据处理　　　　　　　　　　　B. 文献检索

C. 信息传输　　　　　　　　　　　D. 资源共享和信息传输

6. 在微型计算机系统中，vga 是指（　　）。

A. CDROM 的型号之一　　　　　　B. 显示器的标准之一

C. 打印机型号之一　　　　　　　　D. 微机型号之一

7. 以下关于 Word 使用的叙述中，正确的是（　　）。

A. 双击"格式刷"可以复制一次

B. 直接单击"右对齐"按钮而不用选定，就可以对插入点所在行进行设置

C. 被隐藏的文字可以打印出来

D. 若选定文本后，单击"粗体"按钮，则选定中的文字全部变成粗体

8. 计算机的应用领域可大致分为 6 个方面，下列选项中属于计算机应用领域的是（　　）。

A. 科学计算、数据结构、文字处理　　B. 过程控制、科学计算、信息处理

C. 信息处理、人工智能、文字处理　　D. 现代教育、操作系统、人工智能

9. 在 Excel 单元格中输入字符型数据，当宽度大于单元格宽度时以下说法正确的是（　　）。

A. 右侧单元格中的数据不会丢失　　B. 多余部分会丢失

C. 右侧单元格中的数据将丢失　　　D. 必须增加单元格的宽度后才能录入

10. 用 IE 浏览器浏览网页时，当鼠标移动到某一位置时，鼠标指针变成"小手"，说明该位置有（　　）。

A. 病毒　　　　B. 黑客侵入　　　　C. 超链接　　　　D. 错误

11. 在 Windows 7 中，下列选项中（　　）不是常用的菜单类型。

A. 快捷菜单　　B. 列表框　　　　C. 下拉菜单　　　D. 子菜单

12. 局域网的主要特点是（　　）。

A. 地理范围在几千米的有限范围　　B. 体系结构为 TCP/IP 参考模型

C. 需要使用调制解调器连接　　　　D. 需要使用网关

13. 计算机操作系统是最基本的（　　）。

A. 应用软件　　B. 管理软件　　　　C. 系统软件　　　D. 工具软件

14. 在 Excel 中，关于图表的错误叙述是（　　）。

A. 只能以表格列作为数据系列

B. 选定数据区域时最好选定带表头的一个数据区域

C. 图表可以放在一个新的工作表中,也可嵌入一个现有的工作表中

D. 当工作表区域中的数据发生变化时,由这些数据产生的图表的形状会自动更新

15. 计算机病毒主要造成(　　　)。

A. 磁盘片的损坏   B. 程序和数据的破坏

C. CPU 的破坏   D. 磁盘驱动器的破坏

二、Windows 操作题(每小题 2.5 分,共 6 小题,共 15 分)

1. 请将位于"D:\模拟试题(二)\kaoshi\windows\jinan"上的 txt 文件移动到目录"D:\模拟试题(二)\kaoshi\windows\testdir"内。

2. 请将"D:\模拟试题(二)\kaoshi\windows\hot\hotl\w\x\y"目录下的文件"mybook5.txt"删除。

3. 请将位于"D:\模拟试题(二)\kaoshi\windows\big"上的 bmp 文件复制到目录"D:\模拟试题(二)\kaoshi\windows\big\map"内。

4. 请在"D:\模拟试题(二)\kaoshi\windows"目录下搜索(查找)文件"myguang.txt",并把该文件的属性改为"隐藏",其他属性全部取消。

5. 请将"D:\模拟试题(二)\kaoshi\windows"下的文件夹 aaa 和"D:\模拟试题(二)\kaoshi\windows\bbb\ee"下的文件"cc.ss"用压缩软件压缩为"eee.rar"(提示:文件夹 aaa 与文件 cc.ss 在压缩文件中是并列的位置),将压缩文件保存到"D:\模拟试题(一)\kaoshi\windows\ccc"目录下。

6. 请在"D:\模拟试题(二)\kaoshi\windows"目录下搜索(查找)文件夹"did3"并改名为"dmb"。

三、Word 操作题(共 6 题,共 26 分)

1. 请打开 D:\模拟试题(二)\kaoshi\doc,完成以下操作:(注:文本中每一回车符作为一段落,没有要求操作的项目请不要更改)

使用 Word 2010 提供的"样本模板",创建一个"基本简历"模板,在目标职位输入内容为"财务总监",并保存为 210104.docx 文件。

2. 请打开 D:\模拟试题(二)\kaoshi\doc\210026.docx 文档,完成以下操作:(注:文本中每一回车符作为一段落,没有要求操作的项目请不要更改)

① 把文档第二段复制到文档的第六段上;

② 查找文档中"竹子"词组,并全部替换为标准色绿色字体;

③ 设置文档第三、四、五段的项目符号(如图 6-4 所示)。自定义项目符号字体为wingdings,字符代码 117,标准色红色;

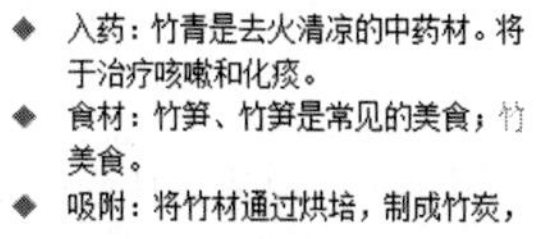

◆ 入药:竹青是去火清凉的中药材。将
　　于治疗咳嗽和化痰。
◆ 食材:竹笋、竹笋是常见的美食;竹
　　美食。
◆ 吸附:将竹材通过烘培,制成竹炭,

图 6-4　添加项目符号后的结果

④ 保存文件。

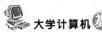

3. 请打开 D:\模拟试题（二）\kaoshi\doc\210027.docx 文档，完成以下操作：（注：文本中每一回车符作为一段落，没有要求操作的项目请不要更改）

① 选择文档第一段中文字为"松树"的词组插入批注，内容为"比喻坚定不移的精神"；

② 在文档第二段的开始位置插入一个特殊符号，该符号字体为 wingdings，字符代码 110；

③ 在文档任意位置插入一个横排文本框，文本框内容为"松树的风格"；

④ 在文档第六段前插入一个分页符；

⑤ 保存文件。

4. 请打开 D:\模拟试题（二）\kaoshi\doc\210030.docx 文档，完成以下操作：（注：文本中每一回车符作为一段落，没有要求操作的项目请不要更改）

① 在页脚居中位置插入页码，设置页码的编号格式为 i,ii,iii…；

② 插入页眉，内容为"如何熬粥"，标准色红色字体，位置居中；

③ 在文档第一段文字"最全的熬粥方法"后插入尾注，尾注位置在文档结尾，尾注内容为"想吃靓粥吗？"

④ 在文档第三段以名为 a 的有效样式为本文档建立一级目录；

⑤ 在文档最后一段任意位置插入一幅名为 210030.jpg 的图片，图片路径为 D:\模拟试题（二）\kaoshi\doc. 设置图片格式布局为：四周型文字环绕，图片大小高度绝对值 2.5 厘米、宽度 4 厘米、去掉"锁定纵横比"，水平对齐方式相对于栏居中；

⑥ 保存文件。

5. 请打开 D:\模拟试题（二）\kaoshi\doc\210031.docx 文档，完成以下操作：（注：文本中每一回车符作为一段落，没有要求操作的项目请不要更改）

① 选中文档第一段前两个字符"雪花"，插入超链接，链接到本文档书签"凝结核"的位置上；

② 把文档的第五段移动成为文档的第四段；

③ 将文档第六段平均分为两栏，加分割线；

④ 在文档中查找"水汽"两字，并全部替换成楷体、标准色红色、四号字；

⑤ 保存文件。

6. 请打开 D:\模拟试题（二）\kaoshi\doc\210029.docx 文档，完成以下操作：（注：文本中每一回车符作为一段落，没有要求操作的项目请不要更改）

① 为文档第三段（含文本"燕子是人类的益鸟"）的整个段落设置标准色红色双实线边框，边框底纹填充为标准色黄色；

② 在文档页面中插入文字水印，内容为"燕子"，隶书字体，标准色蓝色；

③ 设置文档第四段首字下沉，字体黑体，下沉行数 4；

④ 在文档中查找并选择文字为游牧民族（不含标点符号）插入书签，书签名为"北燕南归"；

⑤ 选中文档第一段文字并插入超链接，链接到电子邮箱：school@163.com，主题为"人类的朋友"；

⑥ 保存文件。

四、Excel 操作题(共 5 题,共 22 分)

1. 请打开 D:\模拟试题(二)\kaoshi\xls\220036.xlsx 文件,并按指定要求完成有关的操作。(注:没有要求操作的项目请不要更改)

① 清除工作表中 a1 单元格的格式;

② 复制 a2：a9 区域的内容,并转置粘贴到以 a12 为左上角的单元格区域中;

③ 在工作表中插入页眉,内容为"2006—2011 年我国违法用地案件处理情况";插入页脚,页脚样式为"第 1 页,共? 页"(注:文字内容不含空格);

④ 保存文件。

2. 请打开 D:\模拟试题(二)\kaoshi\xls\220039.xlsx 工作簿文件,并按指定要求完成有关的操作。(注:没有要求操作的项目请不要更改)

① 在"部分职工工资表"工作表对数据清单按职位(升序)排序,然后分类汇总;统计不同职位的职工的平均工资,汇总结果显示在数据的下方;

② 保存文件。

3. 请打开 D:\模拟试题(二)\kaoshi\xls\220033.xlsx 工作簿文件,并按指定要求完成有关的操作。(注:没有要求操作的项目请不要更改)

① 把 sheet1 工作表的页面方向设置为"横向",缩放比例为 130％,纸张大小为 b4;

② 采用高级筛选方法从"sheet1"工作表中筛选出所有存货属性为"外购、生产耗用"的存货记录,条件区域由 h2 开始,并把筛选结果存到从 a11 开始的区域中;

③ 保存文件。

4. 请打开 D:\模拟试题(二)\kaoshi\xls\220037.xlsx 工作簿文件,并按指定要求完成有关的操作。(注:没有要求操作的项目请不要更改)

① 使用条件格式工具对"2006—2011 年货物进出口总额"工作表中 b3：b8 区域("出口额"列)的有效数据按不同的条件设置显示格式,其中出口额少于 15 000 的,设置填充背景为标准色黄色;出口额大于或等于 15 000 的,则设置标准色红色字体;(条件格式中的值需为输入的值,不能为单元格引用项)

② 使用表中 a2：a8 以及 c2：c8 区域的数据制作图表,图表类型为三维簇状柱形图,图标上方标题为"2006 年—2011 年货物进口额",在右侧显示图例;

③ 保存文件。

5. 请打开 D:\模拟试题(二)\kaoshi\xls\220055.xlsx 工作簿文件,并按指定要求完成有关的操作。(注:没有要求操作的项目请不要更改)

① 在 g2 单元格中插入批注,内容为"可用公式或函数计算"(注:批注内容不含用户名称和标点符号,只有一行);

② 以 i2 为左上角的区域做一透视表,数据源区域为 b2：g8;按景区的评级统计景区九月、十月、十一月、十二月的平均旅游人数情况,其中景区评级作为行标签,统计项为相应月的人数平均值。设置该透视表名称为"评级景区的旅游人数分析透视表",不显示列总计;

③ 保存文件。

五、PowerPoint 操作题(共 4 小题,共 15 分)

1. 请打开 D:\模拟试题(二)\kaoshi\ppt\810047pptx 演示文稿,按要求完成下列各项

操作并保存。（注意：没有要求操作的项目请勿更改）

① 在第二张幻灯片中插入页脚，页脚内容为"博大精深"，添加幻灯片编号；

② 设置第一张幻灯片的设计主题为"沉稳"样式；

③ 设置第三张幻灯片放映的切换方式为"覆盖"，效果选项为"自右侧"，声音效果为"打字机"；

④ 保存文件。

2. 请打开 D:\模拟试题（二）\kaoshi\ppt\810050.pptx 演示文稿，按要求完成下列各项操作并保存。（注意：没有要求操作的项目请勿更改）

① 设置演示文稿幻灯片自定义大小为宽度 30、高度 20 厘米，幻灯片方向为横向；备注、讲义、大纲设为纵向；

② 将第二张幻灯片的版式更换为"两栏内容"；

③ 在第三张幻灯片中插入路径为 D:\模拟试题（二）\kaoshi\ppt，名称为 810050.jpg 的图片，设置图片样式为：映像圆角矩形；

④ 保存文件。

3. 请打开 D:\模拟试题（二）\kaoshi\ppt\810052.pptx 演示文稿，按要求完成下列各项操作并保存。（注意：没有要求操作的项目请勿更改）

① 设置幻灯片放映方式：放映类型"观众自行浏览（窗口）"，选择"循环放映，按 esc 键终止"选项；激光笔颜色改为绿色；

② 设置第一张幻灯片的标题文字，字体格式为：幼圆字体、加粗、下划线、60 磅、黑色；

③ 在第二张幻灯片后面插入一张空白版式的幻灯片；

④ 保存文件。

4. 请打开 D:\模拟试题（二）\kaoshi\ppt\810053.pptx 演示文稿，按要求完成下列各项操作并保存。（注意：没有要求操作的项目请勿更改）

① 建立第二张幻灯片内容文字"在某一类文件中查找信息"的超链接，链接位置为幻灯片标题中的"4.进阶搜索"；

② 在第二张幻灯片的右下角插入一个"上弧形箭头"的箭头形状；

③ 设置第三张幻灯片中标题文字的动画效果为："随机线条"、效果选项：垂直、动作窗格：从上一项开始；

④ 保存文件。

六、网络题(共 2 题，共 7 分)

1. 请使用 IE 浏览器登录上"中国生物科技"，地址是 http://www.zgswkjw.net/，利用该网站的搜索引擎，在"生物健康"栏目中搜索标题中含有"瘦身"关键词的网页，将搜索结果中文章的标题复制并粘贴到文本文件中，该文件名为 result.txt，文件格式为 txt，文件路径为 D:\ 模拟试题（二）\kaoshi\windows\webtext。

2. 在 IE 浏览器中输入"百度音乐"网站地址：http://music.baidu.com/，利用该网站的搜索引擎，搜索歌手陈奕迅的歌曲"浮夸"，下载到 D:\ 模拟试题（二）\kaoshi\ windows\ downloaddir 文件夹中，保存时文件名为"陈奕迅-浮夸"，格式为 mp3。

模拟试题（三）

一、单选题（每小题 1 分，共 15 小题，共 15 分）

1. 在 Word 编辑文本时，可以在标尺上直接进行（　　）操作。
   A. 建立表格　　　B. 嵌入图片　　　C. 文章分栏　　　D. 段落首行缩进

2. 要使文档中每段的首行自动缩进 2 个汉字，可以使用标尺上的（　　）。
   A. 右缩进标记　　B. 左缩进标记　　C. 首行缩进标记　　D. 悬挂缩进标记

3. 在 PowerPoint 中，若一个演示文稿有三张幻灯片，播放时要跳过第二张幻灯片，应（　　）。
   A. 取消第一张幻灯片的动画效果　　　B. 隐藏第二张幻灯片
   C. 取消第二张幻灯片的切换效果　　　D. 删除第二张幻灯片

4. 计算机病毒是可以造成计算机故障的（　　）。
   A. 一块特殊芯片　　　　　　　　　B. 一种特殊的程序
   C. 一个程序逻辑错误　　　　　　　D. 一种微生物

5. PowerPoint 2010 中，执行了插入新幻灯片的操作，被插入的幻灯片将出现在（　　）。
   A. 当前幻灯片之前　　　　　　　　B. 最后
   C. 当前幻灯片之后　　　　　　　　D. 最前

6. 下列因素中，对微型计算机工作影响最小的是（　　）。
   A. 磁场　　　　B. 温度　　　　　C. 噪声　　　　D. 湿度

7. 因特网能提供的最基本服务有（　　）。
   A. Newsgroup，telnet，E-mail　　　B. Gopher，finger，WWW
   C. E-mail，WWW，FTP　　　　　　D. Telnet，FTP，WAIS

8. 在关于 Excel 的说法中，下面叙述（　　）是不正确的。
   A. 在同一工作表中可以为多个数据区域命名
   B. Excel 新建工作簿的缺省名为"文档 X"
   C. 在同一工作簿文档窗口中可以建立多张工作表
   D. Excel 应用程序可同时打开多个工作簿文档

9. Windows7 一般窗口的组成部分中不包含（　　）。
   A. 任务栏　　　　　　　　　　　　B. 标题栏、地址栏、状态栏
   C. 导航窗格、窗口工作区　　　　　D. 搜索栏、工具栏

10. 局域网的软件部分主要包括（　　）。
    A. 网络传输协议和网络应用软件
    B. 网络操作系统和网络应用软件
    C. 网络数据库管理系统和工作站软件
    D. 服务器操作系统和网络应用软件

11. 在当今计算机的用途中，（　　）领域的应用占的比例最大。

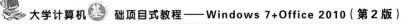

  A. 过程控制   B. 数据处理   C. 科学计算   D. 辅助工程

12. 在 IE 中，可以将（ ）喜爱的网页设置成浏览器的默认主页。

  A. 0 个   B. 1 个   C. 2 个   D. 3 个

13. 在 Windows 系统中，回收站是用来（ ）。

  A. 接收网络传来的信息   B. 存放使用的资源

  C. 存放删除的文件夹及文件   D. 接收输出的信息

14. 要将一个命名为 play. exe 的文件发送给远方的朋友，可以把该文件放在电子邮件的（ ）中。

  A. 主题   B. 地址   C. 正文   D. 附件

15. 对 Excel 单元格数据的字体和大小设定，以下叙述正确的是（ ）。

  A. 时间型数据不能改变字体和大小

  B. 字符型数据允许改变其中一部分字符的字体和大小

  C. 数值型数据不能改变字体和大小

  D. 日期型数据不能改变字体和大小

二、Windows 操作题（每小题 2.5 分，共 6 小题，共 15 分）

  1. 请在"D:\模拟试题（三）\kaoshi\windows"目录下搜索（查找）文件夹"appsc"，并删除。

  2. 请将位于"D:\模拟试题（三）\kaoshi\windows\jinan"上的文件"qi. bmp"创建快捷方式图标，取名为"template"，保存于"D:\模拟试题（三）\kaoshi\windows\testdir"文件夹中。

  3. 请将位于"D:\模拟试题（三）\kaoshi\windows\do\do1"上的文件"jian. doc"移动到"D:\模拟试题（三）\kaoshi\windows\do\do2"内。

  4. 请在"D:\模拟试题（三）\kaoshi\windows"目录下搜索（查找）文件夹"saw"并改名为"sawa"。

  5. 试用 Windows 的"记事本"创建文件：one，存放于 D:\模拟试题（三）\kaoshi\windows\mon 文件夹中，文件类型为：txt，文件内容如下（内容不含空格或空行）

  北京奥运热浪名城延伸

  6. 请将 D:\模拟试题（三）\kaoshi\windows\1234\5678"下的所有文件用压缩软件压缩为"numbers. rar"，将压缩文件保存到源文件所在文件夹内。

三、Word 操作题（共 6 题，共 26 分）

  1. 请打开 D:\模拟试题（三）\kaoshi\doc\210135. docx 文档，完成以下操作：（注：文本中每一回车符作为一段落，没有要求操作的项目请不要更改）

  ① 设置文档纸张大小为 b5 纸、横向；页眉边距为 2 厘米，页脚边距为 3 厘米；

  ② 统计文档第四段的字符数（不计空格），并把统计结果（即字符个数的数值）填写在第二段文档的字符后面；

  ③ 将文档第五段偏左分栏；

  ④ 保存文件。

2. 请打开 D:\模拟试题(三)\kaoshi\doc\210136.docx 文档,完成以下操作:(注:文本中每一回车符作为一段落,没有要求操作的项目请不要更改)

① 把文档第三段复制到文档最后;

② 查找文档中"榕树"词组,并全部替换为标准色绿色字体、加粗、小四号字;

③ 为文档中含蓝色字体的段落设置项目符号(如图 6-5 所示)。自定义项目符号字体为 wingdings,字符代码 170,符号(十进制),标准色红色;

　　◆ 高山榕
　　◆ 柳叶榕
　　◆ 垂叶榕
　　◆ 花叶垂叶榕
　　◆ 黄金垂叶榕
　　◆ 长叶垂叶榕
　　◆ 菩提榕
　　◆ 印度橡胶榕
　　◆ 花叶橡胶榕
　　◆ 大叶榕
　　◆ 金叶榕

图 6-5　添加项目符号后的结果

④ 保存文件。

3. 请打开 D:\模拟试题(三)\kaoshi\doc\210137.docx 文档,完成以下操作:(注:文本中每一回车符作为一段落,没有要求操作的项目请不要更改)

① 选择文档第一段中文字为"盆景"的词组插入批注,内容为"缩龙成寸,天然神韵";

② 在文档第二段的开头文字"盆景是中华民族优秀传统艺术之一"的前面插入一个特殊符号,该符号字体为 wingdings,字符代码 34,符号(十进制);

③ 在文档任意位置插入一个竖排文本框,文本框内容为"活的艺术品";

④ 在文档第六段开头处插入一个分页符;

⑤ 保存文件。

4. 请打开 D:\模拟试题(三)\kaoshi\doc\210138.docx 文档,完成以下操作:(注:文本中每一回车符作为一段落,没有要求操作的项目请不要更改)

① 设置文档第一段的字体格式为中文隶书,加粗、倾斜、字号 32、标准色绿色字体;

② 设置文档第二段的段落格式为:首行缩进 2 字符,2 倍行距;

③ 创建一个名为 dd 的新样式,样式格式为:楷体、字号 16、标准色红色字体;文字居中对齐;将新建的样式应用到文档第四段;

④ 将文档中绿色字体段落的文字转换成一个七列三行的表格,并按样图(如图 6-6)设置格式;

盆景药用植物名称						
枸杞	金银花	石榴	无花果	桂花	紫藤	枇杷
十大功劳	芦荟	人参	桔梗	满山红	三七	黄连

图 6-6　表格设置格式

⑤ 保存文件。

5. 请打开 D:\模拟试题(三)\kaoshi\doc\210039.docx 文档,完成以下操作:(注:文本中每一回车符作为一段落,没有要求操作的项目请不要更改)

① 为文档第三段(含文本"中等体型")的整个段落设置标准色红色双实线边框,底纹填充为标准色黄色;

② 在文档页面中插入文字水印,内容为"百灵鸟",隶书字体,标准色浅蓝色,"水平"版式;

③ 设置文档第四段首字下沉,字体黑体,下沉行数 4;

④ 在文档中查找并选择文字"蒙古百灵"(不含标点符号)插入书签,书签名为"内蒙草原";

⑤ 选中文档第一段文字并插入超链接,链接到电子邮箱:bainiao@163.com,主题为百灵科;

⑥ 保存文件。

6. 请打开 D:\模拟试题(三)\kaoshi\doc\210140.docx 文档,完成以下操作:(注:文本中每一回车符作为一段落,没有要求操作的项目请不要更改)

① 插入页眉,内容为"观赏鸟类",标准色红色字体、五号字、位置居中;

② 在页脚居中位置插入页码,设置页码的编号格式为甲、乙、丙……;

③ 在文档第一段文字后插入尾注,尾注位于文档结尾,尾注内容为"你知道吗";

④ 在文档第三段以名为 aa 的有效样式为本文档建立一级目录;

⑤ 在文档最后一段任意位置插入一幅名为 210140.jpg 的图片,图片路径为 D:\模拟试题(三)\kaoshi\doc。设置图片格式化布局为:四周型文字环绕,去掉"锁定纵横比",图片大小高度绝对值 2.5 厘米、宽度 4 厘米,水平对齐方式相对于栏居中;

⑥ 保存文件。

四、Excel 操作题(共 5 题,共 22 分)

1. 请打开 D:\模拟试题(三)\kaoshi\xls\220250.xlsx 文件,并按指定要求完成有关的操作。(注:没有要求操作的项目请不要更改)

① 使用条件格式工具对"价格表"工作表中 d2:d15 区域("优惠价"列)的有效数据按不同的条件设置显示格式,其中价格高于(含)15 万元,设置填充背景色为标准色红色;价格低于 15 万元的,则设置标准色绿色字体;(条件格式中的值需为输入的值,不能为单元格引用项);

② 设置 b2:b15 区域下拉列表选项的值,选项的值排列顺序如图 6-7 所示;(提示:必须通过"数据有效性"进行设置,项目值的顺序不能有错,否则不得分);

图 6-7　下拉列表选项设置效果

③ 保存文件。

2. 请打开 D:\模拟试题(三)\kaoshi\xls\220251.xlsx 工作簿文件,并按指定要求完成有关的操作。(注:没有要求操作的项目请不要更改)

① 设置 sheet1 表中 a1 单元格格式为 16 磅黑体字、标准色浅蓝色字体；设置 a1：h1 单元格区域文本的水平对齐方式为跨列居中，标准黄色填充色；

　　② 使用表中 b2：b10 以及 d2：e10 区域的数据制作图表，图表类型为三维簇状柱形图，横坐标下方标题为学生姓名，图表上方标题为"学生学科成绩"，在左侧显示图例，显示数据标签；

　　③ 保存文件。

　　3. 请打开 D：\模拟试题（三）\kaoshi\xls\220254.xlsx 工作簿文件，并按指定要求完成有关的操作。（注：没有要求操作的项目请不要更改）

　　① 自动调整工作表中的 a 列至 g 列的列宽格式；

　　② 对工作表中"品种"列按"笔划排序"选项进行降序排序；

　　③ 保存文件。

　　4. 请打开 D：\模拟试题（三）\kaoshi\xls\220252.xlsx 工作簿文件，并按指定要求完成有关的操作。（注：没有要求操作的项目请不要更改）

　　① 把 sheet1 工作表的纸张方向设置为"横向"，缩放比例为 120％，纸张大小为 b5；

　　② 采用高级筛选方法从"sheet1"工作表中筛选出所有职位为座席服务员或职位是广播员的员工记录，条件区域为 f2：f4（筛选的条件请按描述中职位出现的顺序填写），并把筛选结果存到从 a29 开始的区域中；

　　③ 保存文件。

　　5. 请打开 D：\模拟试题（三）\kaoshi\xls\220253.xlsx 工作簿文件，并按指定要求完成有关的操作。（注：没有要求操作的项目请不要更改）

　　① 在 sheet1 工作簿 f3：f7 单元格区域分别用公式计算出各地区的全年"合计"营业收益；

　　② 把 220253_1.xlsx 工作簿中的 sheet1 工作表复制到 220253.xlsx 工作簿的 sheet2 工作表后面，并改名为"工资表"；

　　③ 保存文件。

五、PowerPoint 操作题（共 4 小题，共 15 分）

　　1. 请打开 D：\模拟试题（三）\kaoshi\ppt\810045.pptx 演示文稿，按要求完成下列各项操作并保存。（注意：没有要求操作的项目请勿更改）

　　① 在第二张幻灯片的右下角插入一个动作按钮形状；

　　② 将动作按钮超链接到下一张幻灯片；

　　③ 设置第三张幻灯片中文本内容的动画效果为："浮入"，效果选项设为：上浮，带"风铃"声音；

　　④ 保存文件。

　　2. 请打开 D：\模拟试题（三）\kaoshi\ppt\810046.pptx 演示文稿，按要求完成下列各项操作并保存。（注意：没有要求操作的项目请勿更改）

　　① 设置演示文稿幻灯片大小为信纸，幻灯片方向为纵向；

　　② 将第一张幻灯片的版式更换为"仅标题"；

　　③ 在第一张幻灯片中插入路径为 D：\模拟试题（三）\kaoshi\ppt，名称为 810046.jpg

的图片，设置图片大小为：高 14.29 厘米，宽 19.05 厘米；图片样式为：复杂框架，黑色；

④ 保存文件。

3. 请打开 D:\模拟试题（三）\kaoshi\ppt\810048.pptx 演示文稿，按要求完成下列各项操作并保存。（注意：没有要求操作的项目请勿更改）

① 设置幻灯片放映方式：放映类型"演讲者放映（全屏幕）"，选择"放映时不加旁白"选项；

② 设置第二张幻灯片的标题文字，字体格式为：宋体、加粗、40 磅、标准色红色；

③ 在第二张幻灯片后面插入一张空白版式的幻灯片；

④ 保存文件。

4. 请打开 D:\模拟试题（三）\kaoshi\ppt\810051.pptx 演示文稿，按要求完成下列各项操作并保存。（注意：没有要求操作的项目请勿更改）

① 在第二张幻灯片中插入页脚，页脚内容为"素材的收集"，幻灯片编号，标题幻灯片中不显示；

② 设置所有幻灯片的设计主题为"波形"样式；

③ 设置第三张幻灯片放映的切换方式为"形状"，效果选项为"菱形"；声音效果为"照相机"；

④ 保存文件。

六、网络题(共 2 题，共 7 分)

1. 请使用 IE 浏览器登录"当当网"，地址是 http://www.dangdang.com/，利用该网站的搜索引擎搜索"计算机二级 MS Office 高级应用"，将销量排第一的图书信息以网页的形式保存到 D:\模拟试题（三）\kaoshi\windows\downloaddir 文件夹中，保存时文件名为图书的书名，格式为 htm。

2. 在 D:\模拟试题（三）\kaoshi\windows\mon 文件夹中有一个 jpg 文件，文件名为"瀑布"，请使用自己的邮箱把该文件以附件的形式发送给一个朋友，该朋友的 E-mail 是 test@163.com；发送时请在主题中注明"瀑布"；邮件的内容写上"飞流直下三千尺"；同时将该邮件抄送给 test11@sina.com，teat12@163.com；将你的发送界面用截图工具截图保存到 D:\模拟试题（三）\kaoshi\windows\downloaddir 文件夹中，文件名为 email.jpg。

附录　ASCⅡ码对照表

符号 / 高位 ／ 低位	0 000	16 001	32 010	48 011	64 100	80 101	96 110	112 111
0　0000	NUL	DLE	SP	0	@	P	、	p
1　0001	SOH	DC1	！	1	A	Q	a	q
2　0010	STX	DC2	″	2	B	R	b	r
3　0011	ETX	DC3	#	3	C	S	c	s
4　0100	EOT	DC4	$	4	D	T	d	t
5　0101	ENQ	NAK	%	5	E	U	e	u
6　0110	ACK	SYN	&	6	F	V	f	v
7　0111	BEL	ETB	,	7	G	W	g	w
8　1000	BS	CAN	(	8	H	X	h	x
9　1001	HT	EM	)	9	I	Y	i	y
10　1010	LF	SUB	*	:	J	Z	j	z
11　1011	VT	ESC	+	;	K	[	k	{
12　1100	FF	S	,	<	L	\	l	|
13　1101	CR	GS	—	=	M	]	m	)
14　1110	SO	RS	.	>	N	ˆ	n	~
15　1111	SI	US	/	?	O	－	o	DEL

说明：

　　要确定某个符号的 ASCⅡ码,在表中先找到它的位置,然后确定它所在位置的相应行和列,再根据行确定低 4 位编码,根据列确定高 3 位编码,最后将高 3 位编码与低 4 位编码合在一起,就是此符号的 ASCⅡ码。

　　例如,查字符 a 的 ASCⅡ码。高 3 位为 110,低 4 位为 0001,得 a 的二进制为 1100001。但人们为了便于记忆,通常把二进制转化了十进制,a 的 ASCⅡ码的十进制为 97(96＋1)。

参 考 文 献

[1] 骆耀祖,叶丽珠. 大学计算机基础[M].北京:北京邮电大学出版社,2010.5.

[2] 骆耀祖,叶丽珠.大学计算机基础实验教程[M].北京:北京邮电大学出版社,2010.5.

[3] 叶丽珠,马焕坚.大学计算机基础项目式教程[M].北京:北京邮电大学出版社,2013.1.

[4] 叶丽珠,马焕坚.大学计算机基础项目式教程实验指导[M].北京:北京邮电大学出版社,2013.1.

[5] 陈瑞琳,刘宝成.Office 2010 现代商务办公手机[M].北京:中国青年出版社,2010.11.

[6] 申艳光.大学计算机基础案例教程[M].北京:科学出版社,2007.9.

[7] 张明新,阮文惠等.大学计算机基础教程[M].西安:西安电子科技大学出版社,2009.8.

[8] 丛书编委会主编.计算机应用基础—Windows 7+Office 2010 中文版[M].北京:清华大学出版社,2011.4.

[9] 恒盛杰资讯编著.新编中文版 Office 五合一教程(2010 版)[M].北京:中国青年出版社,2011.6.

[10] 董久敏主编.Windows 7+Office 2010 计算机办公从新手到高手[M].北京:人民邮电出版社,2011.9.